EXPLORE 探索神奇的
植物王国

走进植物

科普实验室编委会 编

应急管理出版社
·北京·

图书在版编目（CIP）数据

走进植物／科普实验室编委会编 . －－北京：应急
管理出版社，2022（2023.5 重印）

（探索神奇的植物王国）

ISBN 978－7－5020－6183－8

Ⅰ.①走… Ⅱ.①科… Ⅲ.①植物—儿童读物 Ⅳ.
①Q94－49

中国版本图书馆 CIP 数据核字（2022）第 038751 号

走进植物（探索神奇的植物王国）

编　　者	科普实验室编委会
责任编辑	高红勤
封面设计	陈玉军

出版发行	应急管理出版社（北京市朝阳区芍药居 35 号　100029）
电　　话	010－84657898（总编室）　010－84657880（读者服务部）
网　　址	www. cciph. com. cn
印　　刷	三河市南阳印刷有限公司
经　　销	全国新华书店

开　　本	880mm×1230mm$^1/_{32}$　**印张**　24　**字数**　560 千字
版　　次	2022 年 5 月第 1 版　2023 年 5 月第 2 次印刷
社内编号	20200872　　　　　**定价**　120.00 元（共八册）

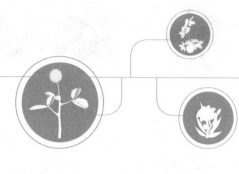

亲爱的小读者们，你们了解植物吗？比起能跑能跳的动物，安安静静的植物似乎总容易被人们忽略。殊不知，植物是比动物更早居住在地球上的居民，它们的足迹几乎遍布世界的所有角落，是地球生命的重要组成部分，无时无刻不在展现着生命的精彩与活力。

你可不要以为植物全都是默默无闻、娇娇弱弱的，它们的世界可比你想象的精彩多了。它们有的能活几千年，有的则是只能活几周的"短命鬼"；有的巨大无比、独木成林，有的小得像一粒沙；有的全身是宝，能治病救人，有的带有剧毒，能杀人于无形；有的芳香怡人，有的奇臭无比；有的娇艳美丽，有的奇形怪状……

为了让小读者们更清晰地了解植物家族，我们精心编排了这套《探索神奇的植物王国》图书。这是一套图文并茂，融趣味性、知识性、科学性于一体的青少年百科全书，囊括了走进植物、植物趣闻、裸子植物、蕨类植物、苔藓植物、珍稀植物等多个方面的内容，能全方位满足小读者探寻植物世界的好奇心和求知欲。本套丛书内容编排科学合理，板块设置丰富，文字生动有趣，图片饱满鲜活，是青少年成长过程中必不可少的精品读物。

让我们带领小读者们一起推开植物世界的大门，去探寻它们的踪迹，尽情感受它们带给我们的神奇与震撼吧！

目录
MU LU

 ## 植物的前世今生

 ## 植物的六大器官

 ## 花样百出的植物本领

探索植物的小秘密

植物的
前世今生

ZHIWU DE QIAN SHI JIN SHENG

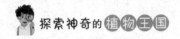

▶▶ 植物的基本概况

在自然界，我们可以轻松地把植物和动物区分开，因为动物可以活动，植物却扎根于大地。世界上的植物超过 30 万种，它们一起构成了生物中的五界之一——植物界。

🌳 何谓植物

什么样的生物才算植物呢？同动物一样，植物也是由大量细胞组成的生命体，它们也需要获取能量才能生长，只不过它们通常不像动物一样吃食物，而是通过阳光、空气、水和土壤

里的能量和养料来生长。具体来说，植物可以通过光合作用产生自身所需的养分。大多数植物都具有根、茎、叶、花、果实和种子这六大器官，并且大部分植物是通过开花、结果的方式来繁殖的。

繁殖方式

植物的繁殖方式主要有两种，分别是有性繁殖和无性繁殖。有性繁殖是最常见的一种繁殖方式，需要雌性细胞和雄性细胞的参与。具体是指植物授粉后结出果实、形成种子，当种子成熟后，会被母体植株散播出去，在合适的条件下，种子便会发芽。无性繁殖的植物可以在不利用性细胞的情况下进行繁殖，这种植物可以长出转变为新个体的特殊部分，然后通过分离、扦插、嫁接、压条等方法进行繁殖。

科普进行时

植物的寿命长短差别极大。有些植物寿命非常短，在几周内就会过完一生。而有些植物寿命极长，能够存活几千年，比如，银杏、红杉、龙血树等，它们都是植物界的"老寿星"。

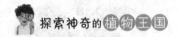

▸▸植物的诞生

在地球最初形成的漫长岁月里，地球上是没有生命的。直到海洋形成以后，原始生命才在这种有水和氧的环境中形成，从而揭开了地球历史发展的新纪元。

🌳 藻类生物出现

地球上最早出现的原始生命体诞生在原始海洋里，之后真核生物出现，生物历史发展的新时期到来。原始单细胞真核生物分化便产生了藻类。所有的藻类都含有叶绿素，但它们还不能算是真正意义上的植物。时间推移到距今 4 亿多年前的志留纪，地壳发生了巨大的改变，海洋面积缩小，陆地出现。有些生长在岸边的藻类，便在潮涨潮落间，开始逐步占领陆地，进化为更高等的陆生植物。而海洋中的藻类通过光合作用，把水中的氧分子释放出来，使得大气中的游离氧达到了一定的浓度，虽然和现在大气中氧的浓度还不能相提并论，但已经可以初步满足植物到陆地上生活的最低要求了。在距离地面几十千米的

气层，游离氧经电解成为臭氧，并逐渐聚集成
具有一定厚度的臭氧层。臭氧层可以有效
吸收阳光中的对生物组织有伤害的紫
外线，因而能将在陆地上生存的植物
保护起来。

裸蕨类植物出现

　　最先占领了陆地的植物主要是裸
蕨类。由于陆地上的环境条件与海洋颇为
不同，且更富于变化，所以它们必须进化发展出更多新本领才
能生存下去。在水中时，这些生物既无根也无叶，我们可以把
它们想象成一个"茎状物"，它们用身体表面吸收营养即可存活。
而在适应陆地环境的过程中，它们逐渐有了根、茎、叶分化的
趋势。地上部分不断向上生长，以
便进行光合作用，这使得叶处在一
个逐步形成的过程中；因为有吸收
水和运输水的需求，这促使体内
维管束不断发展，茎得以形成；
因为有从土壤中吸收水分和矿物
质的需求，地下茎部分逐渐生
出了细小的旁枝，这便是假根。
植物的根、茎、叶和生殖器官
的分化，为蕨类植物的出现创造了条件。

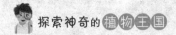

苔藓植物出现

在裸蕨类植物踏上陆地的时候，苔藓植物其实也悄悄登陆了。但它们直到现在也没能分化出真正的根，始终需要生活在阴湿的环境中。

蕨类植物出现

后来，陆地气候条件发生了变化，裸蕨类植物没能存活下去，但出现了更为高等的蕨类植物。蕨类植物源于裸蕨类植物，比裸蕨类植物高级的地方在于，它们有了真正的根和叶。蕨类植物经过不断繁殖，成了首批真正意义上的陆生植物。蕨类植物出现之后，陆地气候逐渐变得干燥，裸子植物出现；后来，一些植物演化出了更为完善的生长和繁殖

科普进行时

植物的生存必须依赖环境条件，其中最主要的因素是气候条件。地球上的气候呈带状分布，植物也随气候从赤道到两极呈带状分布。

体系，植物界最大的家族——被子植物出现。经过不断的遗传、变异和演化，最终形成了今天地球上丰富多样的植物。

🌳 植物登陆的意义

　　植物的登陆，意义重大，它们给陆地穿上了绿衣，改变了陆地荒凉的景象，打破了漫长岁月里生物只存在于水中的局面，使陆地从此生机勃勃。更重要的是，陆生植物的出现与进化，使得全球生态体系得以建立。陆生植物通过光合作用从大气中吸收大量二氧化碳，并释放出大量氧气。有了植物这个初级生产者，世界才变得如此多姿多彩。因此，植物登陆是地球发展过程中的一次飞跃。

植物的分类系统

世界上的植物种类繁多，让不熟悉它们的人简直摸不着头脑。不过我们了解了植物的分类系统后，就会发现它们其实各有所属、井井有条。

分门别类

经过不懈的努力，植物分类学家已经大致厘清各种植物之间的关系，并根据它们之间亲缘关系的远或近，从低级到高级，从简单到复杂，把它们编排在一个系统中。在这个系统中，每一种植物都有自己的位置，就像每个人都有户口一样。这个系统由多个等级组成，最高级是"界"，接着是"门""纲""目""科""属"，最低级的是"种"。由一个或几个种组成属，由一个或几个属组成科。以此类推，最后由几个门组成界，也就是植物界。

提纲挈领的"科"

在植物的分类等级中，"科"处在中间位置，有提纲挈领的作用。只要能掌握常见的植物科的特征，识别植物就能易如反掌。如银杏科、蔷薇科、蝶形花科等。每个科下面，包含数目不等的种，有的可达上万种，有的只有一种。不过，不管在科下有多少个种，同一科下，种之间的亲缘关系还是比较相近的。它们在形态上，特别是花的构造上都有许多共同的地方。如菊科都有头状花序；伞形科都有伞形花序；木樨科都是木本，叶片几乎都是对生；唇形科都有唇形花冠，茎干几乎都是方形；芸香科植物的叶片上都有芳香的油腺……所以遇到不认识的植物，只要判断出它可能属于的科，就很容易了解这种植物了。

科普进行时

　　人类对植物的研究和认识，有一段漫长的历史。在我国古代不乏这方面的学者和著作，其中以明代的李时珍和清代的吴其濬最为著名。李时珍所编《本草纲目》，将所收集的千余种植物分成草、谷、菜、果和木5部。吴其濬的《植物名实图考》中，将植物分为谷、蔬、山草、隰草、石草、水草、蔓草、芳草、毒草、群芳、果和木12类。

▸▸ 认识植物的庞大家族

广义的植物包括所有非动物的生物。狭义的植物指含有叶绿素，能进行光合作用，并以此获得养分的生物。在这个界定下，植物只包括苔藓植物、蕨类植物、裸子植物和被子植物。藻类、真菌和地衣虽然不属于植物界，但具有一些植物特性，所以我们也做简单的介绍。

藻类

藻类是地球上最古老的生命之一，与植物同属于真核生物。它们没有真正的根、茎、叶的分化，但大多数能够进行光合作用，属于自养生物。现代分类中，绝大多数藻类被划分到原生生物界，不再被视为植物界的成员。严格地说，藻类是陆地上绿色植物的祖先。

藻类的体形大小相差悬殊，小的直径只有 1 微米，必须在显微镜下才能看到；大的如生长在太平洋的巨藻，体长可达百米以上。藻类大多是单细胞（如小球藻等）、群体（如团藻等）或多细胞的叶状体（如海带等）。

藻类主要分布于淡水或海水中，分为淡水藻类和海洋藻类两种。而且，其适应能力强，即使在营养缺乏、光线微弱的环境下，也能够生长。

在生态学上，藻类占有极其重要的地位；在经济上，藻类也有重要的经济价值。

真菌

真菌是一种具有真核的、产孢的真核生物。有的真菌和植物长得很像，但它们的生长方式可以说大相径庭。真菌没有叶绿体，所以不能进行光合作用，它们是通过分解动物排泄物、死去的植物体中的有机物来获取营养的。真菌能通过无性繁殖和有性繁殖的方式产生孢子，通过散发孢子的方式繁衍下一代。真菌能够在多种环境中成长，除了土壤，还能在树木，甚至是人体皮肤表面生长。真菌是土壤和淡水中的主要

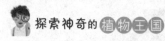

分解者，保证了生物物质循环的稳定性，有些真菌还与植物共生，能促进植物更好地生长。但是也有一些真菌能够引发疾病。

 地衣

在人烟稀少的森林和沙漠中，有一种特别不起眼的生物，名叫地衣。地衣是真菌和藻类共生的复合有机体，藻类负责通过光合作用制造养分，真菌负责吸收水分和养分。地

 科普进行时

蘑菇是我们日常生活中比较常见的一种真菌，多生长在温带地区的森林中。蘑菇形态各异、颜色多变，为大自然增添了许多生机。一些蘑菇味道鲜美，是很多人都喜欢吃的一种食物，但也有一些种类的蘑菇有毒，所以没有经验的人切记不可采摘、食用野蘑菇。

衣生长得非常缓慢，可以在恶劣的环境中生存。地衣虽然长得不起眼，却可以促进地球土壤的形成，为植物的生存创造环境。

🌱 苔藓植物

　　苔藓植物是一群形状较小的多细胞绿色植物，其起源尚不明确，古植物学家推测可能也是从某些藻类进化而来的。其大多生长在阴暗潮湿的环境中，常见于裸露的石壁上和潮湿的森林、沼泽地。苔藓植物不具有维管组织，没有真正的根、茎、叶的分化，通常所见到的茎、叶和根，严

格上应该叫作拟茎、拟叶和拟根。苔藓植物不开花，也没有种子。它们有具备自养功能的配子体，还有不能独立存活而依附于配子体吸收其养料的孢子体，因此，具有无性繁殖和有性繁殖两种，并呈现出明显的世代交替的现象。在植物界的演化过程中，苔藓植物代表着从水生过渡到陆生的类型。

科普进行时

维管组织指的是由木质部和韧皮部组成的输导水分和营养物质，并具有一定支持功能的植物组织。这种组织有助于植物适应陆生环境。

蕨类植物

蕨类植物又称作羊齿植物，是一群进化水平最高的孢子植物，已经具备了维管结构。最古老的蕨类植物也是最早的陆生植物，出现于晚志留纪到早泥盆纪的沉积物中。在古生代，地球上的蕨类植物曾盛极一时，且多为高大的乔木。但在二叠纪时期，由于地球环境的变化，大型的蕨类植物几乎全军覆没，大量遗体被埋在了地下，形成了今天的煤层；仅有一些小型的蕨类植物以及部分后来不断进化的蕨类植物得以延续下来。现代生存的蕨类植物广泛分布于世界各地，其中热带、亚热带地区的种类繁多。

现在的蕨类植物大多为多年生草本植物，少数为一年生草本植物，也有个别的木本植物，如桫椤。在形态上，蕨类植物已经具备了根、茎、叶的分化，但是没有花，也没

科普进行时

蕨类植物对水的依赖性很大，如果没有水就不能受精。特别是在干燥的条件下，它们的孢子几乎很难发育。

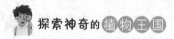

有种子。蕨类植物主要是无性繁殖，也可以有性繁殖，世代交替明显。蕨类植物大多为土生、石生或附生，少数为湿生或水生，喜阴湿温暖的环境。

裸子植物

裸子植物是地球上最先使用种子进行有性繁殖的植物。在此之前的藻类和蕨类植物都是以孢子的形式进行有性生殖的。裸子植物的生殖方式比它们更具优越性。裸子植物的受精卵在母体里发育成胚，形成种子，然后脱离母体。如果这些种子遇到不利于生长的条件，就可以继续保持生命力，不会立刻萌发。等到条件合适时，这些种子就会萌发为新的植物体，这样就使

裸子植物延续种族的能力大大增强了。正是凭借这些潜在的优越性，裸子植物才得以迅速发展。

　　现今裸子植物大多为多年生木本植物，且多为单轴分枝的高大乔木，也有灌木，但藤本较少；次生木质部几乎全由管胞组成，极少具有导管。其叶多为线形、针形或鳞形，极少为羽状全裂、扇形、阔叶形、带状或膜质鞘状。裸子植物广泛分布于南北半球，其中北半球分布更广，从低海拔到高海拔、从低纬度到高纬度几乎都有它们的身影。

被子植物

　　被子植物是新生代到现代地球上最占优势的植物种类。

　　只有被子植物具有真正的花，所以被子植物又叫作有花植物。在进化过程中，为了适应虫媒、风媒、鸟媒或水媒传粉的条件，被子植物的花的种类和形态也各有变化。被子植物的胚珠包藏在子房内，子房受精后发育成果实。其果实具有不同的色、香、味以及多种开裂方式。果皮上还常常带有各种

钩、刺、毛等，以便于
种子进行散播。以上这
些特征都是进化的结果。

科普进行时

被子植物的起源可追溯到侏
罗纪，到了白垩纪晚期，被子植物
的种类已经很丰富了。被子植物数
量最庞大，与人类有着极为密切的
关系。

被子植物出现以后，
地球上呈现出色彩鲜艳、
种类繁多、花果丰茂的
景象，直接或间接依赖植物生存的动物，尤其是昆虫、鸟类
和哺乳类，也迅速发展起来。

植物的
六大器官
ZHIWU DE LIU DA QIGUAN

▸▸ 深扎大地的根

> 和人的生长一样，植物生长也需要营养。对植物来说，很多营养来自土壤，因此植物的根也就担负了汲取植物成长所需营养的责任。

🌳 根的种类

根有多种类型，主要包括主根、侧根和不定根。

主根是由种子萌发时率先冲破种皮伸出来的白嫩胚根发育成的根。如蚕豆，它在发芽时，突破种皮向外伸出的白色条状物就是胚根，以后不断向下生长就形成主根。

侧根是主根生长到一定长度后，产生的一些枝根。在黄豆芽、绿豆芽上，有时会看到主根生长到很长时，在靠近主根末端的地方长出一些向侧面生长的分枝，这就是侧根。

不定根指在植物生长过程中从茎或叶上长出的根。如剪取一段垂柳枝条，插在潮湿的泥土里，不久从插入泥中的茎上长出的根，就是不定根。

根的功能

大多数植物的根都生长在土壤里，是植物的地下部分，属于营养器官。植物的根能将土壤中的水分和无机盐吸收并运输给植株，还可以储藏养分，并进行一系列有机化合物的合成、转化。除此之外，植物的根还具有一个重要作用，那就是将植物的地上部分牢固地固定在土壤中。

科普进行时

侧根在生长的时候，可能会产生分枝，形成新的侧根，这种侧根称为第二级侧根。不过主根任何时候都只有一条，不会存在第二级主根。

根的生长力量

纤弱柔软的植物根，却生长在坚实的大地中，令人不可思议。柔软的根是怎样钻到土地里面去的呢？

原来根在自己的头上（根尖）戴了一顶叫根冠的帽子，帽子里

面是有增生新细胞能力的"总部"，叫作分生组织。总部的细胞迅速分裂，细胞数目急剧增多，这样，根就能渐渐生长，不断在土壤内深入。在根的生长过程中，根冠始终作为根的"开路先锋"，保护着幼嫩的新生细胞。在根的前进过程中，沙石、土粒的碰撞使根冠不断磨损、剥落，所以根冠会一直分泌黏液，使其接触的土壤变得润滑，便于根的延伸。与此同时，分生组织又随时"派遣"一部分细胞制造出新的根冠，代替剥落、磨损了的根冠，严密地保护着分生"总部"。

根生长的第二种力量，是在分生组织后面的延长部，又叫伸长区，这个部位的细胞最初呈球形，后来渐渐伸长成圆柱状。细胞共同伸长形成的撑力迅速增加了根的长度。

根生长的第三种力量来自伸长区之后的根毛区，根毛区的细胞逐渐分化为形态各异、功能不同的细胞，然后各司其职，这种变化也使根增加了长度。

根的分生组织、伸长区、根毛区的细胞分裂、细胞延长的力量便是不可阻挡的生命力量，就是这种力量使纤弱的根突破硬土的阻挡，伸展于大地之中。

坚强挺立的茎

放眼我们周围的世界，秀丽挺拔的白杨直指天穹，小草迎着微风频频低头。白杨之所以挺拔，小草之所以迎风不倒，是因为它们都有坚强的脊梁——茎。植物的茎大都生长在地面上，抵挡着风雨侵袭，负载着繁茂的枝叶、花、果实。

形状万千

茎的外形基本上为圆柱形，不过有些植物的茎呈扁平柱形，像昙花、仙人掌等；有些植物的茎呈方柱形，像蚕豆和薄荷；有些植物的茎形状为三角形，像莎草。因此，植物的茎看起来单一，其实也是变化多端的。

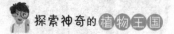

粗细之谜

木本植物的茎粗大，草本植物的茎却十分细。那么，茎的粗细是由什么决定的呢？

茎的粗细取决于神奇的形成层。木本植物的形成层位于韧皮部和木质部之间。形成层的细胞分裂能力强，少数向外分裂的细胞形成新的韧皮部，主要向内分裂的细胞形成新的木质部，新形成的韧皮部细胞位于原来的韧皮部内，新形成的木质部细胞位于原来形成的木质部外。观看茎的横切面，形成层就好比一

科普进行时

为了适应外界的环境，不同植物的茎有着各自的生长方式，以使叶能够有空间展开，获得充足的阳光，制造营养物质，繁殖后代。所以就产生了以下7种主要类型：直立茎、缠绕茎、攀缘茎、斜升茎、斜倚茎、平卧茎、匍匐茎。

个大皮圈，而这个大皮圈随着木质部面积的不断增大而不断扩大外移，使得木本植物的茎也跟着加粗了。而草本植物茎中的形成层不像木本植物那样绕茎一圈，而是一束一束的，像星星一样分散着，这样就使茎的加粗能力十分有限。另外，草本植物生命周期很短，很多都是在一个生长季节里就结束生命，茎还未来得及加粗，所以它们的茎都很细。

 主要功能

茎具有运输水分、无机盐和营养物质的作用。水分、无机盐和营养物质在植物的茎内有两条运输通道，其中一条运输路线位于韧皮部，由一串串筛管上下连接而成，从上往下向根部或其他部位运输叶子制造的营养物质；另一条运输路线位于木质部，由导管细胞上下连接而成，从下往上向叶部等部位运输根部吸收的水分与无机盐。

▸▸ 向阳而生的叶

> 千姿百态的植物给了人们很多美好感受，而植物枝条上的片片或柔绿或浓翠或嫣红的叶子，也给人们带来了美的体验。

🌳 叶的构成

植物的叶子可以分为叶片、叶柄和托叶三个部分。这三个部分都有的叶子叫作完全叶，若是缺少一个或两个部分则叫作不完全叶。不过，禾本科植物的叶除外，因为它们通常是由叶片、叶鞘、叶耳和叶舌组成，如玉米、小麦等。

🌿 叶的形状

不同的植物种类，叶形可以说是千差万别，下面我们介绍一些常见的叶形。

卵形叶。形如鸡卵状，下

 科普进行时

叶脉是叶片内分布的粗细不同的维管组织和机械组织，其与叶柄和茎内的维管组织相连，使整株植物能够上下互通，起输导和支持作用。叶脉的内部结构根据叶脉的大小而有所不同。

部圆阔，上部稍狭，最宽处在中部以下，如梨、冬青等。

倒卵形叶。卵形叶倒转为倒卵形叶，最宽处在中部以上，如玉兰等。

披针形叶。整体较为狭长，由下部至先端渐次狭尖，如桃、柳等。

倒披针形叶。披针形倒过来的形状，如小檗等。

心形叶。形似心脏，基部有圆缺，先端渐尖，如牵牛、紫荆、番薯等。

三角形叶。三边略相等，如荞麦等。

提琴形叶。叶身中央紧缩变窄细，形如提琴，如一品红、琴叶榕等。

椭圆形叶。叶的长为宽的二倍左右，如槐树、蒲桃、鹅耳枥等。

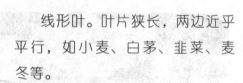

　　线形叶。叶片狭长，两边近乎平行，如小麦、白茅、韭菜、麦冬等。

　　圆形叶。形如圆盘，长宽接近相等，如莲叶、连香树等。

　　匙形叶。形似汤匙，上部宽圆，下部渐窄，如白菜叶等。

　　盾形叶。大多数叶的叶柄接于叶片的边缘上，呈平面结构，而盾形叶叶柄生于叶片背面，像盾和把柄一样，如莲、旱金莲。

　　戟形叶。似箭头形，但基部两裂片外伸或与中脉呈直角，如蓖麻、菠菜等。

　　剑形叶。两边直，扁平，先端像利剑一样尖，如鸢尾、白花射干等。

鳞形叶。似针形而短，断面近四棱形，如侧柏、扁柏等。

菱形叶。似菱形，侧面两角为钝角，如菱等。

丝形叶。叶如丝线，如茴香等。

针形叶。细长如针，如马尾松、华山松等。

主要功能

叶子的主要功能是进行光合作用和蒸腾作用。

植物通过进行光合作用制成碳水化合物、蛋白质和脂肪等。这些物质一方面为植物体生命活动提供了所需的营养，另一方面也直接或间接地养活了其他生物（如人类）。而且，光合作用所产生的氧气，也是大气中氧气的来源之一。

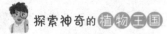
探索神奇的植物王国

除此之外，叶通过蒸腾作用，使其内部大量水分不断化为水蒸气，从而带走了大量的热，降低了植物的体温，以保证植物的正常生长。同时，蒸腾作用还能促进植物体内水分和溶解在水中的无机盐往上运输。

 **叶的凋落**

一夜秋风，遍地黄叶。可你想过吗，为什么植物会落叶？谁是这幅萧条的秋景图的设计师呢？你也许要问，为什么落叶多发生在秋天而不是春天或夏天呢？是因为秋风带来的寒意吗？

 科普进行时

叶子生长的位置极具特色，或单片生长在茎上，或成双结对，或有规律地交错生长，或紧贴于地面。这样可以使植物受力均衡，最大限度地接受阳光、雨露。

我们只看到秋风扫落叶，是因为我们生活在温带地区，四季变化明显，光照、水分、温度等差异很大。实际上在热带，有时会因干旱出现春季落叶的现象，只是没有温带地区落叶现象明显罢了。

那么是谁控制着叶子的脱落呢？科学家经过艰苦地努力探索，终于发现了一种叫脱落酸的化学物质。这种物质与落叶关系密切，它可以促使植物的叶脱落。科学家同时也发现了其他种类的激素，如赤霉素、细胞分裂素等，这些激素起着完全相反的作用，能延缓叶子的衰老和脱落。到目前为止，虽然植物落叶的机理还没有完全弄清楚，但是可以肯定，落叶（尤其是温带地区的树木落叶）是树木减少蒸腾、保全生命、准备安全过冬的一种本领。

▸▸ 绚丽夺目的花

　　最杰出的艺术家当属大自然，这个"艺术家"在我们周围创造出数不尽的奇花异葩：梅花像星，葵花像盘，报春花像小钟，牵牛花像喇叭，珙桐花似一只只迎风起舞的白鸽，蝴蝶兰好似群蝶翩跹。

🌳 花的构造

　　花的构造有花柄、花托、花萼、花冠、雄蕊、雌蕊等部分。以黄色木槿花为例来说明花的构造。花下面的短柄是花柄；花柄上面的杯状构造是花托；花托最外面的小瓣片是萼片，组成花萼，包裹并保护着含苞的花蕾；花萼里面是由花瓣组成的花

冠，用来招蜂引蝶；花萼与花冠合称花被。花冠里面有很多棒状的东西，就是雄蕊。雄蕊包括花丝和花药：线状的叫作花丝；顶端那个小球叫作花药，用来制造花粉。花中央那个长颈瓶状的东西是雌蕊，下方膨大的部分以后变为果实，里面的胚珠发育成种子，植物学上称其为子房。子房顶上有个棒状的东西叫花柱，它的末端膨大，叫作柱头。雄蕊产生的花粉落到柱头上，萌发以后，植物雌雄交配的受精过程就开始了。

科普进行时

同时有雄蕊和雌蕊的花叫两性花，如百合花。只有雄蕊或雌蕊的花叫单性花，如黄瓜的花。单性花又分为雌雄同株和雌雄异株两种情况。雌花和雄花生长在同一棵植株上叫雌雄同株，如玉米；反之叫雌雄异株，如菠菜。

花粉

　　花粉是藏在花药里的，当花粉成熟时，花药就会裂开，花粉粒便会飘散出来。花粉粒特别小，需要借助显微镜才能看清。它形态多样，有球形的、三角形的，还有像元宝的、像鸡蛋的。更令人惊奇的是，小小的花粉粒上还有不同样式的花纹、突起，因此不同类型的花粉粒也可以作为鉴定植物种类的依据。

　　一朵花上的花粉粒数量众多，微风吹过，它们就像尘埃一样，漫天飞舞，因此被人们称为"生命的微尘"。花粉粒

通过不同的方式传播到雌蕊柱头上的过程，叫作传粉。传粉主要可分两种，一是自花传粉，即花药中散出的花粉，落在同一朵花的柱头上。这种方式比较原始，不是很常见。二是异花传粉，即花粉落在其他花的柱头上。这种方式优势明显，更为常见。异花传粉常需要借助一些媒介，通常是风、昆虫、水等。

 科普进行时

　　花粉中往往富含蛋白质、糖类、脂肪和维生素等，因此一些花粉是可以食用的，还可以用来酿酒或提取维生素。但有些花粉中含有特殊的物质，导致部分人闻到它就会出现过敏反应。

 花的颜色

　　花朵的颜色五彩缤纷，它们总是能够带给人们美的享受。那么花朵美丽的颜色是怎样产生的呢？

　　花瓣细胞里存在各种色素，主要为三大类：一类是类胡萝

卜素，包括红、橙及黄色素在内的许多色素；一类是类黄酮素，能够使花瓣呈浅黄色至深黄色；一类是花青素，能够使花呈现橙色、粉红、红色、紫色和蓝色。这些色素使得花瓣拥有了缤纷色彩。此外，环境条件如温度、光照、水分、细胞内的酸碱条件等也影响着植物的颜色。

🌱 花的香气

许多花朵不但有美丽的花冠，还有芬芳的气味，这是因为花瓣的一些细胞中含有一种挥发性的油脂，叫芳香油。

芳香油是在花朵内特殊的腺体细胞——上皮细胞中产生的，易挥发，当花开放时，它会随着水分一起散发出来，所以我们能够闻到花香。由于各种花的芳香油不同，所以它们散发出来的香味也不一样。不过，也有一些花的花瓣中没有油细胞却也能散发香味，这是因为它们的细胞中含有一种叫作配糖体的物质，这种物质尽管本身不香，但经过酵素分解后一样会产生香味。所以，花的香味主要取决于花瓣里的油细胞和配糖体。

除此之外，花朵香味的浓淡也受很多环境因素的影响，包括日照、温度、水分、肥力等。

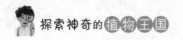
▸▸ 保护种子的果实

> 果实是被子植物具有果皮和种子的生殖器官，它不仅能为种子提供保护，还能供给种子萌发时所需的部分水分和养料。

🌳 基本结构

果实是被子植物的雌蕊经过传粉受精，由子房或花的其他部分参与发育而成的器官，一般包括果皮和种子两部分，其中果皮又可以分为外果皮、中果皮和内果皮。

果实的分类

果实按照发育、构造和特征的不同，可以分为以下几类：

根据发育成果实的部位，可分为真果和假果。真果指由子房发育而成的果实，如桃、大豆等。假果指由子房和花的其他部分共同发育而成的果实，如苹果、梨等。

按果皮质地，可分为肉果和干果。肉果指果皮肉质而多汁，成熟时不开裂的果实，常见的有浆果（如番茄、木瓜等）、柑果（如柑、橘等）、瓠果（如黄瓜、西瓜等）、梨果（如梨、苹果等）与核果（如桃、杏等）等。干果指果皮成熟后呈现干燥状态的果实，又可分为裂果（如大豆、花生等）和闭果（如向日葵、小麦等）。

根据形成果实的花及子房数目，可分为单果、聚合果和复果。单果是由一朵花的单雌蕊或复雌蕊发育而成的果实，如桃、杏等。聚合果是由一朵

花内多数离生雌蕊发育而成的果实，每个雌蕊都能形成一个独立的小果，集生于膨大的花托上。根据小果的不同，聚合果可分为聚合蓇葖果（如八角、芍药等）、聚合瘦果（如草莓等）、聚合核果（如悬钩子等）、聚合坚果（如莲等）。复果是由一个花序上所有的花发育而成的果实，如菠萝、桑葚等。

果实的味道

果实在生长过程中，除了形态和结构会发生变化，它的味道也会有明显的变化。

涩味。柿、李等果实未成熟时，如果吃上一口，会感觉舌头涩涩的，这是由于其细胞液中含有较多的单宁物质。随着果实的成熟，单宁物质被酶氧化成无涩味的过氧化物，或凝集成不溶于水的胶状物质，涩味便没有了。

酸味。未成熟的果实大多口感偏酸，这是因为其中含有多种有机酸，包括醋酸、苹果酸、柠檬酸、琥珀酸和酒石酸等。随着果实的成熟，有的酸转变为糖，有的被

氧化，有的被钾离子和钙离子等中和，所以果实就不再那么酸了。带有酸味的水果中的有机酸有所不同，如，苹果主要含苹果酸，橘子中主要含柠檬酸，葡萄中则主要含酒石酸。

　　甜味。果实有甜味是因为体内含有糖分，比如葡萄糖、麦芽糖、果糖、丰乳糖和蔗糖等。这里边最甜的则非果糖莫属，而且果糖更利于被人体消化吸收；其次是蔗糖，难怪以蔗糖为主的甘蔗、甜菜吃起来甜得要命。果实不同，所含糖的种类及含量也不同。如葡萄中葡萄糖含量较高；桃、橘子含蔗糖较多；柿、苹果含葡萄糖和果糖较多，另外还含少量的蔗糖。

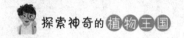
▸▸ 孕育新生的种子

果实和种子都是植物的繁殖器官。不同的是，果实的作用是保护和传播种子，而种子的职责是繁殖后代，延续植物的生命。种子也是裸子植物和被子植物特有的繁殖器官，孕育着植物的新生命，预示着植物生长的明天。

🌳 种子的结构

一般的植物种子是由种皮、胚及胚乳组成的。种皮是种子的"铠甲"，由珠被发育而来，能够保护种子。胚由受精卵发

育形成，能够发育成植物的根、茎和叶，是种子的重要部分。胚乳是种子储存养料的地方，不同植物的胚乳中所含养分不一样。

 科普进行时

种子的形状各异，有圆有扁，有长方形，还有三角形或多角形。种子的颜色也多种多样，而其中约有一半是黑色或棕色。

🌱 种子的寿命

为什么种子的寿命有长有短？关键是什么？原来影响种子寿命的关键是要使胚保持生命力。种子的萌发只要满足胚对水分、空气、温度等条件的需要就能实现。经科学家研究，种子外表的蜡质和厚厚的角质层都能使种子具备不透性而难以萌发，而长寿种子更是具备不易透水、不易透气的坚硬、致密的种皮。如莲子坚硬的外壳里面存在着一种物质，能引起不透性，再加上致密的细胞壁，使其更不易透水、透气。

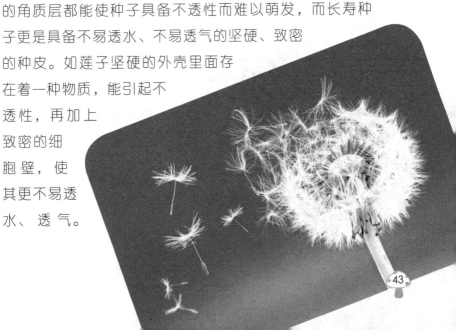

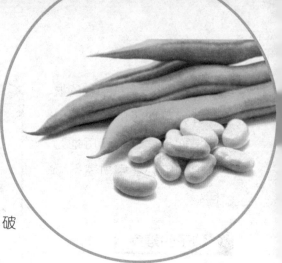

种子的胚得不到充足的水分和氧气，生理活动微弱，就处于休眠状态而成为长寿种子，一旦种皮被破坏，胚得到萌发条件就会打破休眠状态而萌动。

种子的休眠现象

种子种在土里，能发芽长出新的植株，这主要依靠种子里的胚。然而并不是所有的种子种下去都能立即长出新的植株来，有些植物的种子，胚是活的，外界条件也合适，但它们成熟以后并不及时萌发，必须再"睡眠"一段时间才能发芽。种子的这一特性就是休眠。

种子休眠的现象是植物适应环境的一种表现。生长在温带的

植物，如果它们的种子在秋天成熟以后，落入土壤很快发芽，冬天到来，幼苗就会被冻死，这种植物便有绝种的危险。相反，种子具有休眠的特性就可以避过严冬，保住后代。所以，种子暂时的休眠正好保证了日后能够顺利萌发，这种现象对植物种类的繁衍具有重要意义。

科普进行时

　　种子中的"大王"应属复椰子，这种形似椰子的种子比椰子还要大得多，而且中央有道沟，像是把两个椰子重合在一起，所以叫它复椰子。我们常说丢了西瓜捡芝麻，芝麻的种子算是很小的了，但它还不是最小的。斑叶兰的种子，小得如同灰尘一般。

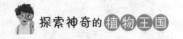

人造种子

　　人造种子即人为制造出来的种子，是将胚状体或一块组织（顶芽、腋芽）、一个器官（小鳞茎等）包裹在一个内含营养成分的胶囊（人工胚乳）内形成的颗粒体，其结构类似于种子。人工种子相较于天然种子有其自身的特点：能够帮助一些自然条件下不结实的或种子非常昂贵的植物繁殖；固定杂种优势，缩短育种年限；节约粮食；能够人为控制作物生长发育和抗性；克服某些植物因长期营养繁殖所积累的病毒病等；可以直接播种和进行机械化操作。

花样百出的
植物本领

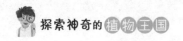
▶▶ 植物的光合作用

动物通过摄入从外界获取的食物来补充自身所需要的营养，而植物摄取营养的方式是利用太阳光，通过自身的叶绿体储存能量，释放氧气。这种独特的方式叫作光合作用，是植物独有的生存方式。

🌳 叶绿素

植物叶肉细胞的细胞质中悬浮着很多叶绿体，叶绿体中含有一种绿色物质叫叶绿素，在植物进行光合作用的过程中发挥

着极其重要的作用。首先，叶绿素从太阳光中吸收能量，然后把经过气孔进入叶内的二氧化碳和经由根吸收来的水分转变成碳水化合物、蛋白质等营养物质，同时释放氧气。植物因为没有消化系统，所以它们便用这样独特的方式自己给自己制造养料，以实现对营养的摄入。

🌿 光合作用的意义

植物是人类和其他生物赖以生存的基础。在自然界生态系统中，植物是最主要的生产者，植物通过光合作用，将无机物变成有机

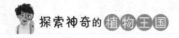
物，使之直接或间接地成为人类或动物的食物。植物通过光合作用还能将光能转变成化学能，并蓄积在形成的有机化合物中，所以才有了煤炭、天然气等能源，供人类使用。另外，由于植物在吸收二氧化碳的同时释放出氧气，所以使得大气中氧气和二氧化碳的含量总能维持在一定的水平。

科普进行时

煤炭是一种固体可燃性矿物，是埋藏在地下的古代植物，在高温、高压等特殊条件下，经历了复杂的生物化学和物理化学变化才逐渐形成的。煤炭是人类使用的重要能源之一，被誉为"黑色的金子"。

▶▶ 植物的蒸腾作用

夏天的早晨，你到野外去走走，可以看到很多植物叶子的尖端或边缘，有一滴滴水珠淌下来，好像在流汗似的。植物为什么会"出汗"呢？

🌳 蒸腾作用的过程

我们在养一株植物的时候，往往会给它浇不少水。然后，植物的根会把土壤中的水吸收进植株内，根、茎、叶内的导管会把水运输到叶肉细胞中。但是，这些水只有一小部分会被用

来参与植物的各项生命活动，剩下的大部分水都通过气孔散发到大气中，变成了水蒸气，这就是植物的蒸腾作用。蒸腾作用是一个复杂的生理过程，这一过程既受植物本身的调节和控制，又受外界环境条件的影响。

蒸腾作用的途径

蒸腾作用的途径主要有三种：皮孔蒸腾、角质层蒸腾和气孔蒸腾。

植物通过前两种途径蒸腾的水分量非常有限。气孔蒸腾才是植物进行蒸腾作用最主要的方式。植物进行体内外气体交换都要通过气孔，水蒸气、二氧化碳、氧气都要从气孔这条通道通过，所以气孔的开闭对植物的蒸腾作用、光合作用等生理过程都有重要影响。

蒸腾作用的意义

就植物本身而言，对那些个子特别高的植物来说，蒸腾作用可以让它们的顶端部分保持充足的水分。而且在蒸腾作用的过程中，可以带走叶片中的热量。当阳光特别强烈时，叶片被长时间照射，可能会出现灼伤。而蒸腾作用能够降低叶片表面的温度，使叶子在强光下也不至于被晒伤。

对环境而言，蒸腾作用可以调节气温，增加空气湿度，让当地的雨水充沛，调节气候，形成良性循环。

科普进行时

植物体内的水分包括两种：普通水和结合水。所谓结合水，就它的化学组成而言，和普通水并无两样，只是普通水的分子排列比较凌乱，可以到处流动，而结合水的分子则是按照非常整齐的"队形"排列于植物组织的周围，与植物组织紧密连在一起，不容易分开，所以得名结合水。

▶▶ 几大"媒人"来授粉

植物开花后，要结出果实，必须把雄蕊的花粉传给雌蕊，使雌蕊受精。那么，它们是怎样授粉的呢？这要得益于昆虫、风、鸟类等"媒人"。

🌳 动物传粉

在植物中，有许多花是由特定的虫类做"媒人"的。它们在长期的生活中，与某一种昆虫形成特定的关系。如果没有这种昆虫，那些花就不能结果；如果失去了那

些花，这种昆虫也就难以生存。比如，由英国移植到新西兰的红三叶草，虽然能存活下来并能开花，却无法结果，这是因为那里没有替它们传花授粉的丸花蜂。后来，人们将丸花蜂也运往新西兰，红三叶草才有了种子。

昆虫和花朵"携手相伴"的情景也被其他动物看在眼里，其中就有一些"效仿者"。蜂鸟就是其中之一，它那细长的喙能轻而易举地为自己从花朵中获得犒赏。甚至有些蝙蝠也能充当传粉者的角色。这样的蝙蝠往往身体瘦小，舌细而长，舌尖有许多毛刷状凸起，以便取食花蜜。而这些蝙蝠所光顾的花朵一般都比较大，常常在夜间开放，发出某种特殊气味以吸引蝙蝠前来授粉。

科普进行时

有些植物人们见不到它们的花朵盛开，但它们也能授粉并结出种子。如生长在美洲的大花寇洛玛草，它既生有能开放的花朵，通过媒介开花授粉；也生有不开放的花朵，闭花授粉。

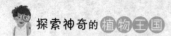

风媒

　　玉米、杨树、松树的花又瘦又小，它们无法吸引昆虫，只得由风来做"媒人"，为它们传播花粉。一朵花或一个花序上的花粉粒，少则数千，多则上万甚至数十万。因此当一阵风吹来，花粉漫天飞扬，似下雾一般。它们的身体又轻又小，随风飘扬，飞得又高又远，近的几千米，远的则几十千米、几百千米。

▶▶ 种子传播有妙招

> 植物主要是靠传播它们的繁殖体——种子和果实来扩大它们的分布区域。植物传播种子与果实的方式多种多样，主要有以下几种。

🌳 自己传播

植物在进化历程中，练就了一身传播种子和果实的好本领，比如喷瓜。喷瓜的种子不是埋在柔软的瓜瓤中，而是浸泡在黏稠的浆液里。这种浆液使瓜皮胀得鼓鼓的，当瓜成熟时，稍有风吹草动，瓜柄就会自然地与小瓜脱开。这时，瓜上会出现一个小孔，就像揭去盖子的汽水瓶一样，紧绷的瓜皮把浆液连同种子从小

孔里喷射出去，一直喷到几米远的地方，种子就这样传播出去了。像这样传播种子的植物还有很多，如凤仙花、豌豆等。

靠水传播

生长在水中或水边的植物，自然要靠水的帮助来传播繁殖体。椰子可算是植物界最出色的水上旅行家了。当椰子成熟时，就会从树上掉落下来，如果掉入海中，

科普进行时

椰子的果皮有三层，外层的革质外皮使椰子能长期浸在海水里不被腐蚀；中层是一层厚厚的纤维层，质地很轻，使椰子能够漂浮在水面上；内层是坚硬如骨质的椰壳，保护着未出世的下一代。

就会被海潮带到几百米，甚至几千米之外，然后再被冲上海岸。
若是环境适宜，那么一株幼小的椰树就会在那儿开始它的独立
生活。南太平洋有许多珊瑚岛，岛上最初出现的树种往往就是
椰树。

靠人或动物传播

　　更多的植物依靠人或动
物来传播种子或果实。有的
种子或果实非常细小，当人
无意踩到它们时，它们就粘在
或嵌入人的鞋缝里，随着人的
脚步去往新的领地。另一些植

物，果实或种子上长着各种各样的刺或钩，一旦动物或人和它们接触，它们就牢牢地挂住动物的皮毛或人的衣物，散播到远处。这类带钩、带刺的种子或果实，最常见的有牛膝、苍耳、窃衣、鬼针草等。

靠风传播

风是协助植物传播种子和果实的帮手，蒲公英、杨树、柳树、榆树和枫杨等就是利用风力传播种子和果实的。比如蒲公英，它的果实很小，但在头上顶着一簇比果实本身还要大的茸毛，微风吹来，那簇茸毛就像打开的降落伞似的，带着果实，乘风飞扬，远离母株，飞到很远的地方，最后降落下来，开始繁殖新的一代。

植物"争霸战"

动物界中，动物之间弱肉强食是很自然的现象。而植物没有动物那样大的活动空间，植物的生长范围狭小，又不能活动，但它们之间同样也存在弱肉强食的现象。

欺弱称霸的小叶榆

人们常说："要吃葡萄莫种榆。"所以在葡萄园的周围是不能种上小叶榆的，否则葡萄就会遭殃。这是因为小叶榆无法与葡萄共生，它的分泌物对葡萄是一种严重的威胁，会抑制葡萄的生长发育，葡萄的叶子会干枯凋萎，果实也结得稀稀落落。如果葡萄园周围是小叶榆林带，那么距离小叶榆林带数米处的葡萄植株几乎会死光。

霸道的鼠尾草

生长在美国加利福尼亚州南部的野生灌木鼠尾草，十分霸道，它的叶子能释放出大量的挥发性化学物质。这些物质能透过角质层，进入

植物的种子和幼苗，对周围一年生植物的发芽、生长产生毒害，令它们无法生长。

"残酷杀手"——细叶榕

细叶榕是一种绞杀植物，它们的种子被鸟儿吃掉后会随同鸟儿的粪便一起排出，落在红壳松的树干或枝丫处，然后种子萌发生根，渐渐地幼苗长成粗壮的灌木状，之后生出

科普进行时

在农业生产中，人们常常利用植物特有的"化学武器"来防治病虫害。例如，菜粉蝶害怕番茄或莴苣的气味，所以人们把番茄或莴苣跟甘蓝种在一起，以使甘蓝免受菜粉蝶的侵害。

许多正向地性的气生根。有些气生根附在宿主的树干上，有些气生根则从宿主的枝上下垂，下行根逐渐增多并且互相联结，直到它们的木质根网把宿主树干团团裹住。这时，细叶榕的树冠增大、繁茂起来，遮盖了宿主的树冠，而宿主由于见不到阳光和自身养分被吸干，最终被扼杀而腐朽。

▶▶ 植物的"防身术"

植物没有神经系统，也没有意识，如果受到其他外来物的侵扰，怎么进行自卫呢？

🌳 利用"化学武器"

许多植物在受到昆虫的袭击时会生成一些特殊的化学物质，如合成萜烯、鞣酸、单宁酸等，其中单宁酸可以有效地抑制昆虫的侵袭。而单宁酸存在于多种树木的树皮和果实中，如

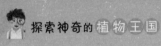

橡树和漆树。植物通过化学变化制造的"化学武器"还可以间接地招来援兵——鸟。由于昆虫在吃树叶的同时，叶子上生出可溶的单宁酸，使昆虫感到树叶的味道欠佳，于是它们不断地转移，在树叶上留下一片片有规则的小孔。目光锐利的食虫鸟就利用这些小孔觅食昆虫。

利用蜇毛

  蝎子草是蝎子草属的草本植物，一般生长在较阴湿的阔叶林下。它们的叶片翠绿，宽大如手掌，边缘裂成大尖齿状。叶片和嫩茎上有一种蜇毛，如果碰到人的皮肤，就会刺激皮肤产生痛痒的感觉。其实，蝎子草并非要与人为敌，这不过是它们的"防身之术"。科学研究表明：蝎子草身上的蜇毛是一种能够有效施放化学防卫物质的护身武器。虽然它们看上去远不及一些植物身上的棘刺厉害，尖而不硬，顶端一触即破，却能释放出蚁酸之类的液体，这些液体能对食草动物和人产生较强的刺激作用。正是因为拥有蜇毛护身，蝎子草在与食草动物的生存竞争中成了赢家。

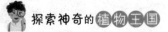
利用尖刺

枸骨是一种常绿小乔木，叶形奇特，叶片革质化，碧绿光亮，呈四角状长圆形或卵形，先端具硬刺齿，戳一下很痛，就连鸟儿也不敢在树上过夜，因此，它有个绰号叫"鸟不宿"。它结的鲜红或黄色果实，鸟儿也不敢问津。

科普进行时

非洲有一种植物叫马尔台尼亚草，其果实两端像山羊角般尖锐，生满针刺，形状可怕，被称为恶魔角。这种草的果实成熟后落在草中，当鹿来吃草时就会插入鹿的鼻孔，使得鹿疼痛难受，有的竟发狂而死。

欧洲阿尔卑斯山上的落叶松更是有趣极了，幼时的嫩芽被羊吃去后，就在原地长出一簇刺针，新芽在刺针的严密保护下生长起来，一直长到羊吃不着时，才抽出平常的枝条。

▶▶ 与其他生物间的共生

共生又叫作互利共生，指两种生物彼此互利地生存在一起，缺此失彼都无法生存的一类种间关系，是生物之间相互关系的高度发展。

🌳 植物与螨虫相互依恋

许多植物身上都生存着螨虫。在多种植物的叶片上，小小的螨虫总可以找到许多可以供它们栖息的微小的隐蔽处。这些"微型小屋"大体上位于木本植物叶片背面的主、侧叶脉会合

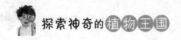

的地方。那么，植物为什么会与螨虫共同生活，还提供了那么多"微型小屋"而不遭伤害呢？原来，寄生在植物身上的螨类中大约70%是益螨。最常见的益螨有两类：第一类益螨进食迅速，吃起

害螨和其他害虫来胃口特别好；第二类益螨胃口更好，除了吃害螨、昆虫和昆虫卵之外，还吃病原真菌的孢子、菌丝。

科学家研究了植物与螨类的相互影响后指出，植物的叶片为益螨提供了非常好的隐蔽之处；而这些益螨又吃掉了害螨、食叶昆虫等，使叶片避免了害螨、昆虫和病原真菌的侵害，二者实现了共赢。

天麻和蜜环菌互惠互利

天麻又叫"赤箭"，是一种兰科植物。天麻的生态与众不同。初夏，由地下块茎顶部抽生出直立的地上茎，很像一支出土的箭。天麻无根无叶，没有叶绿素，不能进行光合作用制造有机物，也不能吸收水、无机盐。那么，它是怎样生存的呢？

原来，在阴湿的杂

木林下，寄生着一种真菌，它的菌盖呈蜜黄色，在菌柄上有个环，由此得名"蜜环菌"。当它的菌丝体遇到天麻的地下块茎时，会全面包裹并伸入其中，以获取养料。此时，天麻的组织细胞会分泌溶菌液，靠消化蜜环菌的菌丝来摄取营养。天麻和蜜环菌便是这样互惠互利的。

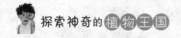
▶▶ 植物也运动

> 人们能够见到动物在运动，但对植物的运动却了解得甚少。其实植物也会运动，如向性运动、感性运动。

🌳 向性运动

植物的向光性、向重力性、向水性、向触性等运动，统称为"向性运动"。

植物随光的方向而弯曲的能力被称为向光性。例如向日葵，清晨，向日葵面向东方，迎接旭日东升；傍晚，它们又面

向西方，目送夕阳西下。棉花的叶片也有类似葵花向阳的向光性运动。

植物的茎总是向上生长，以便得到阳光来进行光合作用，茎的这种运动被称为"负向地性运动"，即与向地性运动方向相反的运动；而根总是向下生长，以便得到水和肥料，这叫作"正向地性运动"。

植物的根还常常表现出向水性，尤其是当土壤干燥、水分分布不均时，根总是朝潮湿的地方生长，在潮湿的区域里，根的分布也较密集。

植物某部分碰到外界物体时能发生向触性反应的，则具有向触性。如葡萄、豌豆、西番莲的卷须，一碰到竹竿、绳索或篱笆等物时，能很快弯曲缠绕上去。

科普进行时

植物的向性运动一般与生长素的调节有关。如向日葵在阳光的作用下，背光面的生长素多，生长较快，生长素少的向阳面生长较慢，于是产生了向阳弯曲现象。

🌿 感性运动

花生、大豆、酢浆草、红花苜蓿等植物，都会在早晨出太阳时舒展叶片，随夜幕降临而闭合叶片"入睡"。这种叶片昼开夜合的运动被

称作植物的"睡眠运动"或"感夜运动"。这是叶柄基部的组织细胞膨压发生变化的结果。白天，进行光合作用的叶片，其基部的大型细胞得水膨胀，使叶片张开；太阳落山后，叶片内水分减少，叶基的大型细胞失水收缩变软，叶片便随之下垂或合拢。

郁金香处于相对温暖的环境中，花冠会徐徐展开，低于10℃时则关闭，这是郁金香的感温运动。这类运动与阳光、温度、湿度有一定关系。花瓣和叶在夜间闭合，可减少热量的散失和水分的蒸发，有利于保温、保湿。

无论郁金香的感温运动还是大豆的感夜运动，都是植物受外界环境因素刺激后引起的"感性运动"，对植物有自我保护的重要意义。

探索植物的

小秘密

TANSUO ZHIWU DE XIAO MIMI

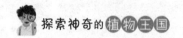

▶▶ 为什么树干都是圆柱形的

> 只要你平常对周围的树木稍加注意，就会发现不同种类的树木，它们的树冠、叶子、果实的形状变化多端，可是当你把视线转移到树干上，马上就会发现：几乎所有树木的树干都是圆柱形的。树干为什么都是圆柱形的呢？

🌳 容积大

首先，几何学告诉我们，同样的周长，圆的面积比其他任何形状的面积都要大。因此，如果有同样数量的材料，希望做成容积最大的东西，显然圆柱形是最合适的形状。树干长成圆柱形，就可以用最少的材料输送最多的水分和养料了。

支持力大

其次，圆柱形有最大的支持力。树木高大的树冠的重量全靠一根主干支持，有些丰产的果树结果时，树上还要挂成百上千斤的果实，如果不是强有力的树干支持，哪能吃得消呢？树木结果的时间往往比较迟，有些果树，需要生长十几年，甚至几十年才开始结第一次果实。在这段漫长的时间里，它们的主要任务是建造自己的躯体，这需要耗费大量的养分，如果不是采用消耗材料最少而功能最强的结构，就会造成浪费，使结果时间推迟，也会延长树木本身繁衍后代的时间，这对树木来说是不利的。

有效防止外来伤害

圆柱形结构的树干对防止外来伤害也有许多好处。树干如

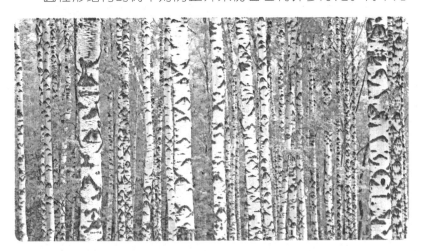

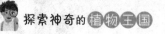

果是正方体、长方体或是其他形状，那么它们必定存在棱角和平面。棱角是最容易被动物啃掉的，也极容易摩擦、碰伤。而树皮

科普进行时

自然界中的所有生物，为了生存，总是朝着最适应环境的方面发展。千百万年来，植物也是朝着有利于自己生存的方向发展。圆柱形的树干与其生理功能及所处的环境密切相关。

的皮层是树木输送营养物质的通道，皮层一旦断了，树木就要死亡。另外，树木是多年生植物，在它们的一生中不免要遭到风暴的袭击，由于树干是圆柱形的，所以，不管任何方向吹来的大风，都很容易沿着圆面的切线方向掠过，树干受影响的只有一小部分。

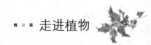
▸▸森林里的树木为什么都很直

我们平时可以看到各种不同类型的树，它们有的枝干纵横，叶子稠密，树冠像个宝塔；有的长条拂地，迎风摇曳；还有的可能歪向一侧，甚至奇形怪状。但是森林里的树，却不是这样"任性"。

🌳 森林里的树

森林里的树往往又高又直，没有纵横的枝条，只在顶上有

那么一小段长着树枝和树叶，看上去仿佛在一根电线杆顶上扎了一把伞。你可别不相信，要是只有云杉、红松、杉树、松树等组成的原始纯针叶林，那么，在你眼前的，就只有一根根粗大的木柱子，非要仰起头来，才能看到枝叶，而这些树木的枝叶，就只有小小的一簇，盘踞在高高的树顶上。

适应环境的结果

这是怎么一回事呢？是谁把它们的枝条砍得光秃秃的呢？

其实谁也没有来砍过这些树的枝条，这些枝条是树木本身落掉的。

原来，树木的生长，首先必须依靠阳光。哪一棵树能够在没有阳光照射的情况下，长久地生存下去呢？许多树木挤在一起生长时，得到阳光的机会自然比单独生长的树木少，但是生存是一切生物的第一要求，于是树木都争先恐后地向

 科普进行时

在茂密的森林里，大量的枝叶既影响通风，又得不到充足的阳光，因而不能给树身制造养料，在消耗了枝叶本身的养料以后，就自然而然地枯死、掉落了。这种现象叫作森林的自然整枝。

上长，都想多得到一些阳光。然而在一定面积上，阳光给予的能量是有限的，这就使得树木不得不改变它们的生长状况，以适应自然环境。

▸▸杂草为什么除不尽

> "野火烧不尽，春风吹又生。"我们知道杂草有很强的生命力，所以，人们用杂草形容一种锲而不舍的精神。可是，为什么杂草怎么也除不尽呢？

🌳 产籽多

科学家研究发现，杂草有惊人的繁殖力。很多杂草一株就能结种子超过万粒，这还不是最惊人的，有些杂草一株能结十几万至二十几万粒种子。

种子寿命长

　　杂草不仅产籽多，而且种子的寿命长，可多年不失发芽能力。一般农作物种子的寿命不过几年，但稗草的种子在水中也可存活几年，狗尾草的种子可在土中休眠 20 年左右，还有的种子寿命可达百年。

种子容易广泛传播

　　利用风、水流或人及动物活动的广泛性来传播种子，也是杂草"春风吹又生"的原因。蒲公英、刺菜、白茅等果实有毛，可随风飘荡；异型莎草、牛毛草和水稗的果实，能顺水漂流；苍耳、猪殃殃、鬼针草、野胡萝卜等果实上的刺或棘刺等能牢牢地附着在人或鸟兽身上，借以散布到远处去。

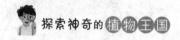

生命力顽强

在一些干燥、寒冷、盐碱度高的地区，很多植物都不能存活。可是，杂草却能傲然挺立，显示了顽强的生命力。严重的干旱能使大豆、棉花等许多作物干枯而死，而马唐、狗尾草等仍能开花

科普进行时

杂草对农作物和经济作物的危害很大，它们与作物争肥、争水、争光照。有些杂草还是作物病虫害寄生和越冬的场所。长期以来，杂草就是农业生产的一大灾害。

结籽；凶猛的洪水能把水稻淹死，而稗草以及莎草科的一些杂草却能安然无恙。多数杂草都有强大的根系、坚韧的茎秆。多

年生杂草的地下茎，具有很强的营养繁殖能力和再生力，折断的地下茎节，几乎都能再生成新株。

　　同一株杂草结的种子，落在地上不一定都能迅速发芽，有的春天发芽，有的夏季萌发，还有的甚至很多年以后才发芽。这种萌发期的长短不一是杂草对不良环境条件的一种适应。

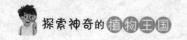

▶▶新疆的瓜果为什么格外甜

> 新疆是我国著名的瓜果之乡。这里出产的瓜果颜色鲜艳、果香浓郁、味道香甜,其中吐鲁番的葡萄、哈密的瓜,可是说是远近闻名,吃过的人都赞不绝口。那么,新疆为什么能长出这么好吃的瓜果来呢?

🌳 大陆性气候

首先,我们先来了解一下新疆的气候,这里属于典型的大陆性气候。新疆位于内陆,远离海洋,四周又有高山环绕,潮湿的海洋气流很难到达,所以降水量少,气候干燥。在这里一天中气温变化大,白天烈日炙烤,气温很高,一到夜晚,气温急剧下降,日夜之间的温差能有几十摄氏度,所以有"早穿皮袄午穿纱,守着火炉吃西瓜"的说法。一年里,冬夏之间的温差有三十几摄氏度。由于阴雨天少,阳光照射时

间长，这里就成了我国日照最充足的地区之一。

水分和热量条件具备

通常情况下，这种大陆性气候对农业生产是不利的，因为农作物和其他植物一样，只有热量和水分条件都得到满足，它们才能正常生长。所以，新疆并不是到处都能种出好吃的瓜果，高山和沙漠地区就不适宜农作物生长。但是在一些盆地和绿洲里，水分和热量条件就很好——那里不但有充足的日照，阳光又能使高山上的冰雪消融，给农作物提供宝贵的水源。

热量和水分条件都具备了，农作物自然就能正常生长了，可是新疆出产的瓜果为什么特别甜呢？

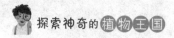

独特的自然条件

　　这主要得益于新疆独特的自然条件。新疆日照时间长、温度高，农作物可以充分地进行光合作用，制造大量的淀粉、糖类等有机物质。一到夜晚，气温降得很低，农作物的呼吸作用减弱，这样就减少了养分的消耗。所以，果实中能够积累大量的有机物质，不但个儿长得大，而且养分充足。新疆瓜果又大又甜的秘密就在这里。

 科普进行时

　　我国甘肃、宁夏等地也属于大陆性气候，那里出产的瓜果同样又大又甜。甘肃出产的白兰瓜，宁夏出产的西瓜，也是很受人们欢迎的果中上品。

▶▶ 你见过会"流血"的植物吗

一般树木受伤后，流出的树液是无色透明的，有的也会流出白色的乳液，但在世界上许多地方，还有一些会"流血"的植物。

鸡血藤

我国南方山林的灌木丛中，分布着一种藤状植物，它们总是攀缘缠绕在其他树木上，每到夏季，便开出玫瑰色的美丽花朵，这就是鸡血藤。当有人用刀子把鸡血藤的藤条割断时，就会发现有一种液体流出，先是红棕色的，然后慢慢变成鲜红色，跟鸡血一样。经过化学分析，

科普进行时

鸡血藤为中国特产，分布于云南、广西、广东和福建等省区。它们的茎皮纤维可用来制造人造棉、纸张、绳索等，茎叶也可以做成灭虫的农药。

发现这种"血液"里含有鞣质、还原性糖和树脂等物质，可

供药用，有散气、祛痛、活血等功用。

龙血树

　　也门的索科特拉岛是个奇异的地方，尤其是岛上的植物，更是吸引了世界各地的植物学家。岛上约有 1/3 的植物是世界上其他地方都没有的，其中之一就是龙血树。只要轻轻地划破龙血树，树干上就会分泌出一种像血液一样的红色黏稠物质，这种物质其实是树脂，被用于医学和美容。

▸▸ 水生植物是如何在水中存活的

> 植物界的水中居民是人们熟知的水生植物。在江河、湖泊里，水生植物十分丰富。有出淤泥而不染的荷花，别具风味的荸荠、茭白、慈姑、菱、莼菜、芡实，繁殖能力极强的水葫芦、水花生，可作为禽畜饲料的浮萍，还有水下栖身的眼子菜、金鱼藻、狐尾藻、苦草等。

🌳 有效地利用水中的微弱光

这些植物生活的水环境，与陆地环境迥然不同。水环境具有流动性，温度变化平缓，光照强度弱，氧含量少。水生植物

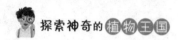

是怎样适应水环境的呢？

　　水环境里光线微弱，然而水生植物的光合性能并不亚于陆生植物。水生植物的叶片通常薄而柔软，有的叶片细裂如丝，呈线状，如金鱼藻；有的呈带状，如芳草。水生植物的叶绿体除了分布在叶肉细胞里，还分布在表皮细胞内。最有趣的是叶绿体能随着原生质的流动而流向迎光面，这使水生植物能更有效地利用水中的微弱光。黑藻和狐尾藻等沉水植物的栅栏组织不发达，

科普进行时

　　藕白净滚圆、微甜而脆，既可凉拌，也可炒、炖、炸、煮，是餐桌上的常见菜。以藕为食材所做的知名菜肴有八宝酿藕、炸藕盒等。藕富含淀粉、蛋白质、维生素B、维生素C、脂肪、碳水化合物及钙、磷、铁等多种矿物质，能够养阴清热、润燥止渴、利尿通便，是一款老少咸宜、健康营养的美食。

通常只有一层细胞，由于深水层光质的变化，它们体内褐色素增加呈墨绿色，这可以增强对水中短波光的吸收。漂浮植物的浮叶上表面能接受阳光，使栅栏组织发育充分。挺水植物的叶肉分化则更接近陆生植物。

保证空气的供应

水中氧气缺乏，水生植物要寻找和保证空气的供应，因此那些漂浮或挺水植物进化出了直通大气的通道，如莲藕，空气中的氧从气孔进入叶片，再沿着叶柄那四通八达的通气组织向地下根部扩散，以保证水

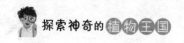

中各部分器官的正常呼吸和代谢。这种通气系统属于开放型。

沉水植物金鱼藻的通气系统则属于封闭型。其体内既可储存自身呼吸所释放的二氧化碳，以供光合作用之需，同时又能将光合作用所释放的氧储存起来满足呼吸时的需要。

 ## 借助增加浮力的结构

在池塘和湖泊中，常可见到各种漂浮植物安静地漂浮于水面。它们借助增加浮力的结构，使叶片浮于水面接受阳光和空气，如水葫芦，它的叶柄基部中空膨大，变成很大的气囊。除此之外，菱叶的叶柄基部也有这种大气囊。当菱花凋落的时候，水底下就开始结出沉沉的菱角。这些菱角本来会使全株植物没入水中，可是就在这个时候，叶柄上长出了浮囊，这就使植物摆脱了没顶的威胁，而且水越深叶柄上的浮囊就越大。

 ## 科普进行时

　　水生植物长期在水域中生长，植物形态及生理特性形成了广泛的生态适应性：典型水生植物的根不发达，甚至退化，无根毛，表皮有吸收功能。茎纤细，机械组织不发达，表皮也有吸收功能。

EXPLORE 探索神奇的

植物王国

苔藓植物

科普实验室编委会 编

应急管理出版社
·北京·

图书在版编目（CIP）数据

苔藓植物／科普实验室编委会编．－－北京：应急
管理出版社，2022（2023.5 重印）

（探索神奇的植物王国）

ISBN 978－7－5020－6183－8

Ⅰ.①苔… Ⅱ.①科… Ⅲ.①苔藓植物—儿童读物
Ⅳ.①Q949.35－49

中国版本图书馆 CIP 数据核字（2022）第 038752 号

苔藓植物（探索神奇的植物王国）

编　者	科普实验室编委会	
责任编辑	高红勤	
封面设计	陈玉军	

出版发行	应急管理出版社（北京市朝阳区芍药居 35 号　100029）
电　话	010－84657898（总编室）　010－84657880（读者服务部）
网　址	www. cciph. com. cn
印　刷	三河市南阳印刷有限公司
经　销	全国新华书店

开　本	880mm×1230mm$^1/_{32}$　印张　24　字数　560 千字
版　次	2022 年 5 月第 1 版　2023 年 5 月第 2 次印刷
社内编号	20200872　　　　定价　120.00 元（共八册）

前言

QIAN YAN

亲爱的小读者们，你们了解植物吗？比起能跑能跳的动物，安安静静的植物似乎总容易被人们忽略。殊不知，植物是比动物更早居住在地球上的居民，它们的足迹几乎遍布世界的所有角落，是地球生命的重要组成部分，无时无刻不在展现着生命的精彩与活力。

你可不要以为植物全都是默默无闻、娇娇弱弱的，它们的世界可比你想象的精彩多了。它们有的能活几千年，有的则是只能活几周的"短命鬼"；有的巨大无比、独木成林，有的小得像一粒沙；有的全身是宝，能治病救人，有的带有剧毒，能杀人于无形；有的芳香怡人，有的奇臭无比；有的娇艳美丽，有的奇形怪状……

为了让小读者们更清晰地了解植物家族，我们精心编排了这套《探索神奇的植物王国》图书。这是一套图文并茂，融趣味性、知识性、科学性于一体的青少年百科全书，囊括了走进植物、植物趣闻、裸子植物、蕨类植物、苔藓植物、珍稀植物等多个方面的内容，能全方位满足小读者探寻植物世界的好奇心和求知欲。本套丛书内容编排科学合理，板块设置丰富，文字生动有趣，图片饱满鲜活，是青少年成长过程中必不可少的精品读物。

让我们带领小读者们一起推开植物世界的大门，去探寻它们的踪迹，尽情感受它们带给我们的神奇与震撼吧！

目录

MU LU

千奇百怪的

苔藓世界

QIANQI BAIGUAI DE TAIXIAN SHIJIE

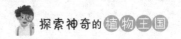
▸▸ 苔藓植物的认识

> 　　世界上已有的陆生植物中，苔藓植物是最古老的一种，它们历经严寒、酷暑、火山喷发等各种磨难，顽强地繁衍不息。

🌳 苔藓化石

　　苔藓化石非常稀有，研究发现，最久远的苔藓化石距今 4 亿年左右，这个苔藓化石是在美国纽约发现的，据科学家们介绍，该苔藓曾存在于上泥盆纪地层，叫作古带叶苔。

生存环境

　　苔藓植物的生存环境非常广泛，可以说它们遍布世界每一个角落，既可以生活在潮湿、阴暗的环境中，也可以在高山、沙漠中看到它们的身影，除此之外，它们还能在南极洲那样寒冷的地方生存呢！

　　苔藓家族成员们的身躯非常柔软，以至于被庞大的动物（大象、老虎等）踩上一脚时，就会变成一摊泥土。但是，它们却凭借着柔软的身躯，成了在地球上安家最早的一类植物，仔细想想，它们从远古时代一路走来，确实是不容易呀。

独有的液体

经过多年的研究发现，苔藓植物可以分泌一种特殊的液体，这种液体可以使荒漠变成绿洲。科学家们把这种液体叫作能够啃石头的液体。

原来，苔藓植物分泌的这种液体中含有酸性物质，它可以溶解石头，随着时间的推移，这些石头会逐渐被风化，变成一个一个的石块，再变成很小的石子，接着变成小颗粒，最后会变成土壤。如此一来，苔藓便为其他植物的生长提供了条件。

科普进行时

在采集苔藓标本时，应做到以下几点：

一、由于苔藓大多生长在树上，因此在采集时应该连树枝和树皮一起采下。

二、将标本采好后，应按照种类的不同，分别用纸包好。

三、将苔藓植物放入牛皮纸袋以后，不要挤压，应让其保持自然状态。

▶▶ 苔藓植物的特征

> 苔藓植物的形态和构造非常简单，没有根、茎和叶的分化，也不能独立生存，只能依赖配子体提供营养物质和水分来存活。

🌳 身材矮小

苔藓植物缺少维管组织，身材矮小，有些苔藓种类甚至只有几毫米高，因此，苔藓植物被人们称为植物界里的"矮人"。

苔藓植物矮小的身体，常常让人们误以为其是一种低等植物，其实苔藓具有胚，是一种不折不扣的高等植物。令人惊讶的是，苔藓植物的种类非常多，比蕨类植物、裸子植物还多，它们还是高等植物中的第二大家族呢！

遇水就能"活"

由于苔藓植物是变水植物，因此，它们可以快速地调整体内的水分含量，以此来适应周围的环境，即使在干旱的环境中生活很长一段时间，在遇到一点儿水分后，它们依然能够迅速恢复生机。

世代交替的生活史

苔藓植物之所以具有明显的世代交替现象，是因为它们具有特殊的配子体和孢子体。苔藓植物的配子体（由假根、假茎和假叶组成）是有性世代的植物体，它成熟以后会产生雌、雄生殖器官，当生殖器官里的精子与卵子结合受精后，会发育成

胚，最后会发育成孢子体。而孢子体是无性世代的植物体，其结构非常简单，寿命很短，且不能独立生活，因此必须寄生在配子体上才可以生存。孢子体的孢蒴可产生具有繁殖功能的孢子，待孢子成熟以后，孢蒴会将孢子弹出去，孢子就会随着风传播到适合生存的环境中。在该环境中，孢子萌发出原丝体，而原丝体上产生的芽体会发育成配子体。这样来回地交替，苔藓植物便出现了世代交替的生活史。

科普进行时

苔藓植物由于特殊的习性和价值，被人们授予了很多称号，其中"先锋植物"和"大自然的拓荒者"是最著名的两个称号。

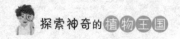

▸▸ 苔藓植物的分类

在植物界中，苔藓植物几乎是最不起眼的一个种群，但其形态各异，种类非常多，简直超乎人们的想象。

🌳 苔纲

世界上已知的苔藓植物约有 18000 种，可分为苔纲、藓纲和角苔纲。其中苔纲多生长在热带和亚热带的溪流边、阴湿岩壁、树干上。

苔纲的主要特征为：它的配子体具有很大的优势，我们平时所见到的苔纲植物体就是配子体，其形态为叶状体或者茎叶体，有背腹之分，两侧对称。假根由单细胞组成。无中肋、蛋白核和淀粉粒。有多个叶绿体。有油体和萌萼。孢子体萌发后可形成原丝体，原丝体不发达，一般情况下，一个原丝体生一个配子体。孢子体由孢萌、萌柄、基足组成。孢萌呈球形，纵裂，无中轴、萌盖、萌齿和环带，有弹丝。萌柄成熟后伸长，柔软，为假萌柄。

藓纲

藓纲是苔藓植物门中最大的一纲，多生长在温暖湿润地区的溪边、阴湿土坡、树干、岩面上。

藓纲的主要特征为：它的配子体形态为茎叶体，叶多呈螺旋状排列，辐射对称；假根由多细胞组成，单列，有分枝；大多数叶有中肋；有多个叶绿体；无蛋白核、油体、萌萼和淀粉粒；孢子体由孢萌、萌柄、基足组成；孢萌具萌轴、萌齿和萌盖，无弹丝；原丝体比较发达，一个原丝体可生多个配子体。

角苔纲

　　角苔纲的种类是最少的。角苔纲的演化具有非常特殊的意义，是系统比较独立的一类苔藓植物，多生长在热带、亚热带地区的田埂、河岸及小溪边。

　　角苔纲的主要特征为：它的配子体形态为叶状体；假根由单细胞组成；无中肋；叶绿体少；有蛋白核和淀粉粒；无油体和蒴萼；孢子体由孢蒴和基足组成；孢蒴呈棒状，自上而下二瓣裂，有纤细的中轴，无蒴柄、蒴盖、蒴齿和环带，有假弹丝；原丝体不发达，一个原丝体生一个配子体。

科普进行时

　　西方国家的一个研究团队曾将从南极洲带来的岩心样品制作成了不同深度的切片，并在孵化器中对切片进行加热及光照处理，令人惊奇的是这些岩石切片中，长出了一些绿色植株，研究发现，这些绿色植株就是古代苔藓，这项发现证明了苔藓有顽强的生命力。

▶▶ 苔藓植物的繁殖

在植物界中，苔藓植物的繁殖方式比较特殊，它们都是依靠配子体和孢子体来繁衍生息的，其繁殖方式主要包括有性繁殖和无性繁殖。

🌳 有性繁殖

苔藓植物在进行有性繁殖时，其雌、雄配子体会产生雌、雄配子，雌配子和雄配子结合后，会发育成孢子体，孢子体的孢蒴成熟后，孢子就会从孢蒴中散出，分散到各地，并随着气流"定居"到适合自己生长的地方，最后会长成新的植物体，这一植物体长成的过程中，主要包括萌发和原丝体阶段。

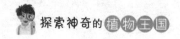
无性繁殖

无性繁殖对于那些生活在极地、高山及沙漠中或者雌雄异株的苔藓类群的繁衍意义非凡。

有些种类的苔藓植物，通过有性繁殖的方式产生孢子体的概率极低，因此，经过不断进化，便衍生出了一种无性繁殖。无性繁殖的苔藓植物可以通过产生芽孢和块根来繁衍生息。

特殊的繁殖方式

有些苔藓植物比较特殊，它们既能进行有性繁殖，也能进行无性繁殖，如卷叶湿地藓和地钱。苔藓植物的这种特性一般是由遗传因素所决定的，且这类苔藓植物在生存竞争中可占据有利地位。

科普进行时

雌雄同体的苔藓植物的繁殖方式极为特殊，即上半部分的孢子体进行无性繁殖，下半部分的配子体进行有性繁殖。

▶▶ 苔藓植物的价值

一直以来，人们认为苔藓植物比较小，且很难被识别，因此，对苔藓植物并不重视。实际上，从古至今，苔藓植物在我们的生活中扮演着不起眼但又重要的角色。随着时代的进步，人类看到了苔藓植物的价值及应用前景，这让一些苔藓植物大放光彩。

🌳 保护自然

首先，生活在温带森林、沼泽及高山生态系统中的苔藓植物，可减弱土壤侵蚀，使得该地区的水分保持平衡。其次，由

于苔藓植物可储存大量的雨水，因此，旱季时，苔藓植物可放出储存的水分，进而缓解干旱。最后，一些苔藓植物（如泥炭藓）可固定大量的碳化物（如二氧化碳和甲烷），此功能可有效缓解温室效应，改善自然环境。

🌿 药用价值

苔藓植物中具有多种其他植物所没有的化学成分，且多数化学成分都具有抗菌和抗肿瘤的作用，因此苔藓植物的药用价值很大。

第一，蛇苔、棕色曲尾藓、匐灯藓、瘤柄匐灯藓等，对淋巴细胞白血病的发生具有一定的抑制作用。

第二，梨蒴珠藓、大金发藓、毛梳藓可抑制神经胶质细胞癌的发生。

第三，生活在干燥土壤表面上的小石藓，对鼻炎具有一定的疗效。

迄今为止，虽然科学家们对苔藓植物的药用价值还在研究阶段，但已有一些种类的苔藓植物在治疗疾病中发挥了重要的作用，这加速了苔藓植物在医用领域的研究与开发。

第一，有些苔藓植物可用于建筑填充，如赤茎藓、万年藓等，将这些苔藓植物填充在木屋的缝隙中，具有保暖、防风、防漏雨的作用。

第二，太平洋西北部地区的苔藓植物可用来包装蘑菇。美国西部一些苔藓植物（如逆毛藓）可用来包装蔬菜，以使其保持水分。

第三，由于泥炭藓具有吸水功能，因此曾被用作尿布和卫生巾。

园艺与绿化

在园艺方面，苔藓植物常被用于打造美丽的庭院、盆景及

进行花艺设计，可以给人们带来美的享受。由于大部分苔藓植物具有较强的吸水能力，因此，将其放入土壤中，可增加土壤的保水能力，使盆栽更具生命力。

在绿化方面，由于城市中的绿地空间有限，那些角落没有办法种植大型的绿植。而苔藓植物需要的泥土较少，且栽培简单，还容易养护，因此，可用苔藓植物使城市里的角落"活"起来。

科普进行时

苔藓植物还可以作为土壤酸碱度的指示植物，如生长着大金发藓、白发藓的土壤是酸性的土壤；生长着墙藓的土壤是碱性土壤。

▶▶ 苔藓植物多样性丧失的原因

在植物大家庭中，苔藓植物是高等植物中的第二大种类，大约有 18000 种。这么大的一个植物类群，多样性丧失的原因有哪些呢？

🌳 过度利用

有些苔藓植物因为价值有限，多样性得以保持。而那些在绿化、园林、医药方面具有重要作用的苔藓植物，却没有这么

幸运了。人类的过度利用，使得那些作用很多的苔藓植物的多样性面临极大威胁。

例如，泥炭藓不仅可以作为填充和吸水材料，其提取物还具有治疗心血管疾病的功效，正是因为这样，泥炭藓存在灭绝之虞。

大气、水、土壤污染严重

苔藓植物对周围环境的变化非常敏感。近年来，随着大气污染的加剧，空气中的硫化物、碳氢化合物、氮氧化物等越来越多，由于苔藓植物没有角质层及蜡质层的保护，所以这些化合物会直接对苔藓植物产生毒害作用，因此，在大气污染严重的地方，苔藓植物种类一般也比较少。水污染和土壤的污染对苔藓植物的影响更是严重。

生存环境的丧失

　　随着人口的增多，资源的消耗也在不断增长，人们对自然的需求也越来越多。像草原、森林、湿地、苔原等苔藓植物赖以生存的地方，均遭到了严重破坏，那些特殊的苔藓自然也就消失了。如此一来，必然会引起生态系统的改变，形成恶性循环。

　　热带雨林里的植物分层过多，因此照到地面上的光线很弱，而这种环境恰恰非常适合苔藓植物的生长。如此一来，热带雨林中的苔藓植物种类便异常丰富，而被苔藓植物"装饰"的热带雨林，就像是神话世界。但是，人类的乱砍滥伐导致热带雨林里的树木急剧减少，破坏了苔藓植物的生存环境，进而导致苔藓种类急剧减少，有些苔藓种类甚至惨遭灭绝。

科普进行时

　　与其他高等植物相比，对苔藓植物多样性的保护要容易很多，那些濒临灭绝的苔藓植物是有"起死回生"的可能的，但人们的漠视和不作为加快了其多样性被破坏的速度。

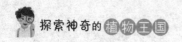
▶▶苔藓植物的保护

> 不管是植物，还是动物，抑或是地球上其他的生命体，都有其存在的必然性。苔藓植物虽然不起眼，但它们也是地球上不可或缺的成员，因此苔藓植物的保护应该得到重视。

世界范围内

在世界范围内，对苔藓植物的保护仅在非政府组织和学术组织层面上开展。

1990年，国际苔藓学家学会召开了欧洲濒危苔藓植物成因及保护研讨会，这次研讨会总结了濒危苔藓植物的种类及保护策略，还出版了相关的论文集，这为世界范围内推动保护苔藓植物的行动奠定了基础。

中国范围内

我国是世界上苔藓植物种类最多的国家之一，近年来，森林采伐、旅游开发、采矿、建水电站等行为，导致我国的生态环境发生了巨大的改变，这使得原本丰富多样的苔藓植物面临着巨大的威胁。

为保护我国苔藓植物的多样性，应从以下四点入手：一、通过科学教育，提升我国公民保护苔藓植物的意识。二、派遣

专门的人员考察我国苔藓植物的种类和分布，为后续工作打下坚实的基础。三、将不同地区的濒危苔藓植物进行归纳总结，了解这些苔藓植物濒危的原因，并制定保护策略。四、积极开展苔藓植物在不同领域的研究，如生态学、细胞学、分子生物学等，为深入保护苔藓植物多样性提供便利。

科普进行时

　　2004 年在上海召开的"中国苔藓植物多样性保护国际研讨会"将兜叶黄藓、水藓、大紫叶苔和屋久岛复叉苔等 82 种苔藓植物列入《中国首批濒危苔藓植物红色名录》。

包罗万象的

苔纲

▸▸不讨喜的地钱

地钱是最具代表性的一种苔纲植物，为地钱科地钱属，由于它们总是活跃于庭院中，所以被人们称为"庭院的累赘"，是最不讨喜和最广为人知的苔藓之一。

🌳 形态特征

地钱的叶状体呈暗绿色，宽带状，边缘呈波曲状，有裂瓣，背面有气孔和气室，腹面有紫色鳞片和假根，假根平滑。地钱雌雄异株，受精后发育成孢子体，孢子呈黄色。

生境分布

地钱分布于世界各地，生长于低地半阴潮湿的土地上或道路旁，在花坛、庭院、田地等处也能见到它们的身影。

繁殖方式

地钱可通过芽孢进行营养繁殖。芽孢生长于叶状体背面的胞芽杯中，这个胞芽杯的形状与碗相似。芽孢成熟后会从柄处开始脱落，最后萌发成新的植物体。

地钱有性生殖时，雌雄配子体上会产生雌器托和雄器托。雌器托的托盘边缘有一列颈卵器，呈倒悬瓶状。雄器托内生长着许多精子器。颈卵器成熟以后，就会形成一个通道，精子就是通过这个通道游入颈卵器中，然后与卵子结合，形成

合子。形成的合子会在颈卵器中先发育成胚，然后再长成孢子体。孢子体成熟以后，孢蒴内的孢子母细胞会通过减数分裂发育成孢子。

药用价值

地钱的整个植株均可入药，其味淡，性凉，具有清热解毒的功效，治疗刀伤、毒蛇咬伤、骨折、疮痈肿毒等病症的效果较好。地钱的提取物还可有效抑制枯草杆菌和金黄色葡萄球菌的繁殖。

种植方法

一、将地钱的叶状体碎片散落在土壤上（土壤应保持一定的湿度）。

二、温度保持在 15~20℃。

三、注意观察是否有丛生的杂藻，若有，应及时清理，防止因藻类争抢营养物质而导致地钱的叶状体变黄。

四、将玻璃片或塑料薄膜盖在种植地钱的花盆上，大约三周后就会长出较完整的叶状体。

 科普进行时

虽然地钱属于大型苔藓植物，非常醒目，且很容易分辨，但其实它们是很小的一个群体，仅占苔纲总数的百分之几。

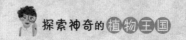

睁着圆眼的石地钱

> 石地钱又叫作石蛤蟆，为石地钱科石地钱属苔藓植物，叶状体的表面呈绿色，边缘和背面带有紫红色是其最主要的一个特点。

形态特征

石地钱的叶状体呈扁平状，先端呈心形，沿中肋沟处生许多假根。气孔为单一型，且凸出。气室有数层，无营养丝。鳞片呈覆瓦状排列，颜色为紫红色，呈半月形。雌雄同株。

生境分布

石地钱多分布于我国东北、西北、华北、中南、华东及西南等地区，生长于低地半阴微潮湿的土坡上或岩石上，也常见于街道旁的树丛中。

科普进行时

石地钱的雌器托的伞状叶裂会随着孢蒴的数量而变化，就像是睁着圆眼的外星人，非常奇特，也正是因为它们这显眼的特征，人们总能在很短的时间内就辨认出它们来。

▶▶ Y 形的鞭藓

> 鞭藓为指叶苔科，是一种大型苔藓植物，其鞭枝下垂于茎的下方，进而使得鞭藓的茎呈 Y 形。

🌳 形态特征

鞭藓的植物体呈深绿色或者橄榄绿色。叶片与茎紧密相接且排列具有一定的规律，从腹侧伸出鞭枝。叶片末梢有锯齿。腹叶透明，其宽度比茎的直径要长，末梢呈重锯齿状。

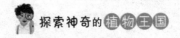

生境分布

鞭藓多分布于东亚地区，生长于树干上、岩石上及山间小路边等地。

近缘种

鞭藓的近缘种为三裂鞭苔，其比鞭藓要小，植物体呈黄绿色或者褐绿色。茎粗，有不规则叉状分枝和具腹面分生的鞭状枝。叶片呈覆瓦状排列。腹叶贴着茎生长，约为茎的两倍宽，近似方形。

三裂鞭苔主要分布于我国华南、西南等地，生长于湿润的土表、沟边树干上及草丛下。

科普进行时

鞭藓的鞭枝是由枝条变形而来的，鞭枝上生有呈小突起状的叶片，这条鞭枝如线一样，随着风摇晃，就像翩翩起舞的精灵。

▶▶ 与蓝藻共生的壶苞苔

壶苞苔为壶苞苔科，是一种非常稀有的苔类，可与蓝藻类共生，壶苞苔叶状体上点状分布的黑点就是蓝藻类植物的集群。

🌳 叶状体上的胞芽

壶苞苔最主要的一个特征是其叶状体上生有两种胞芽。一种胞芽呈球形，位于叶状体顶端的壶状体中。另一种胞芽呈星形，位于叶状体的叶缘处。

🌿 形态特征

科普进行时

壶苞苔科其下仅有一属，即壶苞苔属，广泛分布于我国云南等地。

壶苞苔植株呈片状，颜色为淡绿色，或略带紫色，中肋前端有小壶状芽壶，腹面有假根和鳞片。叶状体叶缘的形状为多个半圆形连接而成的波浪状。

🌵 生境分布

在世界范围内，壶苞苔多分布于朝鲜、日本、俄罗斯等国；在中国，多分布于云南、吉林、辽宁等地。其多生长于潮湿的地面、堤坝、山区林下或沟谷溪流两岸。

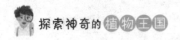

▶▶ 带有"蛇鳞"的蛇苔

> 蛇苔是蛇苔科蛇苔属的苔藓植物，由于其叶状体表面长着与蛇鳞相似的花纹，所以得名。

🌳 形态特征

蛇苔的叶状体呈宽带状，革质，颜色为深绿色，有光泽。雌雄异株。雄托呈椭圆状，颜色为紫色，雌托呈圆锥状，颜色为褐黄色，托下面生有总苞，苞内有一个苞葫。

生境分布

蛇苔多分布于欧洲、美洲、亚洲中部及东部，我国各地均有分布，多生长于溪边林下的阴湿土表、潮湿的岩石、崖壁及石灰岩地中，在城市小巷和庭院中也能见到。

药用价值

蛇苔在医药上的应用历史比较悠久，其全草可入药，味甘、

科普进行时

科学家们发现，蛇苔揉碎后会散发出浓烈的香气，从蛇苔的提取物中发现，原来蛇苔中含有的单萜、倍半萜及其衍生物是它们散发香味的主要原因。

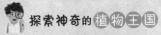

辛，性寒，具有清热解毒、消肿止痛的功效，主要用于治疗毒蛇咬伤、无名肿痛、烧伤烫伤、疔疮背痈、骨折、刀伤等病症。经研究发现，蛇苔可抑制淋巴细胞白血病的发生。

丰富多样的
藓纲

FENGFU DUOYANG DE XIANGANG

▸▸生命力顽强的真藓

真藓属于真藓属苔藓植物，就算在山顶和南极等艰苦的环境中也能生存，由此可见，其生命力多么顽强。

形态特征

真藓植株多密集丛生。叶呈阔卵形、卵形或披针形，由于叶片的上半部分透明，因此，在干燥的环境中，看起来呈银绿色，在湿润的环境中绿色变深，当阳光直射时呈银白色。叶基有分化的边缘。蒴柄的颜色是红色，其上部呈弓形。孢蒴下垂，呈圆筒形、梨形或棒槌形。

生境分布

真藓在世界各地均有分布，多生长于山地土坡、岩面等地，部分生长于树干、树枝等处。

药用价值

真藓的入药部位为整个植株，其味甘、微涩，性凉，具有清热解毒的功效，主要用于治疗鼻窦炎、痈疮肿毒、烫伤烧伤、咳血、衄血等症。

科普进行时

真藓为雌雄异株，虽然很少见到其孢子体，但春季和秋季之间，可在大多数的真藓中见到胞芽，另外，真藓还是用肉眼就能分辨出的苔藓植物。

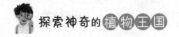

▶▶ 个子矮小的墙藓

> 墙藓为丛藓科墙藓属，是常见的一种苔藓植物，它看起来小巧玲珑，深受人们的喜爱。

🌳 形态特征

墙藓的植株比较矮小，一般为丛生，茎直立，颜色为暗绿色并带有红棕色。叶干呈长卵形或长椭圆状舌形，有卷缩和倾立两种形态，叶边为背卷状态。墙藓的茎和叶都非常柔软。

生长习性

墙藓在南北半球均有分布。在我国，当南方处于梅雨季节时，在台阶、天井、石面及石壁上都会出现墙藓的身影。这些墙藓颜色各异，有黄绿、浅绿、墨绿等，美轮美奂。

应用价值

一、墙藓外形独特，具有观赏价值，可用来装饰庭园等。

二、墙藓可促进土壤的形成、保持土壤的湿度，还可使森林中的营养物质被循环利用。

科普进行时

苔藓植物家族成员非常多，我国墙藓的种类也很丰富，其中有短尖叶墙藓、钝叶墙藓、大墙藓、具边墙藓、平叶墙藓、弯叶墙藓、刺叶墙藓、土生墙藓等。

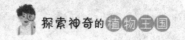

▶▶形似凤凰的凤尾藓

凤尾藓为凤尾藓科凤尾藓属，其茎叶与传说中凤凰的尾巴非常相似，所以得名凤尾藓，世界上凤尾藓的种类有很多，每一种都非常美丽，当你见到它时一定会惊叹大自然的创造力。

🌳 大凤尾藓

大凤尾藓是凤尾藓科苔藓植物中体形最大的一种，植株呈深绿色。茎单一，茎中轴明显分化。叶边的上半部有齿，且排列不规则，下半部近全缘。中肋粗壮，及顶。蒴柄侧生，平滑。孢蒴稍倾斜，不对称。蒴盖有喙。

大凤尾藓主要分布在俄罗斯及亚洲的温带至热带等地区，在我国的四川、江苏、湖北等地也有分布，大多数生长在土上或者林下溪谷旁的湿

石上。由于大凤尾藓的植物体
比较大，因此，当大凤尾藓形
成较大的群落时，显得十分
壮观。

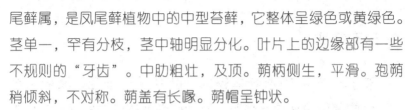

 卷叶凤尾藓

　　卷叶凤尾藓为凤尾藓科凤
尾藓属，是凤尾藓植物中的中型苔藓，它整体呈绿色或黄绿色。
茎单一，罕有分枝，茎中轴明显分化。叶片上的边缘部有一些
不规则的"牙齿"。中肋粗壮，及顶。蒴柄侧生，平滑。孢蒴
稍倾斜，不对称。蒴盖有长喙。蒴帽呈钟状。

　　虽然卷叶凤尾藓的外形与鸡冠相似，但要想一眼认出它，
还是有很大难度的，就算是有一定经验的人，也需要用放大镜
来观察，并且在精神高度集中的状态下，才有可能分辨出来。

　　卷叶凤尾藓在中国、朝鲜、菲律宾、日本、印度等国均有
分布，在中国主要分布于湖南、福建、云南、广东、广西等地，
多生长于山地的岩石或土地上。

 科普进行时

　　在所有的凤尾藓科中，原丝凤尾藓是极难被观察到的一种，因此，
想要将原丝凤尾藓分类、汇总基本上是不可能的事情，这让苔藓研究者
非常的头疼。

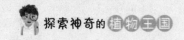

▶▶ 会 "跳舞" 的波叶仙鹤藓

有一种苔藓植物生得非常漂亮，它们的叶上有很多斜波纹，孢子囊上有尖尖的前端，有时倾立，有时弯曲，就像仙鹤长长的嘴巴，因此得名波叶仙鹤藓。

🌳 形态特征

波叶仙鹤藓的植物体较大，叶片呈深绿色，又硬又细长，当周围环境变得干燥时，波叶仙鹤藓的叶片会逐渐缩小或卷曲。

生境分布

波叶仙鹤藓主要分布在北半球，生长环境为半阴的土地，当你在公园、庭院散步时，常能看到它的身影。

近缘种

波叶仙鹤藓的近缘种为东亚仙鹤藓，其叶的背面棘刺散生，叶边有 1~2 列狭长的细胞。孢蒴呈长圆柱形。孢子呈球形。

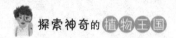

东亚仙鹤藓主要分布于中国安徽、云南，少量分布于日本，多生于潮湿林地或岩石上。

种植方法

通过总结波叶仙鹤藓的分布区域及生活环境可知，波叶仙鹤藓具有一定的耐寒能力，因此，生活在北方的朋友可以尝试养殖。养殖波叶仙鹤藓应在玻璃容器中，且避免阳光直射，多采用散光照

射，还应有一定的湿度，最佳的生长温度为 15~28℃。为避免长出藻类，在种植的过程中应该勤通风，需要注意的是，在通风时不能把波叶仙鹤藓放在风口上。只要用心去照顾它，相信一段时间后，就能看到会"跳舞"的波叶仙鹤藓了。

科普进行时

采集波叶仙鹤藓是一项技术活儿，由于波叶仙鹤藓多生于泥土中，因此在采集时，要用刮刀连着土一起铲起来，为了避免植物的根被破坏，在铲土时一定要铲深点儿。

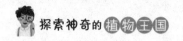

▶▶踩上去软软的曲尾藓

> 曲尾藓多为面包状的群落,踩上去软软的,非常舒服,具有较高的观赏价值和应用价值,是比较受欢迎的一种苔藓植物。

🌳 形态特征

曲尾藓属于比较大的一种苔藓植物,密集丛生,颜色为绿色或黄绿色,茎直立或倾立,有分枝,叶片细长且弯曲,与镰刀相似。

生境分布

曲尾藓主要分布在中国、日本、越南等地区，大多生长在空气湿度比较大的地方，如针叶林、阔叶林下、湿岩面、树干基部等地，有些生长在高山、平原或较干的沼泽中。

应用价值

曲尾藓栽培在盆中，可用来观赏。

曲尾藓质地比较柔软，很多国家用它来制作地毯，还有的用来缝制尿布。早期美国波士顿地区，曾用曲尾藓编制绳索，然后用来装饰女士的帽子，应用价值非常高。

科普进行时

养殖曲尾藓的要点：一、生长温度为 15~28℃。二、湿度为 65% 以上。三、散射光照射。四、良好的通风。

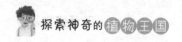
▶▶ 功能多样的泥炭藓

> 泥炭藓为泥炭藓科泥炭藓属，主要生活在高位沼泽湿地中。这类苔藓植物体比较柔软，颜色较为丰富，主要有灰白色、灰黄色，有时还会出现紫红色，非常漂亮。除此之外，它们还具备多种功能。

🌳 治病救人

二战期间，泥炭藓常被用作医用敷料，在医用资源紧缺的战争年代，泥炭藓无疑是人们的"救星"。泥炭藓用作医

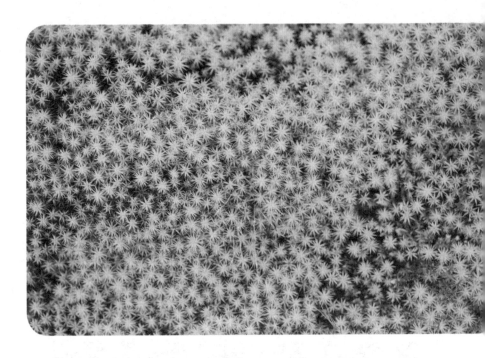

用敷料时具有以下优点：一、泥炭藓中含有丰富的泥炭藓酚和丁香醛，这些酶决定了泥炭藓具有一定的杀菌作用。二、泥炭藓本身具有的性凉、质软等特点，可加快伤口的愈合。三、泥炭藓的吸水性比棉花要强，且所需更换次数少于棉花敷料，使用起来比较方便，成本也比较低，总的来说其性价比较高。

强大的吸水能力

泥炭藓具有较强的吸水能力，它们主要通过毛细现象来吸收和储存大量的水分，这种功能可使它们依附的树木具有持久的水分滋养，进而使树木生长良好。

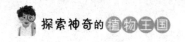

尽管如此，泥炭藓并不是越多越好，过多的泥炭藓会带来灾难，比如：泥炭藓的过分生长能够使林地沼泽化；会使树木因缺少养分而死亡等。

可作燃料

泥炭藓活着时可治病救人，也可帮助树木生长，当它们死后，其躯体经过长期的沉积后，会形成泥炭，这种泥炭是重要的燃料资源，它燃烧时的热量相当于煤燃烧时热量的一半。泥炭藓作为燃料具有以下优点：一、易于开采；二、空气污染小。

 日常用途

　　因为泥炭藓质地柔软，且吸水性极强，所以在北欧，拉普兰人常使用泥炭藓制作床垫，因纽特人常将泥炭藓作为小孩床上的保洁物。除此之外，泥炭藓还是树苗、花卉等物长途运输时的最佳包装材料。还可以把泥炭藓做成装饰品，既轻巧又漂亮，深受人们的喜爱。

相似种类

　　泥炭藓科泥炭藓属的粗叶泥炭藓是与泥炭藓相似的种类。该植物体粗壮，颜色为黄绿色或棕绿色。茎叶呈阔舌状，先端圆钝，边缘分化成毛状。枝叶较细，呈阔卵形，末梢翘起。

科普进行时

　　泥炭藓的叶细胞有两种类型，一种是活细胞，一种是死细胞。活细胞主要环绕着死细胞发挥作用，它可以进行光合作用，进而制造植物体所需要的各种有机养料。死细胞具有吸水和贮水能力。

粗叶泥炭藓多分布于中国的东北、西南地区，生长于林下低洼积水处或沼泽中。

粗叶泥炭藓的药用价值也很高，其味淡、甘，性凉，全草可入药，具有凉血止血、清肝明目的功效，可治疗咯血、衄血、吐血、便血等病症。

配子体退化的烟杆藓

烟杆藓为烟杆藓科烟杆藓属，由于其配子体高度退化，孢子体特化，因此，其在苔藓植物系统进化中非常特殊。

🌳 形态特征

烟杆藓是一类小型苔藓植物，基部的假根颜色为黄褐色。茎短，多被埋没于土层中。叶分上、下两部分，上半部分的叶片又长又大，呈宽卵圆形；下半部分的叶片细小，呈卵圆形或椭圆状舌形。叶细胞排列比较疏松，呈椭圆形或六角形，颜色为黄色或者灰白色。孢子体大。

孢蒴呈烟斗形或长卵形，像扁扁的虫子一样，有时直立，有时倾立，其背面有赤褐色的斑点。蒴盖呈长圆锥形。蒴帽呈指状。孢子多，呈球形，平滑，颜色为黄绿色。

生境分布

烟杆藓是我国西南及秦岭山地所特有的一种苔藓植物,多生长于腐木或土坡中。

过渡类群

虽然烟杆藓的配子体高度退化,但是其原丝体和孢子体比较发达。烟杆藓被认为是真藓目和金发藓目的过渡类群。

科普进行时

花斑烟杆藓是烟杆藓下的一个种类,其主要分布于四川马尔康高山林区。目前,花斑烟杆藓已被列入《世界自然保护联盟濒危物种红色名录》。

▶▶ 备受欢迎的大桧藓

大桧藓为桧藓科桧藓属，在所有的苔藓植物中，大桧藓因其圆润的外形、柔软的触感而备受欢迎，在其生长区域非常的显眼。

🌳 形态特征

大桧藓茎长，茎的基部至中部有假根，假根的颜色为红褐色。叶片呈针状，颜色为黄绿色或深绿色，在干燥的环境中叶片常向内侧卷曲。

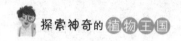
生境分布

大桧藓分布于中国、日本和朝鲜半岛，多生长于山地阴暗的林床腐殖土地上和溪谷等湿度较高的地方，多以分散的小群落生存。

近缘种

大桧藓的近缘种是阔叶桧藓，阔叶桧藓比大桧藓要小，两者相邻而生。

阔叶桧藓的植物体呈绿色或褐绿色。茎直立或倾立，基部有假根。叶呈披针形，直立或倾立。叶边分化，中上部有双列锐齿。孢蒴呈短圆柱形。蒴齿为两层且发育完全。

阔叶桧藓分布于日本、菲律宾、印度尼西亚、中国等地，在中国多分布于福建、广东、浙江、海南、四川、云南等地，多生长于热带、亚热带林下的腐木上，也有一部分生长在针叶树的根部和树桩上。

科普进行时

大桧藓与阔叶桧藓最主要的区别为大桧藓的蒴柄从茎的中部伸出，而阔叶桧藓的蒴柄从茎的根部伸出。

▶结构复杂的金发藓

金发藓科苔藓植物多为一年或多年生，这类苔藓植物体形较大，颜色为绿色、褐绿色或者红棕色。其叶片在湿润的环境中伸展，干燥的环境中紧贴、略卷或强烈卷曲。金发藓科下常见的种类有金发藓、小金发藓、硬叶小金发藓、桧叶金发藓。

金发藓

金发藓具有较为复杂的配子体和孢子体，是结构最复杂的一种苔藓植物，种类较多，大多生长在明亮且潮湿的地方。叶较硬。孢蒴多呈椭圆形。蒴盖呈扁圆锥形。蒴帽上有很多金黄色的纤毛。

小金发藓

小金发藓是比较常见的一种金发藓，多生长在林下湿土或岩石薄土上，其植物体呈暗绿色、绿色，茎直立，当周围环境比较干燥时，叶紧围茎曲卷，周围环境潮湿时叶片倾立。小金发藓属于雌雄异株苔藓植物，

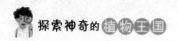

雄株较小，雌株稍大。

小金发藓具有较高的药用价值，将其煎汤服用，可治疗失眠多梦和跌打损伤，效果较好。

 硬叶小金发藓

硬叶小金发藓的植物体中等偏大，其茎较硬，基部有密生的假根，叶边有齿，雌株较大，雄株稍小。

由于硬叶小金发藓植物体中含有较多的金属元素，因此，其对不同金属元素的吸收和富集具有较大的差异。

 桧叶金发藓

桧叶金发藓多生长在干燥的红松林和落叶松林下，在黏土或岩石表面的薄土中也能生存。其植株呈暗绿色、紫暗绿色，茎直立，叶片无色透明，在潮湿的环境中伸展直立，在干燥的环境中卷曲。

桧叶金发藓主要用于园林摆饰和盆栽观赏。

科普进行时

金发藓的近缘种为拟金发藓，两者看上去非常相似，生活环境却大不相同，这也是辨别它们的最主要方法：金发藓喜欢明亮的场所，而拟金发藓喜欢林内等半阴的土壤。

▶▶雌雄异株的白发藓

白发藓科苔藓植物的植物体多呈灰绿色或灰白色，稀疏或紧密垫状丛生，雌雄异株。其主要种类包括白发藓、疣叶白发藓、桧叶白发藓、狭叶白发藓。

🌳 白发藓

茎直立或倾立。叶密生，基部呈鞘状。蒴柄细长，孢蒴呈圆柱形，颜色为红褐色。其分布于亚洲东南部，在我国长江流域以南的山区也有分布，主要生长于湿润的林地。

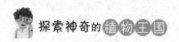

探索神奇的植物王国

疣叶白发藓

疣叶白发藓属于大型苔藓植物，因此很容易被发现，其茎长叶厚，叶呈针状，叶尖有突起。叶边缘上部有长形的叶细胞，基部有狭长形的叶细胞。其分布于亚洲热带地区，喜欢生长于温暖的环境中，如树木的根部、山地的微阴处、斜坡等地。

桧叶白发藓

桧叶白发藓又称为"山苔""馒头苔"，其茎直立。叶片呈白绿色，有金属光泽。桧叶白发藓具有强大的繁殖能力，分布于亚欧大陆，喜欢生长于酸度较高的环境中，如腐殖土、山地的针叶树根部等。

狭叶白发藓

狭叶白发藓植株呈灰绿色，有光泽。茎直立。叶片密集，在干燥环境中时多呈卷曲状。蒴柄的颜色为红色。孢蒴倾斜或平展。蒴盖呈圆锥形且有长喙。蒴帽呈兜形。其分布于泰国、越南、中国等地，喜欢生长于阔叶林下树干或岩面上。

🌿 独具观赏性

白发藓茂密紧凑，叶片饱满，表层的灰白色与底部的浓绿色相互辉映，观赏性很高，既可单独观赏，也可与其他植物组合观赏，是苔藓微景观中不可缺少的一部分。又因为白发藓的养护并不复杂，因而在盆景艺术造型中优势明显，备受人们欢迎。

📖 科普进行时

辨别桧叶白发藓与狭叶白发藓最主要的方法，是观察它们的叶片形状。桧叶白发藓的叶片较大，短胖。狭叶白发藓的叶片细如针，叶尖弯曲。

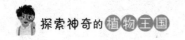
▶▶ 不起眼的立碗藓

立碗藓为葫芦科苔藓植物，其植物体非常小，很不起眼，常被研究苔藓的专家们所忽略，但当它们的孢蒴成熟且变成红色时，就会非常醒目，让人忍不住多看两眼。

🌳 形态特征

立碗藓的叶片呈卵形或披针形，颜色为黄绿色。蒴柄短粗。孢子体在春冬两季出生。孢蒴呈半球形，成熟后会不规则开裂，无蒴齿，蒴帽呈钟形，非常小。孢子呈球状肾型。

🌿 生境分布

立碗藓在中国、日本、俄罗斯、印度、朝鲜半岛等地均有分布，多分布于我国的江西、上海、江苏、吉林、福建、四川等地，

🔍 科普进行时

还有一种立碗藓叫作日本立碗藓，与红蒴立碗藓极其相似，之所以被分为两种不同的类型，是因为两者的蒴柄长度和孢子表面的形态有一定的差异，如果不是经验非常丰富的苔藓专家，是很难分辨它们两个的。

生长于林缘、路边、田边地角土坡，较湿的砖墙、石壁上等处。

 近缘种

立碗藓的近缘种为红蒴立碗藓。红蒴立碗藓叶多呈莲座状簇生。叶片呈长卵圆形或长椭圆形，先端渐尖，叶边全缘，中肋带呈黄色。茎下部的叶较小，先端的叶较大。蒴盖呈锥形，顶部圆突，裂开后蒴口较小，呈罐口形。孢蒴呈半球形。蒴帽呈钟形，下部瓣裂，顶端像鸟喙一般尖锐。孢子呈不规则圆球形，外壁的颜色为深褐色，密被细的刺状突起。无蒴齿。

红蒴立碗藓多分布于中国、日本、俄罗斯、印度等国家，多生长于旱田或水田的田埂、花坛、明亮开阔的低地等处。

红蒴立碗藓与立碗藓经常会被人混淆，两者最大的区别为红蒴立碗藓的孢子体只在春季出生。

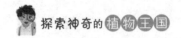

▶▶ 存在感强的暖地大叶藓

> 暖地大叶藓是真藓科大叶藓属中的大型苔藓植物，由于它们的外形就像是盛开的绿色花朵，所以具有较强的存在感，总是让人停下脚步多看几眼。

🌳 形态特征

暖地大叶藓的叶多聚集在先端，且呈莲座状。叶片呈长卵圆形，叶边全缘，中肋带黄色。茎横生，匍匐伸展，直立茎下面的叶片很小，呈鳞片状。孢蒴呈圆筒形。蒴盖呈锥形，顶部圆突，蒴盖裂开后，蒴口非常小，呈罐口形。蒴帽呈钟形，下部有瓣裂，先端又尖又细。孢子外壁的颜色为深褐色，有刺状的突起。

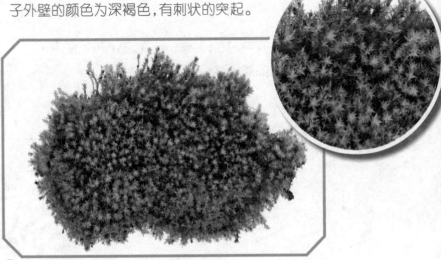

生境分布

暖地大叶藓产于我国的新疆，在日本、朝鲜半岛、夏威夷、马达加斯加等地也有分布，主要生长于森林内的腐殖土上、滴水岩边或小溪边。

药用价值

暖地大叶藓晒干后具有不变色、不长霉、无毒等特性。医学家们经过不断的临床实验得出结论，暖地大叶藓在缓

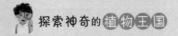

解患者心绞痛症状、降血压、增加冠脉流量、消除胸闷方面具有一定的效果。

🌳 近缘种

暖地大叶藓的近缘种是狭边大叶藓。狭边大叶藓植株比较小，茎直立，基部被红紫色的小叶片覆盖。直立茎上伸出多个孢子体。叶呈长舌形，上部边缘平展，下部背卷，上部宽于下部。叶边细胞分化但不明显。孢蒴呈圆筒形。

暖地大叶藓分布于非洲和北半球温带地区的林下湿润地表、腐殖土上。在我国，暖地大叶藓多分布于山西、吉林、陕西、辽宁、安徽、湖北、湖南、广东、广西、西藏、贵州等地。

📖 科普进行时

暖地大叶藓的叶片在下雨天和晴天是两种完全不同的模样，下雨时它们的叶片会张开，就像打开的伞；晴天时叶片会收缩，就像合上的伞。

▸▸会发光的光藓

有一种苔藓植物能够发出金绿色的荧光，大家把这种苔藓植物统称为"光藓"。光藓为光藓科光藓属苔藓植物。因其发出的荧光有时非常漂亮，有时又非常怪异，所以又被称为"妖怪的金子"。

形态特征

光藓非常小，由于其具有发光的特征，所以很容易辨别。植物体比较细弱，呈扁平状。茎单一，直立，不分枝。叶为二列侧生，且不对称。叶片呈薄膜状，透明。叶边平直，全缘。无中肋。蒴柄细长，略扭曲。孢蒴较小，呈卵形或球形，直立，表面平滑。蒴帽小，呈兜形。孢子较小，呈球形，表面平滑。无蒴齿。

生境分布

光藓大多分布在北半球温带地区，在日本、西伯利亚、欧洲、北美洲等地分布较多，在我国，光藓主要分布在长白山原始森林中。它们大多生长在潮湿、光线昏暗的环境中，如洞穴、岩石缝隙中，少数光藓生活在潮湿的土地上。

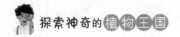
 发光的秘密

　　光藓能够发出金绿色的光，与它们发达的原丝体密切相关。一方面，这些原丝体能够产生片状细胞链，这些细胞链是膨起来的，且细胞的凸面呈圆球状。另一方面，光藓能够把光线聚焦在其内部的叶绿体中，然后再将光线反射，这样光藓就能发光了。

植物界的"明星"

　　光藓属于藓纲真藓亚纲光藓目光藓科，此科仅有光藓一属一种，全世界仅一种，是植物界的"明星"。在日本，光藓的身影屡见报端，更让人意想不到的是，日本北海道附近有一座国家纪念碑，是为了纪念光藓而建的。

科普进行时

　　发光的苔藓植物其实并不只有光藓，还有米坦藓。米坦藓的植物体扁平，呈羽状，分布于澳大利亚和新西兰，主要生长在极度隐蔽的沙土、水蚀岸土面或土缝中。

▶▶ 长着特殊茎的尖叶匍灯藓

> 尖叶匍灯藓是提灯藓科匍灯藓属苔藓植物，它们最显著的特征是植株上同时长着直立茎和匍匐茎。

🌳 直立茎和匍匐茎的作用

直立茎的顶部会生出生殖器官，来繁衍后代。匍匐茎能够不断伸长，同时在与地面接触的地方生出假根，继而形成子株来扩张群落。

🌿 形态特征

尖叶匍灯藓植株较粗大，疏松丛生，颜色多为鲜绿色。叶呈卵状阔披针形、菱形或狭披针形，在干燥的环境中皱缩，在潮湿的环境中伸展。

叶基狭缩，先端渐尖。叶缘有分化边。蒴柄的颜色为红黄色。孢蒴下垂，呈卵状圆柱形。

生境分布

　　尖叶匍灯藓多分布于亚洲东部至东南部，广泛分布于我国各省，多生长于林缘土坡、林地、草地及河滩地上。

科普进行时

　　尖叶匍灯藓的近缘种是尖叶走灯藓，由于它与尖叶匍灯藓长得非常相似，即便是专门研究苔藓的专家也很难很快分辨出它们两个。

应用价值

　　由于尖叶匍灯藓植株的茎匍匐，疏松交织丛生，无须修剪，且颜色翠绿，因此，其具有较高的观赏价值。再加上尖叶匍灯藓的适应性、抗性较强，可丰富造景市场。

▶▶喜氧的葫芦藓

葫芦藓为葫芦藓科葫芦藓属，是藓类植物的代表，因其孢蒴形状神似葫芦，所以得名葫芦藓。

🌳 形态特征

葫芦藓茎的结构比较简单，在其顶端有生长点，这个生长点可以生成侧枝和叶。叶片呈卵形或者舌形，颜色为黄绿色；孢蒴则从蒴柄上呈下垂状态，干燥时会形成褶皱，褶皱为纵向。

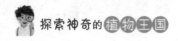
生境分布

葫芦藓在世界各地均有分布，在我国，主要分布在浙江、陕西、湖北、云南、江西等地。

葫芦藓是土生的小型喜氮藓类，多生长于明亮潮湿的地方，在田园、庭园、路旁、火灾后或篝火后的土地上、盆栽中均能看到它的身影。

指示植物

如果一个区域污染比较严重，就不太容易见到葫芦藓了。因为葫芦藓的叶片结构导致它们无法抵挡二氧化硫等有毒气体的侵袭，因此，它们在污染比较严重的地区无法生存。因为葫

芦藓具有这个特性，人们便把它们当作监测空气污染程度的指示植物。

🌳 药用价值

葫芦藓可全草入药，具有除湿止血、舒筋活血的功效，治疗跌打损伤、鼻窦炎、痹症、湿气脚痛等病症的效果较好。

📖 科普进行时

葫芦藓是由水生生活过渡为陆生生活的最具代表性的苔藓植物之一，它世代交替的生活史和特殊的生长过程，在植物界的进化史中具有非常重要的地位。

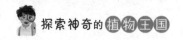

▸▸向阳生长的大灰藓

> 大灰藓为灰藓科灰藓属苔藓植物，又称为多形灰藓、羽枝灰藓，多在春末和夏季成熟。

🌳 形态特征

大灰藓的植株较大，颜色为黄绿色或绿色，少数为褐色。茎匍匐。叶片密生。枝平铺或倾立，呈扁平状或近圆柱形。蒴柄颜色为黄红色或红褐色。孢蒴呈椭圆形。蒴齿发育完全。蒴盖呈圆锥形。

🌿 生境分布

大灰藓多分布于美国的夏威夷和东亚地区，多生长于日照较好的环境，如日照良好的岩石、低地和树根处。

种植方法

一、应选择疏松、透气性好、肥力强、保水偏弱的土壤，泥炭土最佳。

二、温度为 20~30℃。

三、充足的光照。

四、保持土壤湿润，当土壤较干时，及时浇水即可，应注意每次浇水都要浇透，多余的水分会从花盆的排水孔排出。

五、适时施肥可加快大灰藓的生长速度，大概每月一次即可。

科普进行时

大灰藓的叶片不管是在干燥的环境中，还是在湿润的环境中都呈镰状弯曲。

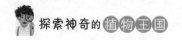

▶▶耐渴的紫萼藓

> 紫萼藓为紫萼藓科紫萼藓属，是非常抗干旱、耐炎热的一种苔藓植物，它们凭借着这些本领顽强地存活在地球上最艰苦的环境中，创造了生命的奇迹。

形态特征

紫萼藓植株比较粗壮，颜色为绿色或黄绿色。叶干燥时紧贴着茎，呈覆瓦状排列，湿润时向上伸展。茎分枝。紫萼藓为

雌雄同株，雄苞在雌苞的下方。蒴柄长而弯曲。孢蒴倾立，呈长形，表面有纵向的沟突；蒴齿呈披针形，颜色为黄褐色。蒴帽呈钟形。蒴盖有长喙。孢子呈球形，表面有细瘤。

生境分布

在世界范围内，紫萼藓主要分布于欧洲和北美洲等地；在我国，其主要分布于浙江、上海、吉林

等地。它们主要生长于向阳的裸露岩石上，是典型的旱生苔藓植物。

适应干旱环境的茎

紫萼藓之所以能够适应干旱的环境，与其茎的结构是密切相关的。

一方面，紫萼藓茎的外皮部细胞排列极其紧密，厚度较大，而其内皮部细胞和中轴细胞的排列却比较疏松，且细胞壁较薄。另一方面，紫萼藓茎的皮部由2~3层不规则的窄长细胞组成，中轴则由分化的小型薄壁细胞构成，剩下的为大型薄壁细

胞，紫萼藓茎的这种结构，决定了其具有吸水快、贮水量大的特点。

因此，当周围环境比较干旱时，紫萼藓就会失水收缩，周围环境比较湿润时，其可通过调整茎内的渗透压，来吸收周围的水分，然后将吸收的水分储藏起来，以应对日后干旱的环境。

科普进行时

紫萼藓耐干旱的特性吸引了科学家们的注意，近年来，随着分子生物学技术的迅速发展，科学家们已经从紫萼藓中克隆出了抗旱基因，这为对紫萼藓更进一步的开发和利用奠定了基础。

▶▶ 喜酸的塔藓

塔藓为塔藓科塔藓属，是一种大型苔藓植物，由于其枝条像羽毛，当其伸展着互相重叠时，就形成了可覆盖林床的大群落，在亚高山带、高山带的针叶林的地被层上，塔藓是不可或缺的。

🌳 形态特征

塔藓的主茎延伸，支茎直立或者倾立，多呈弓形且弯曲。叶边直，主茎叶呈鳞片状膜质形，支茎叶、分枝叶呈长卵形或阔卵形。叶细胞呈狭长的线形，基部细胞短阔；角细胞不分化。

蒴柄细长，颜色为紫红色。孢蒴呈卵形，倾立或平列，后期颜色为褐色。蒴盖呈高锥形，具有喙尖。孢子的颜色为黄绿色，有细疣。

生境分布

塔藓多分布于北半球，部分分布于新西兰。多生长于酸性的林下沼泽、长有云杉的针叶林、针叶林潮湿的原木中，少量分布于高山冻原地带。

塔藓特殊的生长环境，决定了其生物量可反映出海拔的变化与森林系统群落之间的相关性，相关研究指出，海拔越高，塔藓的生物量越少，而臭冷杉也越少。

科普进行时

塔藓的茎在生长的过程中，中部会生出一个新芽，而生出的新芽下一年会成为茎，如此循环下去，塔藓植株就会呈一段一段的阶梯样。正是其独特的外形，让我们可以快速又准确地分辨出塔藓。

依靠昆虫传播孢子的壶藓

壶藓科苔藓植物的孢蒴非常鲜艳，常常会吸引昆虫来觅食，昆虫觅食后会携带着孢子去其他地方，在这一过程中昆虫传播了壶藓的孢子。常见的壶藓科苔藓植物有壶藓、黄壶藓、大壶藓、小壶藓。

壶藓

壶藓是壶藓科壶藓属苔藓植物，其植株较小，一般为稀疏丛生。茎直立。叶疏生。叶片柔软，多呈长卵圆形，边缘常有齿突。蒴柄的颜色为红褐色，有光泽。孢蒴的颜色为黄褐色。蒴盖呈平凸形，当蒴盖成熟后会裂开，然后与蒴轴相连。

壶藓多分布于俄罗斯、欧洲及北美洲、中国等地，多生长于高寒沼泽地、昆虫粪便或小动物的尸体上。

黄壶藓

黄壶藓是壶藓科壶藓属苔藓植物。茎短。叶柔软，呈长

卵圆形。叶边平滑，上部有齿突。蒴柄的颜色为黄色或橘红色。蒴台部呈伞形，颜色为鲜黄色。蒴盖呈半球形。孢子近似球形。

　　黄壶藓分布于俄罗斯、欧洲、北美洲等地。在中国，主要分布于黑龙江、新疆、内蒙古等地，生长于动物死后腐败过的土壤上。

大壶藓

　　大壶藓是壶藓科壶藓属苔藓植物。叶片柔弱，呈长披针形或狭长卵形。蒴柄扭卷，颜色为红色或红褐色。蒴盖呈半球形。孢子近似球形。

大壶藓多分布于日本、俄罗斯等地。在中国，多分布于四川、云南等地，生长于鸟兽的粪便土上或遗体土上。

小壶藓

小壶藓叶片呈螺旋状着生，叶子呈卵圆形，尖端锐利，颜色为黄绿色，半透明。它们主要分布于中国和日本，生长于水边阴湿的环境中。

科普进行时

小壶藓生长时对光线和水质的要求不高，只要添加一定量的二氧化碳和液肥，就会大大加快小壶藓的生长速度。

▶▶ 耐强光干燥的芽孢湿地藓

芽孢湿地藓是丛藓科湿地藓属中非常耐强光和干燥的一种苔藓植物，也是城市中最常见的一个品种，在民宅的围墙、街沟等地看到的茶色的、就像是枯萎了的苔藓群落，基本上就是芽孢湿地藓。

🌳 形态特征

芽孢湿地藓的植物体细小，颜色为黄绿色。茎直立，单一。叶片在干燥的环境中向内呈螺旋状卷曲，在潮湿的环境中伸展，呈卵状舌形。中脉直达叶尖。叶片边缘无齿，下部全缘。叶的基部有粒状的胞芽。中肋粗壮。叶上部细胞呈圆形或者六角形，有乳头状突起。叶基细胞较大，呈长方形，平滑。孢蒴呈圆筒形。无蒴齿。孢子体基本不附生，仅偶尔能见到。

🌿 生境分布

芽孢湿地藓多分布于中国的云南、广东、江苏、北京等地，

少量分布于日本，生长于林缘、沟边岩石、土壁、混凝土地面
或墙壁上。

近缘种

　　芽孢湿地藓的近缘种为卷叶湿地藓，它比芽孢湿地藓更为
常见，多为密集丛生，植株的颜色为暗绿色。茎直立，单一或
有叉状分枝。叶在干燥的环境中卷缩，在湿润的环境中伸展，
呈长椭圆状舌形，先端急尖，有小尖。叶边略卷曲，中下部全缘，
上部有细齿；中肋粗壮。叶尖有稀疏的锯齿。胞芽有刺。蒴柄

探索神奇的植物王国

直立。孢蒴直立或稍弯曲，
呈圆柱形。蒴盖呈圆锥形，
有长喙。无蒴齿。

卷叶湿地藓多分布于我
国云南、福建、四川、江苏、
河北等地，少量分布于亚洲
其他地区、欧洲和美洲，多
生长于湿润的土坡及石壁上。

科普进行时

芽孢湿地藓为雌雄异株，主
要以营养繁殖来扩张群落，在湿
润的环境中用放大镜来观察叶片
张开的芽孢湿地藓，就会发现藏
在叶基部里的粒状胞芽。

特立独行的
角苔纲

TELI DUXING DE JIAOTAIGANG

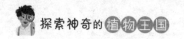

▸▸颜色多变的角苔

> 角苔是角苔科角苔属苔藓植物，是低地中最常见的一个苔藓种类。

形态特征

角苔的叶状体呈莲座状或形状不定。孢蒴呈角状，孢蒴未成熟时的颜色为绿色，孢子成熟时，其顶端会变成黑色或者褐色，纵向分裂，然后散放出黑色的孢子和弹丝。

生境分布

角苔多分布在北半球和非洲，在我国多分布在云南及东北地区，喜欢生长在日照良好、微湿的土地上，如公园花坛、田洼边、庭院等地。

近缘种

角苔的近缘种为黄角苔，黄角苔为角苔科苔藓植物，其叶状体呈圆花形，质地柔嫩，颜色为深绿色或绿色，紧贴着土壤生长，腹面有假根，无中肋。孢蒴中央有一鬃毛状中轴，成熟后呈二瓣裂。孢子的颜色为黄绿色，有疣。孢蒴顶端呈茶色或

者黄色。假弹丝呈膝曲状，颜色为灰褐色，壁有带状加厚条纹。

黄角苔在我国多分布于丽江、昆明等地，生长于阴湿的河边、田野和土坡上。

科普进行时

在所有的角苔类植物中，东亚大角苔的体形是最大的，也只有东亚大角苔常常生长在被水沾湿的地方，因此，东亚大角苔很容易与其他角苔类植物区分开。

▶▶ 喜水的东亚大角苔

> 东亚大角苔是角苔纲的一种苔藓植物，在所有的角苔类苔藓植物中，东亚大角苔是体形最大的一种。

🌳 形态特征

东亚大角苔植株的颜色为暗绿色，群生；叶状体很大，互相重叠；精子器长在叶状体的背面；孢子的颜色为黄绿色；背腹面表皮细胞小，呈长方形；中部细胞非常大且壁薄；叶边裂片平滑；苞膜直立，呈圆锥形；孢蒴大，表皮细胞呈长线形，壁厚；孢子呈珠形，表面有疣；假弹丝的颜色为浅褐色，壁薄，有单条螺纹；雌雄异株。

🌿 生境分布

东亚大角苔主产于中国云南大理。多分布于中国台湾，在日本、菲律宾、泰国、印度等国也有分布。多生长于水边，如溪流边潮湿的岩石上等处。

📖 科普进行时

在角苔类植物中，因为只有东亚大角苔生长在被水沾湿的地方，所以单从生长环境这方面来看，如果在水边的岩石上发现了角苔类群落，那么就可以认定是东亚大角苔了。

▶▶ 结构简单的短角苔

> 短角苔是短角苔科的一种苔藓植物，它们是高等植物中最原始的一个类群。

形态特征

短角苔的形态和构造非常简单，假根由单细胞或一列细胞组成。无中柱。只有在比较高级的种类中，才有类似输导组织的细胞群。

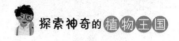

生境分布

短角苔主要分布于北半球的温带地区和热带的山区，印度和欧洲也有分布，在我国多分布于云南南部。

下级分类

短角苔科的下级分类短角苔属中，有南亚短角苔和东亚短角苔两种类型。

南亚短角苔的孢子呈近圆形或圆三角形，常为四分体，有三条裂缝。外壁表面凹凸不平，有颗粒，但不明显。假弹丝的细胞短而宽，表面稍不平。其分布于印度、俄罗斯、欧洲和北美洲等地，在我国多分布于吉林、云南、辽宁及喜马拉雅山等地，多生长于山区阴坡的湿地上。

东亚短角苔的孢子呈近圆形或圆三角形，常为四分体，有三条裂缝。外壁表面不平。假弹丝的每个细胞短而宽。假弹丝呈椭圆形。其分布于朝鲜、日本等地，在我国多分布于辽宁、云南等地，多生长于山地阴湿土面上。

科普进行时

短角苔的孢子是散发在空中的，这对它们的陆生生活和繁衍具有重要的意义。

EXPLORE 探索神奇的

植物王国

蕨类植物

科普实验室编委会 编

应急管理出版社

·北京·

图书在版编目（CIP）数据

蕨类植物／科普实验室编委会编．－－北京：应急
管理出版社，2022（2023.5 重印）
（探索神奇的植物王国）
ISBN 978 – 7 – 5020 – 6183 – 8

Ⅰ．①蕨…　Ⅱ．①科…　Ⅲ．①蕨类植物—儿童读物
Ⅳ.①Q949. 36 – 49

中国版本图书馆 CIP 数据核字（2022）第 038753 号

蕨类植物（探索神奇的植物王国）

编　　者	科普实验室编委会
责任编辑	高红勤
封面设计	陈玉军

出版发行	应急管理出版社（北京市朝阳区芍药居 35 号　100029）
电　　话	010 – 84657898（总编室）　010 – 84657880（读者服务部）
网　　址	www. cciph. com. cn
印　　刷	三河市南阳印刷有限公司
经　　销	全国新华书店

开　　本	880mm×1230mm$^1/_{32}$　印张　24　字数　560 千字
版　　次	2022 年 5 月第 1 版　2023 年 5 月第 2 次印刷
社内编号	20200872　　　　定价　120. 00 元（共八册）

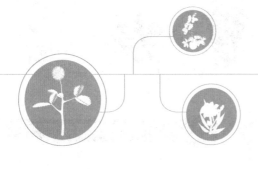

亲爱的小读者们，你们了解植物吗？比起能跑能跳的动物，安安静静的植物似乎总容易被人们忽略。殊不知，植物是比动物更早居住在地球上的居民，它们的足迹几乎遍布世界的所有角落，是地球生命的重要组成部分，无时无刻不在展现着生命的精彩与活力。

你可不要以为植物全都是默默无闻、娇娇弱弱的，它们的世界可比你想象的精彩多了。它们有的能活几千年，有的则是只能活几周的"短命鬼"；有的巨大无比、独木成林，有的小得像一粒沙；有的全身是宝，能治病救人，有的带有剧毒，能杀人于无形；有的芳香怡人，有的奇臭无比；有的娇艳美丽，有的奇形怪状……

为了让小读者们更清晰地了解植物家族，我们精心编排了这套《探索神奇的植物王国》图书。这是一套图文并茂，融趣味性、知识性、科学性于一体的青少年百科全书，囊括了走进植物、植物趣闻、裸子植物、蕨类植物、苔藓植物、珍稀植物等多个方面的内容，能全方位满足小读者探寻植物世界的好奇心和求知欲。本套丛书内容编排科学合理，板块设置丰富，文字生动有趣，图片饱满鲜活，是青少年成长过程中必不可少的精品读物。

让我们带领小读者们一起推开植物世界的大门，去探寻它们的踪迹，尽情感受它们带给我们的神奇与震撼吧！

目录
MU LU

 走进蕨类植物世界

 堪称"蕨"代美人的蕨类植物

 **外形与众不同的蕨类植物**

 有绝活的蕨类植物

 生活在水中的蕨类植物

走进蕨类
植物世界

ZOUJIN JUELEI ZHIWU SHIJIE

▸▸ 认识蕨类植物

> 蕨类植物是最原始的陆生维管植物，在生物演化的过程中起着承前启后的重要作用。

🌳 登陆"先锋"

在距今极其遥远的年代，地球的陆地上是没有植物的，到处都是光秃秃的，毫无生机。随着地球环境的改变，生活在大海中的生物开始寻求向陆地发展的可能。后来，裸蕨类植物逐渐占领了陆地，它们正是蕨类植物的祖先。蕨类植物比裸蕨类植物更高等，它们真正适应了陆地生活，成了真正意义上的首批陆生植物。它们身躯高大，把荒凉的陆地变成了一片郁郁葱葱的世界。再后来，由于地球环境的突然改变，这些蕨类植物大量灭绝，它们的遗体被一层层压在地下，经过漫长的年代，变成了煤炭。现如今的蕨类已经很少有特别高大的了，多数是草本植物，广泛分布于世界各地，在阴湿温暖的森林中最容易看到它们的身影。

孢子繁殖

　　蕨类植物是一群具有维管束的孢子植物，介于苔藓植物和种子植物之间，是高等植物中比较低级的类群。蕨类植物没有花、果实和种子，因此在生存竞争的过程中，竞争不过种子植物，它们只好躲在种子植物的身影下谋求生存。

　　蕨类植物虽然同苔藓植物一样，用孢子繁殖后代，可它们有较明显的根、茎、叶的分化，并出现了可以运输水分和营养物质的维管组织，因此更适应陆地的生活。

　　蕨类植物的茎一般比较粗壮，有的可以看到，但多数长在地下，茎上往往生有密密的细根，横长在土里，具有顽强的生命力。蕨类植物最显著的是它们的叶，叶的形状差异较大。它

们不会开花、结果，只是从具有生殖功能的叶片背面或叶缘处长出许多小疙瘩，这就是孢子囊，里面包含着许许多多看不见的小小的孢子。孢子囊成熟后会裂开，孢子便会跟着风飘行，当它落在适宜的环境中时，经过复杂的发育过程，便会发育出新的植株。

科普进行时

现今地球上生长的蕨类约有1.2万种，其中在中国生长的约有2400种，多数分布在西南地区和长江流域以南各省区以及台湾等地。它们大都生长在温暖阴湿的森林中，是森林植被中草本层的重要组成部分。

▶▶ 蕨类植物的特征

> 蕨类植物作为一种最原始的维管植物，与其他高等植物相比，其外表形态和生殖方式都有自身独特的地方。

🌳 幼叶蜷缩

当我们走在野外，如何将蕨类植物同其他绿色植物区分开呢？蕨类植物有一个非常与众不同的特点，那就是它们新长出来的叶子是蜷缩成一团的。之后，随着它们慢慢生长，叶子会逐渐舒展开，不同种类会呈现出较大的差异。全世界没有其他植物的幼叶具有这个特点，但是蕨类植物中也有少数种类例外，如瓶尔小草、石松、满江红等均不具有这个特征。

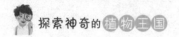
复杂的叶

蕨类植物既不开花，也不结果，更没有种子，而且通常也没有明显的枝干，所以整株植株最引人注目的部分就是叶。与其他植物相比，蕨类植物的叶一般比较大，这主要是为了在森林中的主体植物的遮挡之下，能尽可能地捕捉到较多阳光。

蕨类植物的叶很复杂，从外形上来说，通常可分为小型叶和大型叶两种。小型叶都是单叶，叶柄极短，几乎没有，叶片细小，叶内只有单一不分枝的叶脉，没有叶隙，如石松和卷柏的叶片就属于小型叶。大型叶由叶片和叶柄组成，叶脉有很多分枝，而且有叶隙。大多数蕨类植物的叶片是大型叶。

蕨类植物的叶从功能上可分为孢子叶和营养叶两种。孢子叶又叫能育叶，是指能够产生孢子的叶；营养叶又叫不育叶，内含叶绿体，主要功能是进行光合作用、制造营养成分。有的蕨类植物孢子叶与营养叶形态完全相同，这种我们称其为同型叶；形态完全不同的称为异型叶。从演化角度看，异型叶比同型叶进化得更为完善。

多生于叶子背面的孢子囊群

蕨类植物要繁殖后代，离不开孢子。孢子与高等植物的种子差异很大，它们只有一个细胞大小，因此我们用肉眼是无法看见的。孢子通常以 64 颗为一群，藏在孢子囊中，而孢子囊成群排列则形成孢子囊群。

进化得比较完善的真蕨类的孢子囊群一般成群排列在叶子

科普进行时

蕨类植物的茎多为根状茎，形状多样，既有生长于地下的，也有生长在地表的。生长在地下的根状茎通常为短粗状，而在地表的多是贴着地面生长的。

背面或边缘。而小型叶蕨类的孢子囊一般不集合成群，而是单生于叶子基部或孢子叶近轴面叶腋。孢子囊群的形状和颜色各异，但大多数孢子囊群发育成熟后会变为褐色或棕色，而且大多数孢子囊群的外面有起保护作用的孢子囊群盖。

自我保护的鳞片

植物通常比较娇嫩，为了保护自己，它们通常会进化出许多防身的本领，而蕨类植物的自我保护方法便是长出鳞片。这种鳞片由单细胞组成，为薄膜片状。蕨类植物会在茎、叶以及孢子囊群等部位生长出鳞片，这些鳞片质地较为坚硬，会像盔甲一样，在一定程度上保护它们免受动物伤害。

具有世代交替的一生

　　蕨类植物的一生要经历两个世代的交替，即配子体世代和孢子体世代相互交替的情形。蕨类植物的植株主要分为孢子体和配子体，两部分各自独立生活。孢子体就是我们熟悉的蕨类植物的植株，当孢子体成熟以后就会长出孢子囊群，进而产生孢子。孢子成熟后，会借助风力或水力散播出去，当它们遇到适宜的环境，就会萌发。孢子萌发之后就会长成配子体。配子体上生有精子器（雄性生殖器官）和颈卵器（雌性生殖器官），它们分别产生雄性生殖细胞和雌性生殖细胞。雄性生殖细胞在水的帮助下会向着雌性生殖细胞游去，受精之后产生受精卵，受精卵会逐渐发育成胚，胚会长成独立生活的孢子体，即新的植株。

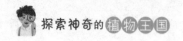

▶▶ 蕨类植物的分类

学术界通常把蕨类植物大致分成拟蕨类和真蕨类，拟蕨类在全世界的蕨类植物中只占一小部分，它们是比较原始的古老蕨类植物；真蕨类则是进化比较完全的蕨类植物，我们平常看到的绝大部分蕨类植物属于真蕨类。

五个亚门

对于蕨类植物究竟该如何分类，起初植物学家们也是莫衷一是。后来，中国植物学家秦仁昌经过仔细研究，将蕨类植物分为五个亚门，即石松亚门、水韭亚门、松叶蕨亚门、楔叶亚门和真蕨亚门。前四个亚门都是拟蕨类，属于小叶型蕨类植物；真蕨亚门是真蕨类，属于大型叶蕨类。真蕨类植物叶片发达，孢子囊着生于成熟的叶片背面或叶缘，众多孢子囊组合成孢子囊群；拟蕨类植物的叶细小或退化，孢子囊不聚生成群，而是单独生于

叶的基部、叶
腋等部位。

石松亚门

石松亚门
的植物是很古老的
植物，在石炭纪曾辉
煌一时，现仅存石松目和卷柏目。它们的
叶非常小，茎干大多为二叉分枝。现在它们
主要分布在热带和亚热带地区，也有部分分布在
温带地区。

水韭亚门

水韭亚门的植物属于水生植物，植株长得非常像韭菜，所
以得名"水韭"。它们的茎比较粗壮，呈块状；叶丛生，为细
长的条形；孢子叶有大小之分，孢子异型；配子体极度简化，
有雌、雄配子体之分。现仅存 1 目 1 科 1 属，即水韭目水韭科
水韭属。

松叶蕨亚门

松叶蕨亚门的植物是原始的陆生植物类群。它们的孢子体
仅有假根，气生茎二叉分枝，叶为小型叶，孢子同型，配子体

雌雄同株，没有叶绿体，因此只能附生在树干或岩缝中。大多已绝迹，现存仅松叶蕨目。

🌳 楔叶亚门

楔叶亚门又叫木贼亚门，它们早在泥盆纪就已经出现了，到石炭纪进入全盛时期。后来地球环境发生了翻天覆地的变化，它们之中那些高大的植物都灭绝了，只有一些草本类遗留了下来，现仅存1目1科1属，即木贼目木贼科木贼属。楔叶亚门的植物有不定根，茎直立生长，中空而有节，叶小型，不发达。

🌿 真蕨亚门

真蕨亚门是蕨类植物中进化最完全、最繁盛的一个群体。它们的孢子体十分发达，除了树蕨等为直立的树状茎外，其他的均为根状茎；它们的茎上长有各种各样的鳞片，以保护自身；

它们的叶子十分发达，为复杂的大型叶。它们对环境的适应能力更强。

根据孢子囊的发育方式、结构及着生位置等，真蕨亚门可分为厚囊蕨纲、原始薄囊蕨纲和薄囊蕨纲。

从演化角度来说，厚囊蕨纲是比较原始的。它们的孢子囊较大，内含孢子数量较多，而且孢子囊外壁很厚，具有多层细胞。厚囊蕨纲现有瓶尔小草目与莲座蕨目。

原始薄囊蕨纲是介于厚囊蕨纲和薄囊蕨纲之间的一个类群，它们身上的一些原始性状与厚囊蕨纲植物有相似之处，其进化得比较完善的性状又与薄囊蕨纲有相似之处。它们的孢子囊壁比厚囊蕨纲的薄了很多，由单层细胞组成。其下只有1目，

科普进行时

莲座蕨目，也称观音坐莲目，因为底下的块茎和残留的托叶组合在一起就像莲座一样，故得此名。此类群早在石炭纪就已经出现，现存类群为古代子遗植物，主要分布在热带及亚热带区域。

为紫萁目。

薄囊蕨纲是晚期发展出来的植物类群。为了能够在森林下层更好地生存，它们就必须有好的散布孢子的途径，否则就难逃灭绝的命运。于是，薄囊蕨纲植物的孢子囊壁变薄，只长有一层细胞，环带发育特别完善，有助于孢子散播得更远。薄囊蕨纲下面有 3 个目，分别是水龙骨目、苹目、槐叶苹目。

科普进行时

环带是蕨类植物孢子囊壁上的一列特化的细胞，其内侧有加厚的细胞壁，有助于将孢子很好地散布出去。薄囊蕨纲的植物之所以最繁盛，与环带结构有密切的关系。

蕨类植物的分布与习性

　　人们通常认为，只有在阴暗潮湿的林地角落里才能发现蕨类植物的身影，其实，在森林、平原、草地、岩隙、泥塘、沼泽等地都生长着不同种类的蕨类植物。按照蕨类的不同生长习性，可以把它们分为不同的类型。

水生蕨类

　　水生蕨类泛指生长在陆域环境中的水田、池塘、沼泽、溪流或湿地的蕨类，常见的有满江红、槐叶苹、水韭、田字草、毛蕨、水蕨、卤蕨等。按照水生蕨类的不同习性，又可将其细分为漂浮型与着土型两大类。

　　漂浮型，顾名思义，就是指漂浮于水面的一种水生蕨类，其根部是不着土的，满江红与槐叶苹就属于漂浮型水生蕨类。它们通常采用裂

殖的方式繁殖后代，这是一种很有效率的
繁殖方式，所以漂浮型蕨类往往成群出现。

着土型是指地下茎生长在水底部的泥土中的水生蕨类植物，又可细分为浮叶型、沉水型、挺水型与湿地型四种。

浮叶型的蕨类植物，其叶柄处于水中，叶片漂浮在水面上。田字草就是一种典型的浮叶型蕨类植物，它们处于水下淤泥中的地下茎长且横走，叶子具有长柄，柄端的叶片分为四瓣，很像"田"字形，非常别致，叶片常漂浮于水面。

沉水型是指植株沉浸到水中生长的蕨类植物，水韭就有这样的习性。在大部分的生长季中，它们都沉浸在浅水域中，但有时也会全株暴露在空气中，由此可见，浅水域的环境变化是很大的。

裂殖是许多漂浮型水生植物都会采用的一种繁殖方式，因为它们随波逐流，往往不知漂到何处，浅水域的环境又千变万化，不知哪一天就会干涸，而通过裂殖可在短时间内繁衍下一代。

挺水型是指地下茎与部分叶柄处于水中，另一部分叶柄和叶片暴露在空气中生长的蕨类，水蕨就有这样的生长习性。

还有一部分蕨类，虽然也离不开水，但植株又无法忍受长时间被水浸泡，所以它们经常生长在水域边缘，这便是湿地型蕨类。卤蕨、分株紫萁和毛蕨就是这样的植物。

陆生蕨类

蕨类植物在森林中虽然只处于从属地位，但它们也在努力地用不同方式顽强地生存着。陆生蕨类主要分为地生型和藤本型。

大部分蕨类植物是茎紧贴地表生长的地生型，它们多生活在森林的地被层。像树蕨这种高大的蕨类植物属于较为特殊

的地生型。

　　藤本型的蕨类植物外形更独特，有的茎像藤，如藤蕨；有的叶像藤，如海金沙。蕨类之所以长成藤状，与热带森林的环境密切相关。地被层的植物数量很多，物种之间竞争激烈，为了能够获得更多的阳光与养分，一些地被层的蕨类就开始寻求向上部空间发展的可能，进而逐渐演化成藤本型。

科普进行时

　　我国有 2000 多种蕨类植物，其中云南是我国蕨类植物种类最丰富的省份。我国的宝岛台湾，虽然面积不大，但蕨类植物的种类非常丰富，是世界上蕨类物种密度最高的地区之一。

着生蕨类

　　为了谋求更多生存空间，有的蕨类竟然长到了树干上或是岩石和墙壁上，这样的蕨类便是着生蕨类。着生蕨类并非不喜欢长在肥沃的土壤中，而是在地上竞争不过其他植物，无法获得足够的水分和无机盐，只好另辟蹊径，开发新的生存环境。树干或岩石上的着生蕨类就靠着收集从空中掉落的雨水、落叶、鸟粪等生存。常见的着生蕨类有鸟巢蕨、伏石蕨、尖嘴蕨等。

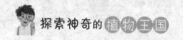
▶▶蕨类植物的价值

> 蕨类植物和人类的关系十分密切，从观赏、食用、药用，到农业、工业、林业等方面，都发挥了重要作用，具有很大的经济价值。

🌳 观赏价值

蕨类植物家族的成员虽然不开花，但它们的观赏价值却不低。它们的形态特征因种类不同而各具特色，有的高大挺拔，有的碧绿纤细；有的常绿，有的落叶；有的为单叶，有的为复叶。

最值得一提的就是它们的叶片，可谓千姿百态，令人赏心悦目。无论是把它们栽植在庭院、园林中，还是作为室内盆景，都可有不同意趣。

在我们的生活中，常用来装点居室或庭院的观叶蕨类植物有肾蕨、铁线蕨、鹿角蕨、鸟巢蕨、松叶蕨等。

食用价值

蕨类植物不光"颜值"高，还可以被当作蔬菜食用。我国食用蕨类植物的历史非常悠久，我国最早的诗歌总集《诗经》中就有关于采蕨的记载。古时候，人们能吃到的蔬菜可不像今天这么丰富，蕨类植物便以野菜的身份被端上了人类的餐桌。

可以食用的蕨类植物主要包括蕨菜、水蕨、紫萁、西南凤尾蕨、荚果蕨、东北蹄盖蕨等，可以食用的部分为刚萌芽的嫩叶，它们营养价值很高，富含蛋白质、脂肪、胡萝卜素、糖类及多种维生素，用开水焯后，可以做成多种美味佳肴。一时吃不完，还可以晒成干菜，择期取用。此外，一些蕨类植物的地下根状

科普进行时

《召南·草虫》是《诗经》中的一首诗，其中提到了蕨类植物："陟彼南山，言采其蕨；未见君子，忧心惙惙。"

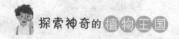
茎，因含有大量的淀粉，可以作为食材或酿酒原料，如观音座莲、金毛狗蕨等。

 药用价值

很多蕨类植物可以入药，包括石松、贯众、石韦、瓶尔小草、卷柏、海金沙等，它们都具有很高的药用价值，是大自然对人类的恩赐。

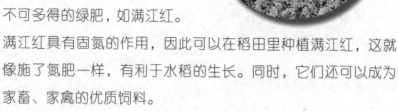

 农业价值

有的水生蕨类植物是不可多得的绿肥，如满江红。满江红具有固氮的作用，因此可以在稻田里种植满江红，这就像施了氮肥一样，有利于水稻的生长。同时，它们还可以成为家畜、家禽的优质饲料。

 工业价值

很多蕨类植物可以在工业生产中发挥重大作用。例如，石松孢子是一种优良的脱模剂，在冶金工业方面可发挥作用，还可在火箭、信号弹、照明弹等制造工业上，作为引火的燃料使用。木贼的植株内含有很多硅质，可以作为金属器械的磨光剂，当金属器械生锈后，用木贼摩擦几下，便可恢复光泽。此外，还有很多蕨类植物可以作为天然染料使用，如蕨菜、乌蕨、芒萁等。

作为指示植物

蕨类植物是一类特别娇气的植物，对环境的适应能力较弱，对生存条件非常挑剔。正因为如此，它们得以成为对人类很有帮助的指示植物。

根据所指对象的不同，我们可以将蕨类植物分成土壤指示植物、气候指示植物和矿物指示植物等。

铁线蕨、凤尾蕨等属中的一些种类对土壤中的钙特别敏感，只在钙质土中生存，它们便属于钙性土壤指示植物；而芒萁、狗脊蕨、里白等则喜欢生活在有强酸性土的荒坡或林缘，所以它们属于酸性土壤指示植物。如此一来，如果我们要寻找一片区域，大面积种植喜欢酸性土壤的经济

林如茶树、油茶等，就可以在天然植被中寻找那些酸性土壤指示植物，它们密集生长的地区，就适宜营造林地。

还有一些蕨类为气候指示植物，如树蕨、莲座蕨、鸟巢蕨、车前蕨等生长的区域为热带、亚热带高湿度气候区；而绵马贯众属于北温带或亚寒带地区的标志性植物。如此一来，我们就可以根据这些指示植物，来因地制宜地种植林木。

还有一些蕨类可以指示矿物，如木贼科的某些植物可作为金矿的指示植物。

科普进行时

　　所谓指示植物是指对环境变化或者对某种金属元素等非常敏感，能够在一定区域范围内指示生长环境或某些环境条件的植物种、属或群落。

▶▶ 保护蕨类的必要性

> 蕨类植物价值丰富，与人类的生活息息相关，我们应该对其加以保护。然而蕨类植物的生存现状，十分令人担忧。

🌳 自然因素

蕨类植物对于生存条件的要求非常苛刻，因此，只要环境发生了改变，就有可能导致它们灭绝。中国的蕨类植物种类众多，而且有很多是中国特有的。这些特有种属的蕨类，由于其数量稀少、分布地域狭窄等客观因素，可以说岌岌可危。

🌿 人为因素

除了自然原因以外，造成蕨类植物濒危的还有很多人

为因素。一方面，由于人类无节制地砍伐森林，蕨类植物的栖息环境遭到了严重破坏，这给蕨类植物的生存带来了毁灭性打击。森林被大量砍伐后，会对该地区的气候、水位等产生一系列影响，这些都不利于蕨类植物的生长和繁殖。另一方面，随着人类工业、农业生产的不断发展，蕨类植物的生存空间不断被压缩，进而导致了其中一些种类濒危。再加上在一些自然景区，游客由于植物保护意识差，对一些小型蕨类植物进行了踩踏，致使其无法生长，令其数量不断减少。

科普进行时

我国很多种蕨类植物都有灭绝的趋势，如光叶蕨、中华水韭、荷叶铁线蕨、瓶尔小草等。

总之，一些蕨类植物因自然原因或人为原因数量越来越少，我们必须予以重视，保护它们的生存环境，保护蕨类植物的多样性。

堪称"蕨"代美人的
蕨类植物

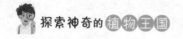
▶▶惹人怜爱的铁线蕨

> 铁线蕨为中小型陆生蕨，是多年生草本植物，植株纤小秀美，枝条柔弱，是一种惹人怜爱的蕨类植物。

形态特征

铁线蕨体形较小，个头不高。它们的根状茎水平生长，密生棕色披针形鳞片。叶片生于根状茎上，小巧而精致，就像是微缩版的银杏树叶。叶柄又细又长，呈紫黑色，还散发着金属光泽，宛如一根根细细的铁丝，所以被称为"铁线蕨"；又像是少女充满光泽的乌黑发丝，所以又名"少女的发丝"。

孢子囊群横生于能育叶的上缘；初时呈淡黄绿色，老时呈棕色。

生存技能

如果铁线蕨的生存环境发生了变化，它们地上的枝叶会因为不适应新环

境而干枯，但是它们并没有死，其地下的根茎其实还保持着活力。这个时候你只需要剪掉那些干枯了的枝叶，并给它们生长的土壤浇适量的水，很快铁线蕨的幼芽就会再度悄悄地冒出头来，并恢复生机。

栽培要点

有的人想要在家中栽培铁线蕨，有以下几点需要注意：铁线蕨喜欢温暖的环境，在北方，到了冬季，应及时将其搬入室内，否则会冻坏它们的叶片。铁线蕨害怕阳光直射，喜欢散射光照射，所以要给它们提供隐蔽一些的生长环境。铁线蕨喜欢湿润

科普进行时

铁线蕨的品种可多了，其中尤为值得一提的是荷叶铁线蕨，因为它们非常稀有。从它的名字中我们就不难想到，它的叶子相当于缩小版的荷叶，非常惹人怜爱。

的环境，一定要保证充足的水分，特别是夏季，蒸发量大，又是生长旺季，每天都要浇一次水。栽植铁线蕨的土壤以疏松、肥沃、透水为佳。铁线蕨喜欢钙质土，经常给它们施一些钙质肥料，对其生长有利。

主要价值

铁线蕨株形小巧、形态别致，是很好的观叶植物，适宜小型盆栽。它既可以置于案头、窗台、茶几之上赏玩，也可以置于门厅、走廊等处，为房间增添绿意，还可切取插瓶，成为鲜花的理想陪衬。

铁线蕨还具有药用价值，可以全株入药。味苦，性凉，有止咳化痰、清热利湿、消肿解毒、利尿通淋、抗炎抑菌的功效，可用于治疗淋巴结结核、乳腺炎、病毒性感冒、细菌性痢疾、肺热咳嗽、跌打损伤、妇女血崩、产后瘀血、尿路感染等疾病。

▶▶风情独特的贯众

贯众是鳞毛蕨科贯众属多年生蕨类植物，不但叶形美丽、风情独特，还拥有极高的药用价值，是传统医学中的重要药材。

🌳 形态特征

贯众在中国是一种比较常见的蕨类植物，一般长得不太高，但枝叶非常茂密，充满了勃勃生机。它们的根状茎比较粗大，直立生长，密被棕色且有光泽的鳞片。叶子簇生，为奇数羽状

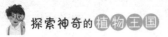

复叶，大小不一，为卵状披针形，有点儿像镰刀的形状。叶脉丰富而且密集，可以保证贯众能充分地吸收水分。为了更好地保护自身，叶柄比较坚硬，叶柄基部分布着许多鳞片，所以不要随意地去触摸它们，否则可能会划伤你的手指。将贯众的叶子翻开，会发现其叶子的背面零零散散分布着诸多棕褐色的圆斑，这是贯众的盾状孢子囊群。

生长习性

贯众喜欢生活在阴凉的环境中，在遮阴和散射光下生长良好，千万不可以将其放在阳光下暴晒。其耐寒性较强，也较耐干旱。贯众对于土壤的要求是土层深厚、排水良好、富含有机质，如果土壤是偏酸性的，那就再合适不过了。贯众对水分的需求量较大，要注意根据土壤的干湿程度来进行浇水，还可以经常对叶面喷水，以保持叶面的干净，并提高贯众的湿度。

主要价值

贯众形态优雅、叶片秀美，极具观赏价值，常被栽植于园林或庭院的角落或墙基，可以缓和建筑物生硬

的线条，若与假山石配植，刚与柔搭配，
更是妙不可言。还有的人喜欢在园径两侧种植
贯众，也可达到理想的造景效果。栽植于盆内，放在室内观赏，
也能为房间增添不少趣味。

除了因为出众的外表而极具观赏价值外，贯众还可入药，
具有清热解毒、凉血止血、驱虫、清除人体内多种有毒物质的
功效，在古代常用于治疗女子临盆时的血崩之症，还可用于治
疗流行性感冒、病毒性肺炎、虫积腹痛、高血压、慢性铅中毒
等症。

科普进行时

生长于山野之间的贯众，生命力比较顽强，在我国分布非常广泛，
从河北、山西、陕西、甘肃南部到我国南方地区都有分布，在日本、
朝鲜、越南、泰国等国家也有分布。

▶▶洋气可爱的金毛狗蕨

> 　　浑身金毛的小狗我们都不陌生，可是你知道在蕨类家族里面也有一种像金毛犬一样浑身毛茸茸的植物吗？它们的名字叫金毛狗蕨。

🌲 来自远古时代

　　我们现在所能见到的蕨类植物多数是草本植物，但也有少量的能长成树一样的蕨类植物，金毛狗蕨就是其中的一员。在遥远的中生代，金毛狗蕨的足迹曾遍布全球，随着种子植物的出现，像金毛狗蕨这样的树形蕨逐渐衰落，只有少数种类遗留下来，因而非常珍贵，是国家重点保护的植物。

🌿 形态特征

　　金毛狗蕨为蚌壳蕨科金毛狗属的

大型树状陆生蕨。它们的根状茎非常粗壮，平卧或斜升，半埋于地下。其独特之处在于，茎和叶柄基部都布满了金黄色的长茸毛，从远处看仿佛在植株的基部藏着一只金色毛的小狗。因为这个特征，金毛狗蕨常被做成工艺品或盆景，自然天成，令人啧啧称奇。叶于顶端丛生，叶柄坚实有力，叶片大型，三回羽状深裂，羽片基部两边不对称，叶脉游离。叶革质或厚质，两面光滑而有光泽，小羽轴上略有褐色短毛。孢子囊群着生于裂片上分叉小脉的顶端，由两片坚硬的盖子合生而成，看起来

科普进行时

　　金毛狗蕨肥大的块茎像土豆等食物一样富含淀粉，可以充饥，在战乱、饥荒的年代，金毛狗蕨的块茎救了不少人的性命。现在人们不需要再用它们充饥，但有些人会用它们来酿酒。

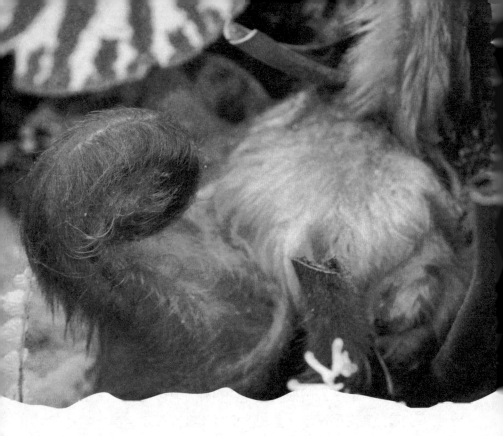

就像个小蚌壳，成熟时会自然裂开，这是蚌壳蕨科植物的显著特点。

重要价值

金毛狗蕨株形高大，坚挺有力，叶形优美，四季常青，与众不同，因而深受人们的青睐和追捧，被广泛种植于公园和庭院里。它们那密被金黄色柔软茸毛的根状茎，光泽油润，形如狗头，新奇别致，因此适合制成盆景，用来装点居室，可让人眼前一亮。

▸▸ "林间小鹿"——鹿角蕨

鹿角蕨是一种非常有特色的附生植物，常附生在高大树木的枝干上。全世界共有十多种鹿角蕨，分布在炎热多雨的雨林中。

🌳 形态特征

鹿角蕨的根状茎肉质，短而横卧，密被坚硬的线形鳞片。它们的叶片有两种不同的类型，即不育和能育（可产生孢子）两种。其中不育叶也叫腐殖叶，贴生于树干上，直立，无柄，初时呈绿色，后变褐色，宿存。叶子长宽近相等，先端截形，3~5次叉裂，厚革质，下部肉质。不育叶不进行光合作用，以枯落的树叶或大

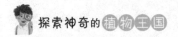

气中的尘土等作为养分，供植物体生长发育之所需。能育的叶片常成对生长，并向下垂，叶片会分裂成不等大的 3 枚主裂片，看起来特别像梅花鹿的角，而孢子就生长在主裂片第一次分叉的凹缺处以下。

🌿 分布与习性

鹿角蕨主要分布在中国云南西南部的山地雨林中，缅甸、印度东北部、泰国也有分布。

鹿角蕨喜温暖、阴湿环境，忌强光直射，在散射光的照射下生长良好，不耐寒。常附生于以毛麻楝、楹树、垂枝榕等为主体的季雨林树干和枝条上，也可附生于枯立木上。

保护措施

　　由于鹿角蕨需要依附于其他树木生长，所以其附生树木遭砍伐和生态环境被破坏等因素都会严重影响鹿角蕨的生存，现如今鹿角蕨已成为濒临灭绝的珍稀植物。为了保护鹿角蕨，我国在云南建立起了自然保护区。除此之外，植物学家还通过研究鹿角蕨的繁殖方法，培育了大量鹿角蕨。

科普进行时

　　鹿角蕨株形奇特，姿态优美，是珍贵的室内悬挂观叶植物，用它们来布置窗台、书房、卧室，可使居室更独特、美观。在公园、商店也可见到鹿角蕨的身影，能让人眼前一亮。

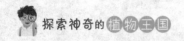
▶▶作用多多的芒萁

> 芒萁又名狼萁、铁狼萁、小里白、芒萁骨、乌萁等，是里白科芒萁属蕨类植物，常成丛出现在低海拔林缘或山间小路旁，在森林被砍伐后或放荒后的坡地上也能生长。

🌳 形态特征

地下的根状茎横走，密被长毛。叶片为假二叉分枝（在芒萁的叶柄顶端，叶身分成了两个部分，但在这两部分相交的地方还有一个休眠芽，所以其应该是三叉，这便叫作假二叉分枝）。

除了叶主轴顶端有休眠芽外，其他侧轴顶端也有，这是芒萁外观上的一大特色。叶柄较长，呈棕禾秆色，光滑，基部以上无毛。最末分叉羽片呈现一回或二回羽状深裂的形态。叶为纸质，上面呈黄绿色或绿色，下面呈灰白色。孢子囊群呈圆形，着生于基部上侧或上下两侧小脉之上，无孢膜。

主要价值

芒萁的羽轴很长，柔韧而富有弹性，适合用来编织成各式各样的篮子或其他精巧的手工艺品。在塑料尚未普及的年代，

科普进行时

芒萁耐酸、耐干旱、耐瘠薄，利用它们那盘根错节、匍匐横走的地下根茎，在山区荒坡及水土流失地区也可以顽强地生长。芒萁分布于我国南方各省，在日本、印度、越南也有分布。

用芒萁编织的水果篮在生活中非常常见。

芒萁具有药用价值，可全草或以根状茎入药，有清热解毒、利尿、化瘀消肿、止血的功效。可用于治疗鼻衄、肺热咳血、尿道炎、膀胱炎、小便不利、痔疮、血崩等症；外用可治外伤出血、跌打损伤、烧烫伤、毒虫咬伤等。

芒萁是水土保持及改良土壤的好帮手。因为芒萁根系发达，地下茎生长迅速，无限分枝，可形成庞大而密集的根系网，抗冲刷、固土能力特别强，因此南方水土流失区植被恢复的首选植物品种便是芒萁。

芒萁的色素可被提取出来使用，是一种天然染料。

▶亭亭玉立的木贼

> 木贼又名千峰草、锉草、笔头草、笔筒草、节节草等，属多年生常绿草本植物。外形颇为独特，看起来就像把一支支绿色的毛笔插在了地上一样，笔头部分就是它的孢子囊穗，所以人们才叫它"笔头草"。

🌳 形态特征

木贼是木贼科木贼属的植物，植株可超过一米高，在蕨类植物中，真可算是"高个子"了。地下茎呈黑棕色，为匍匐状。地上茎很纤细，中空而有节，表面有棱脊，摸起来很粗糙，直立生长，不分枝或直基部有少数直立的侧枝，呈黄绿色。枝条和小叶轮生于节上。椭圆形的孢子囊穗顶生，由许多六角形的盾状构造组成，孢子囊就藏在里面。孢子近球形，有四条弹丝和细颗粒状纹饰。

生长环境

木贼喜欢阴湿的环境，多生于坡林下阴湿处、湿地、溪边，有时在杂草地也可见到它们的身影。主要分布于北半球的寒带、温带和亚热带地区，在我国主要分布在东北、华北、内蒙古和长江流域等地。

主要价值

木贼的茎干亭亭玉立，茎干上面的节非常清晰，移栽到花盆中，或种植在水旁，具有独特的观赏价值。

木贼可全草入药，味甘、苦，性平，归肺、肝经，具有疏散风热、明目退翳、止血、解肌、祛风湿等功效。主要用于治疗目生云翳、迎风流泪、肠风下血、血痢、脱肛、疟疾等症。

科普进行时

木贼的茎之所以是中空的，是因为木贼喜湿，多生长在水边，茎的下部常浸泡在水中，为了能够正常地呼吸，主茎便进化出空腔，以保存氧气，还可以产生浮力。

外形与众不同的
蕨类植物

WAIXING YUZHONGBUTONG DE JUELEI ZHIWU

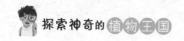

▶▶"蕨中之王"——树蕨

树蕨又名桫椤，是桫椤科桫椤属植物，是蕨类植物中最高大的成员。树蕨是古老的孑遗植物，极其珍贵，被众多国家列为一级保护的濒危植物，有"活化石"之称。

🌳 古老背景

在距今极其遥远的古生代，蕨类植物曾极为繁盛。在这期间，地球上出现了许多躯体高大的蕨类植物，树蕨就是其中一员。它们丛生成林，快速地繁殖扩张。然而到了中生代末期，一场空前的毁灭性灾难降临地球，使得自然环境骤变，遍布陆地的蕨类植物大多未能逃过此劫，走向了灭绝。大量的树蕨也在那场灾难中葬身地底，然而还是有极少量的树蕨幸存了下来，并延续至今。因此树蕨是一种极为珍贵的植物。

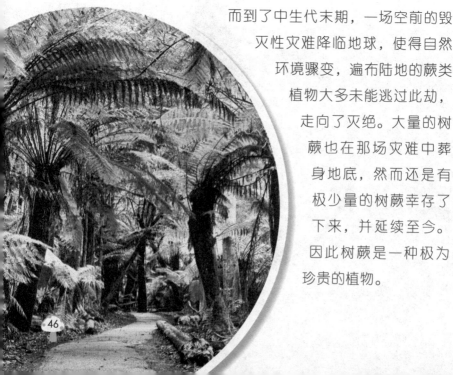

形态特征

树蕨体形高大，茎干粗壮，笔直向上，没有分枝，坚实的纤维质的茎干中没有实心的木质。螺旋状的叶排列于茎顶端，仿佛一把撑开的绿色巨伞。叶柄与叶轴呈深棕色，密生小刺，树龄越大，其小刺越多。叶片大，纸质，长矩圆形，三回羽状深裂复叶，

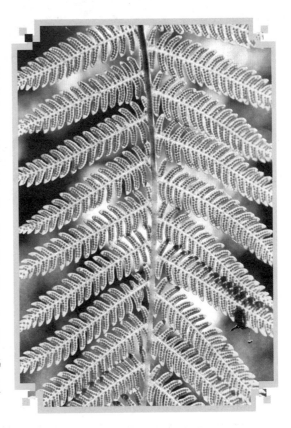

羽轴、小羽轴和中脉上面长有粗糙的硬毛，下面被灰白色小鳞片。叶子的背面分布着星星点点的孢子囊群，里面有许多孢子。成熟以后的孢子被风吹散后，遇到适宜的环境就可以繁殖出下一代了。

分布地区

树蕨主要分布在亚洲的热带和亚热带地区，具体包括日本、越南、柬埔寨、泰国、缅甸、尼泊尔和印度等国家，在我

国主要分布于云
南、贵州、四川、
福建、广西、
广东、台湾等
地。树蕨为半
阴性树种，喜温
暖且空气湿度较大
的环境，多生于溪边林
下或草丛中。

主要价值

树蕨造型优美，姿态别致，茎苍叶秀，树冠犹如巨伞，虽历经沧桑却延续至今，现已成为珍贵的园林观赏树木，观赏价值极高。

树蕨在研究物种的形成和植物地理区系方面发挥着重要作用。它们与恐龙曾身处同一时代，成为当时地球上植物和动物的两大标志，在重现恐龙生活时期的古生态环境，研究恐龙兴衰、地质变迁方面具有重要参考价值。

科普进行时

古生代是地质时代中的一个时代，包括寒武纪、奥陶纪、志留纪、泥盆纪、石炭纪和二叠纪，约为5.7亿年至2.3亿年前。古生代结束后便进入中生代，包括三叠纪、侏罗纪和白垩纪三个纪，约为2.5亿年至6500万年前。

茎干高大的笔筒树

笔筒树又名多鳞白桫椤、蛇木、笔桫椤、鳞片桫椤等，为桫椤科白桫椤属的植物。笔筒树茎干高大，叶痕大而密，异常美观。

历史悠久

笔筒树是一种非常古老的植物，在中生代侏罗纪就已经存在了，被称为"活化石"。第四纪冰川期大多数笔筒树灭绝，

仅在中国南部和菲律宾、日本部分地区有少量植株残存。

形态特征

　　笔筒树是蕨类中少有的树形植株个体。茎直立，树形高大。叶柄较长，通常上面呈绿色，下面呈淡紫色，无刺，密被鳞片，有疣突。叶大型，以螺旋状排列于茎端，三回羽状深裂。笔筒树孢子囊群近主脉着生，呈圆形。老叶脱落后，会在茎干上留下许多略呈三角形的椭圆形叶痕。由于桫椤科植物的维管束排列复杂，加上叶柄粗大，因此可以很明显地看到叶子脱落后留下来的痕迹。因为这些叶痕，使得整个树干看起来像蛇一般，

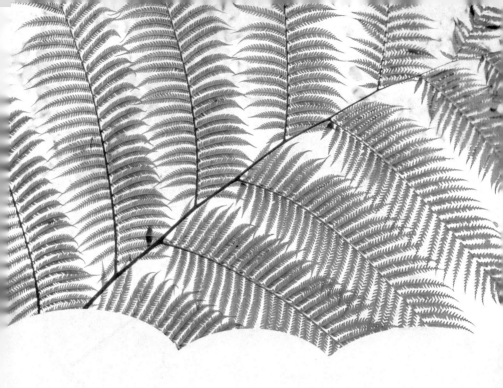

所以笔筒树又被称为"蛇木"。

🌵 生长环境

笔筒树喜欢生长在空气湿度大的环境中，以山区为主，多分布于丛林中。富含有机质的疏松土壤适宜笔筒树生长。

🌿 主要价值

笔筒树茎干挺拔，树姿优美，叶形美观，是大型观赏植物，可栽于公园或庭院的阴湿处，也可栽植于盆内，置于室内。

笔筒树的茎和嫩叶可入药，有清热散瘀、收敛止血、解毒

消肿的作用。茎主要可以治疗血积腹痛、瘀血、血气胀痛、筋骨疼痛、便血、崩带等症。嫩叶主要可以治疗乳痈、痈疔疮疖等症。

 科普进行时

　　笔筒树在研究植物系统进化和地质演变方面有重要科学价值。由于对生长环境的要求非常苛刻，再加上生存环境不断遭到破坏，笔筒树的数量越发稀少，已经被列为国家二级重点保护野生植物。

体形最小的团扇蕨

> 树蕨是蕨类植物中最高大的成员，那么最小的成员是谁呢？那就是团扇蕨。团扇蕨是膜蕨科团扇蕨属的一种蕨类植物，常附生在树干或岩石上。它们必须生活在非常潮湿的环境中，常成群呈垫状出现。

形态特征

团扇蕨的植株特别矮小，通常只有 2 厘米左右。根状茎纤细如丝，交织成毡状，横走，呈黑褐色，密被暗褐色短毛。叶片散生于横走的根状茎上，叶与叶之间有一定的距离；叶片为团扇形至圆肾形，叶为薄膜质，非常薄，呈现出半透明状；如果把叶片晒干，会变成暗绿色，两面都非常光滑。孢子囊群着生于叶缘、叶脉的末端，周围有管状的孢膜起保护作用。

生长环境

团扇蕨喜欢生长在温暖而空气湿度很大的环境中，林下阴湿的角落最适宜它们生长，多成片附生于石上或树上。团扇蕨

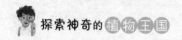

常与苔藓类伴生，因而有时会被误认为苔藓，可依靠其团扇状的叶片与苔藓类区分。团扇蕨主要分布在中国、俄罗斯、日本、朝鲜、越南、柬埔寨、印度尼西亚等国；在中国主要分布于安徽、江西、湖南、浙江、福建、台湾、广东、广西、海南、四川、贵州、云南等省区，东北地区亦有分布。

栽培方式

团扇蕨大多贴伏于地面生长，常呈薄薄的一层，因此需土量非常少，只需要一点点腐殖土便可存活，但其对土壤的保水性和排水性要求非常高。

在栽培团扇蕨的过程中应创造适合其生长的环境，如可将其平铺在没有阳光直射的潮湿的布满青苔的石头上，但需要稍微垫一层腐殖土，时常喷一点水，既能保湿又不积水。

团扇蕨还能够与其他植物混栽，如栽于其他植物的盆土表面。

科普进行时

团扇蕨叶片精致，耐阴湿，亦能忍受短期干旱，在水石盆景中配植最为适宜；在庭院假山阴面栽植，也极具赏玩价值，是小型蕨类中的珍品。

让人欢喜让人愁的问荆

大部分蕨类植物生长在温暖、潮湿的南方地区，但有一种蕨类，适应能力较强，在我国的大部分地区都能生存，那就是问荆。

形态特征

问荆属木贼科木贼属，属于小型或中型蕨类，为多年生草本植物。根状茎横生在土壤中，呈黑棕色或深褐色，节和根密生黄棕色长毛或光滑无毛。地上枝直立生长，枝条细长。枝分为两种类型，能育枝于春季先萌发，由于缺少叶绿体，呈黄棕色，无轮茎分枝；顶端会生长出形状奇特的孢子囊穗，孢子散播出去后，能育枝便会枯萎。其后，

不育枝萌发，呈绿色，分枝多，有明显的节，于秋季枯萎。两种不同形式的地上茎就这样交替出现。在节间的位置长叶，但是叶片很小，退化成牙齿状，像叶鞘一样，轮生一圈。由于叶片不发达，主要靠茎进行光合作用。

令人头疼的问荆

问荆的繁殖能力很强，可以快速地扩展自己的地盘，并且难以根除，于是成了田间的有害杂草，令农民非常头疼。若是用它们来喂牲畜，也不行，因为问荆有毒，会令牲畜行走不便，迅速消瘦，甚至可能会致死。

主要价值

　　问荆并非全无价值,其地上茎可以入药,有清热解毒、止血、利尿、明目之功效,可用于治疗吐血、鼻衄、便血、崩漏、关节炎、外伤出血、淋证、骨质疏松等症。

　　问荆是一种喜欢金属的野草,很多有金属矿藏的地表都有大量的问荆生长。因此,问荆可以成为探测金矿等矿藏的一种指示植物。

科普进行时

　　问荆在潮湿的草地、沟渠旁、沙土地、耕地、山坡及草甸等处可以成群生长。它们的适应能力较强,在我国东北、华北、西北、西南等各省区均有分布,在日本、朝鲜、蒙古、俄罗斯等国也有分布。

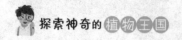

▶▶ 只长一片叶子的瓶尔小草

在林下的潮湿草地、灌木林中或田边，有时会长出这样一种奇特的植物，它们一株只长一片叶子。这种植物的学名叫瓶尔小草，属于瓶尔小草科，根据它们独特的外形，人们又称其为一叶草、独叶一支箭、单枪一支箭、矛盾草、一支箭等。

🌳 形态特征

根状茎短而直立，上面长有一簇肉质根，向下扎入土中，如匍匐茎一样向四方横走，起着固定植株和吸收水分、矿物质的作用。从根状茎向上长出一根肉质柄，叫总柄，在总柄的一定高度长出一片单叶，叶片通常也为肉质，在叶片的上方，总柄继续延长，末端形成孢子囊穗。营养叶为卵状长圆

形或狭卵形，先端钝圆或急尖，基部急剧变狭并稍下延，全缘；孢子叶较粗健，自营养叶基部生出。孢子囊大型，肉眼可见，排列在孢子囊枝上，呈穗状。

药用价值

瓶尔小草药用价值颇高，可全株入药，于夏、秋季采收，洗净后可晒干用，也可鲜用。瓶尔小草具有清热凉血、解毒镇痛的功效，主要用于治疗肺热咳嗽、肺炎、小儿高热惊风、脘腹胀痛、毒蛇咬伤、疗疮痈肿、跌打肿痛等症。

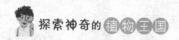
珍贵稀有

瓶尔小草在世界上的分布范围较广，但是数量极少。这一方面是其自身原因造成的。它的生物学特性使得它在与其他植物的竞争中处于不利位置，其种群分布日趋变窄。另一方面则是因为外界因素。瓶尔小草的叶子鲜嫩，经常成为昆虫的食物，又因

为其生境不断被人为破坏，再加上其具有很高的药用价值，引发了人们的滥采乱挖。这些原因都加重了该物种的濒危态势。

科普进行时

瓶尔小草广泛分布于欧洲、亚洲、美洲等地。在中国主要分布在长江下游各省，以及湖北、四川、陕西南部、贵州、云南、台湾及西藏。主要生长于阴凉、湿润的山地草坡、河岸、沟边、林下等地。

有绝活的
蕨类植物
YOU JUEHUO DE JUELEI ZHIWU

▶▶ 能在岩石上生长的石韦

> 有一种蕨类植物的名字听起来真不像是一种植物，那就是石韦。石韦又名石皮、牛皮茶、庐山石韦等，是水龙骨科石韦属植物。

🌳 形态特征

石韦属水龙骨科石韦属，为中型附生蕨类植物。根状茎长而横走，上面长有许多鳞片，鳞片为披针形，呈淡棕色。肥厚、

肉质的叶片从根状茎上长出，基部有一个关节与根状茎相连接，叶柄长短与叶片大小的变化很大。叶子分两种类型，能育叶通常比不育叶长得高，叶形也更狭窄，不育叶叶片近长圆形，或长圆披针形。孢子囊群近椭圆形，在侧脉间整齐地排列，布满整个叶片背面，初时覆盖着星状毛，呈淡棕色，成熟后孢子囊会开裂，呈砖红色。

生长环境

　　石韦可是一种不简单的植物，它们主要生长在岩石、树干或屋瓦上。我们都知道，这些地方通常只覆盖着一层薄土或一层苔藓，既不容易保留住水分，也没有多少养分，然而石韦就是能在这样营养贫乏的环境中活下去。

　　因为生存环境具有挑战性，所以它们非常喜欢潮湿的天气。每当遇到雨季，它们就会把叶片充分舒展开来，尽可能地吸收水分。而遇到旱季的时候，它们会把叶子缩卷起来，以免消耗太多水分，直到雨季来临，它们才会再度把叶子展开。

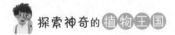

 药用价值

石韦是一种药用价值丰富的中药材,能够治疗多种疾病。石韦有利水通淋的功效,可用于治疗小便疼痛、小便不利、尿结石、尿血、尿浊等症;还有清肺泄热、止咳平喘、化痰的作用,可用于治疗肺热咳嗽;有抗菌之功效,对于变形杆菌和金黄色葡萄球菌有很好的抑制作用。

科普进行时

石韦的名字由来与它的习性和形态特征有关。"石韦"之所以带一个"石"字,是因为它多生长在石头上面;至于"韦"字,在古代是指经过去毛加工的柔皮,而石韦的叶子背部覆盖着一层短毛,摸起来有些像皮革。

蕨类家族的"清洁工"——凤尾蕨

凤尾蕨又名井栏边草、小叶凤尾草、鸡脚草、壁脚草，属凤尾蕨科凤尾蕨属。凤尾蕨喜欢温暖、湿润、隐蔽的环境，常生长在竹林边、河谷、石缝、井边和山林湿地处。

形态特征

凤尾蕨是凤尾蕨科中常见的一个种类，常附生于岩石缝、砖缝当中。根状茎较短，直立或斜升，先端长有黑褐色鳞片。叶簇生，二型或近二型。能育叶对生或向上渐为互生，斜向上，叶形较瘦长，羽片具有明显由叶缘反卷形成的假孢膜。不育叶通常对生，斜向上，相较之下显得胖而短一些，羽片边缘有锯齿。

凤尾蕨有一个特殊的本领，那就是能吸收土壤中的重金属。凤尾蕨如果生长在重金属污染比较严重的土壤中，能大量地吸收其中的重金属，然后将其转移到自身的茎、叶和其他器官中，从而达到清洁土壤的作用。所以如果一片土地被重金属污染了，可以种上一些凤尾蕨，这对土壤污染的治理是很有效的。

食用价值

凤尾蕨的嫩叶是可以食用的，其营养价值很高，营养物质含量比很多蔬菜还要丰富。春季采摘其未展开的

嫩叶，用开水焯过之后，可以炒食，味道独特。还可以将其制成干菜，也可腌渍，或制成罐头食品。

凤尾蕨的根状茎含有特殊的淀粉，可以制成蕨粉，再用蕨粉做粉丝或糕点。

药用价值

凤尾蕨还具有很高的药用价值，全株均可入药，具有清热化痰、降气滑肠、凉血止血、消肿解毒、驱虫的作用，可用于治疗高血压、肠炎、痢疾、关节炎、慢性肾炎、便血、尿血等症。

科普进行时

凤尾蕨虽然没有娇艳的花朵，但株形优美，风姿绰约，叶片青翠碧绿、千姿百态，观赏价值很高，适合园林栽培，也可进行盆栽，用于装点居室，同时在插花时也是非常好用的衬托叶。

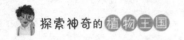

▸▸ 有环保功能的肾蕨

> 肾蕨是肾蕨科肾蕨属的一种蕨类植物,又叫蜈蚣草、蜈蚣蕨、篦子草、金鸡孵蛋等,广泛分布于热带和亚热带地区,是国内外较为常见的观赏蕨类。

🌳 形态特征

肾蕨的根状茎直立,表面长有蓬松的淡棕色鳞片,下部长有向四方伸展的粗铁丝状的匍匐茎;匍匐茎呈棕褐色,不分枝;匍匐茎上长有椭圆形的小块茎,块茎上长有浅色的鳞片。

叶簇生,叶柄呈暗褐色,略有光泽,密被淡棕色线形鳞片;

一回羽状复叶，羽片与叶轴之间有关节，叶片呈线状披针形或狭披针形，坚草质或草质，干后呈棕绿色或褐棕色。孢子囊群位于二分叉侧脉的前侧小脉末端，主要为肾形，有时呈圆肾形或近圆形，褐棕色，边缘色较淡。

生长习性

　　肾蕨主要分布在低海拔的热带和亚热带地区，常见于溪边林下、沟旁等地，有时也长于石缝中或树干上。肾蕨喜欢温暖、潮湿的环境，忌强光直射，不耐寒，较耐旱；对土壤要求不严，耐瘠薄，最适宜生长在疏松透气、富含腐殖质的中性或微酸性砂质壤土中。总的来说，肾蕨对生存环境的要求不算高，适应能力较强，所以，在很多地方，我们都能够见到这种植物的身影。

独特本领

　　肾蕨拥有一种神奇的本领，这种本领让人类获益良多。肾蕨能够检测土

壤中是否含有砷和铅等矿物元素，并可以将其吸收。我们都知道，砷和铅对人体有很大危害。如果将肾蕨种植在被砷污染过的土地中，它们可以有效吸收土壤中的砷，从而改良土壤。因此肾蕨被称为"土壤清洁工"，在用肾蕨改良过的土地上种植庄稼，是再合适不过的了。

观赏价值

肾蕨的外形非常美观，观赏价值颇高，既可盆栽，置于茶几、窗台和阳台，也可栽植于吊盆中，悬挂于居室内，为房间增添绿意。在园林或庭院中，可将其栽植于墙脚、假山和水池边，这些地方比较阴凉、潮湿，正是肾蕨所喜欢的环境。其叶片还可以做切花、插瓶的陪衬材料，令人眼前一亮。

科普进行时

肾蕨为什么又叫蜈蚣草呢？原来，肾蕨的小叶数量非常多，密密麻麻地排列起来，就像是长着很多脚的蜈蚣，故而得名。

▶▶ "死而复生" 的卷柏

> 卷柏属卷柏科卷柏属，常常生长在裸露的岩石缝中，它的生命力非常顽强，甚至可以"死而复生"，因此又被称为九死还魂草、长寿草、长生不死草、万岁草等。

🌳 形态特征

　　卷柏是一种土生或石生的复苏植物，植株呈垫状。茎又短又粗，呈黑咖啡色，地下部分长有许多须根，可以帮助植株钻入碎石中。主茎亭亭玉立，顶端抽出绿色小枝，是典型的二回羽状分枝。叶全部交互排列，叶质厚，表面光滑，具白边，主茎上的叶比小枝上的叶稍大一些，边缘有细齿。卷柏具有孢子异形现象，有大孢子叶和小孢子叶的分化，大孢子叶上长有大孢子囊，位于孢子叶穗的基部，小孢子叶上生长小孢子囊，位于孢子叶穗的顶端。

"复活"真相

  卷柏为什么具有非凡的"复活"本领呢？原来，卷柏喜欢生长在干燥的岩石缝里，这种恶劣的环境难以保证卷柏得到充足的水分，长期缺水的环境造就了它独特的耐旱能力。当卷柏遇到干旱的季节，扁平的小枝就会蜷缩成团，并变成枯黄色，看起来与死去的枯草别无二致。其实这是卷柏在"装死"，此时它全身的细胞相当于处在休眠状态，即使植株内的含水量极低，细胞也仍然是活动正常的。当雨季到来，卷柏吸水后会立即"苏醒"过来，枝条会重新舒展，颜色也会由黄变绿，再度恢复到生机勃勃的模样。

主要价值

卷柏是一种珍贵的中药材，具有很高的药用价值。具有通经、止血、收敛、消炎等功效，可以用来治疗吐血、便血、尿血、脱肛、闭经、

痛经、妇科炎症、风湿痛、跌打损伤等症。

除了有极高的药用价值外，卷柏还具有很高的观赏价值。它姿态优美、栽培容易，配置成山石盆景，或在园林中的假山、山石护坡上栽培，都能带给人美的享受。

科普进行时

水是生命之源，无论是动物还是植物，生存都离不开水。但卷柏可以在体内含水量只有5%的情况下存活，这基本上已经等同于干草了。不得不说，卷柏的生命力太顽强了。

▶▶霸道的卤蕨

> 卤蕨属卤蕨科卤蕨属，通常生长于海岸边的泥滩或河岸边上，生长速度非常快，对周边其他植物具有一定的攻击性。

🌳 形态特征

卤蕨的根状茎直立，顶端长有细密的棕褐色阔披针形鳞片。叶簇生，叶柄又长又粗，基部呈褐色，长有钻状披针形鳞片，叶柄上部为枯禾秆色，光滑；一回羽状复叶，叶片较长，通常上部的羽片稍小一些，能育；叶脉为网状，两面皆可见。叶为厚革质，表面光滑。孢子囊密生于能育羽片的背面，无盖，呈深褐色。

🌿 破坏属性

卤蕨对自然生态是有破坏性的，因为其生长繁殖的速度太快，会压缩其他生物的生存空间。如果它们生长

在浅水中，就会令其他水生生物难以
存活。因为卤蕨一旦扎下根来，便会密集、
迅速地繁殖下一代，把周围所有的生存空间全部占领。而生活
在水中的其他生物得不到必要的空间和氧气，最终就会死亡。
卤蕨如果生长到水稻田里去，还会使水稻减产。因此，在蕨类
植物家族中，卤蕨可以说是相当霸道了。

科普进行时

　　卤蕨具有较高的药用价值，在我国民间常被用来治疗创伤、风湿、
蠕虫感染、便秘等症，除此之外，还具有良好的抗菌、抗肿瘤的生物活性，
具有开发价值。

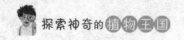

▸▸ 会给自己"盛饭"的鸟巢蕨

在大自然中，我们经常会看到鸟巢，那是鸟儿的居所。可是你知道吗，在植物界有一种鸟巢蕨，它们的外形特别像鸟巢，因而得名。鸟巢蕨为什么要长得像个鸟巢呢？

🌳 形态特征

鸟巢蕨的根状茎又短又粗，都是直立生长的，木质，呈深棕色，先端密被阔披针形鳞片，薄膜质，有一定的光泽。

叶簇生在根状茎顶部，叶片呈阔披针形，先端渐尖，叶边全缘并有软骨质的狭边，干后会稍微有些反卷；叶革质，两面均无毛。孢子囊群为线形，呈浅棕色或灰棕色，厚膜质，全缘，宿存。

🌿 鸟巢蕨的"饭碗"

　　鸟巢蕨为什么要长成鸟巢的样子呢？原来，那鸟巢状的叶片相当于鸟巢蕨的"饭碗"。因为鸟巢蕨是一种附生植物，要靠雨露、腐殖质等为生。而它们鸟巢状的叶片，可以尽可能多地为自

身截留雨水、枯叶、鸟粪等，等这些物质在"饭碗"里腐烂、变质之后，就能为鸟巢蕨提供生长所需要的营养。

主要价值

鸟巢蕨植株挺拔，叶片苍翠，是较大型的观叶植物，悬吊于室内，别有一番风情；种植于花盆中，用于装点客厅、书房等，也能为房间增色不少。另外，鸟巢蕨的叶子非常繁茂，通过光合作用，吸收二氧化碳，放出大量氧气，可使居室的空气变得更清新。

鸟巢蕨还可入药，有强壮筋骨、活血祛瘀的功效，常用来治疗跌打损伤、骨折、血瘀、头痛、血淋等症。

鸟巢蕨的嫩芽可以食用。采摘鸟巢蕨嫩芽后，放入开水中略微焯一下，捞出过一遍水后，无论是凉拌还是炒食，风味俱佳。

科普进行时

鸟巢蕨常常附生在雨林或季雨林的树干上，有时也附生在大树下面的岩石上。和很多附生植物不一样的是，鸟巢蕨既依靠其他物质为生，也常常为其他热带附生植物提供定居的场所。

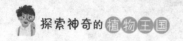

▶▶ 长得像扫把的松叶蕨

> 在低海拔的森林里，有这样一种奇特的植物，它们长在树干上或岩缝中，像一把把倒插的绿色扫把，这就是松叶蕨，又名松叶兰、铁扫把。

🌳 形态特征

松叶蕨是松叶蕨科松叶蕨属的小型蕨类。仅具有假根，地下茎二叉分枝。地上茎直立，无毛或被鳞片，呈绿色；下部不分枝，上部多回二叉分枝；枝条细长，为三棱形。叶为小型叶，有两种不同类型：不育叶为鳞毛状，无脉，先端尖，草质；孢子叶为二叉状。孢子囊单生在孢子叶腋，无孢膜，呈球形，具有三面突起，成熟时由绿转黄。

🌿 生长环境

松叶蕨广泛分布于热带和亚热带的潮湿地区，包括中国、美国、印度尼西亚、

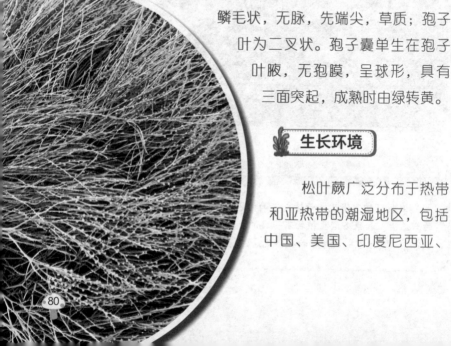

越南、日本、韩国等国。多见于低海拔的天然林中，常附生于树干或石缝中。它们喜欢温暖、潮湿及半阴的环境，要求空气和土壤都保持高度的湿润，幼苗期更是如此。若是在花盆中栽植，要为其选择肥沃、湿润、疏松、排水良好的土壤。

主要价值

松叶蕨是孑遗物种，早在3亿多年前的泥盆纪就已经在地球上生存了，它们还是松叶蕨亚门在中国唯一的分布种，在研究植物系统与进化方面具有重要的科

科普进行时

由于过度采挖和生存环境遭到破坏，松叶蕨的数量已经越来越少，已被列入《世界自然保护联盟濒危物种红色名录》，属于极危（CR）级别。

研价值。

松叶蕨株形独特，形态优美，是一种观赏价值较高的植物。可用花盆栽植，放于室内观赏，配以山石，更添雅趣。

松叶蕨还具有药用价值，可全草入药。味辛，性温。具有祛风除湿、活血止血、消炎解毒的功效，主治风湿痹痛、风疹、水肿、吐血、肺痨、跌打损伤等症。

生活在水中的蕨类植物

SHENGHUO ZAI SHUIZHONG DE JUELEI ZHIWU

▸▸水中贵族——水韭

水韭属水韭科水韭属，是一种比较独特的中小型水生蕨类植物。世界上现存的水韭有 70 多种，其中中华水韭是中国特有的物种，已经极度濒危；台湾水韭是我国台湾唯一的水韭科蕨类，也极其珍贵。

🌳 形态特征

水韭多生于沼泽、沟塘的淤泥中。具块状茎，肉质，略呈 2~3 瓣，下面长有很多须根，贴着土长在水中。条带状叶片丛生于块状茎上，很像韭菜，故称为水韭。叶片多汁，呈鲜绿色，

通气组织发达。水韭的叶都是孢子叶，孢子囊长在叶片基部与茎交接的地方。孢子囊呈椭圆形，具白色膜质盖，大孢子囊一般长在外围叶片基部的向轴面，小孢子囊多生于内部叶片基部的向轴面。

中华水韭

中华水韭为中国特有濒危水生蕨类植物，是出现于数亿年前的"活化石"，被列为国家一级保护野生植物。中华水韭喜欢温和湿润的气候，主要生长在人烟较为稀少的浅水池沼、塘边和山沟淤泥土中。在我国的江苏、安徽、浙江等地有分布。

台湾水韭

台湾水韭属于着土型的水生植物，看起来就像是一丛丛长在水中的韭菜，目前仅见于我国台湾地区的阳明山梦幻湖浅水地带。雨季时台湾水韭会全部沉没到水中，枯水期才会露出水面，让人们得见其真容。

台湾水韭非常珍贵，被列为我国特有的濒危水生蕨类植物之一。然而近些年来，由于梦幻湖的水质恶化，一些繁殖能力强的水生植物迅速覆盖了湖面，使得台湾水韭在湖水下无法接受到阳光照射，严重影响了其繁殖后代。为了避免台湾水韭灭绝，台湾方面积极采取了保护措施，一方面把台湾水韭移植到与梦幻湖相似的水体中，另一方面利用人工繁殖的方式帮助其繁育下一代。

科普进行时

1971年，两个植物研究相关专业的在校大学生在梦幻湖散步时，发现了台湾水韭。他们当时感觉这种植物与众不同，便带回了学校。棣慕华教授证实这是一种水韭，并且同世界上的其他水韭不一样，故而将其命名为"台湾水韭"。

可以固氮增肥的满江红

满江红是浮水性水生蕨类植物，在热带和温带地区的沟渠、池塘和浅水稻田中很常见。满江红的叶片中含有多种色素，每到秋冬季节温度降低时，便会由绿转红，远远望去，水面像被染上一片红色，"满江红"的名字就来源于此。

形态特征

满江红是小型漂浮植物，植物体很小，呈三角形或长椭圆形。细长的根状茎横走，侧枝腋生，假二歧分枝，向下长有须根。

叶片非常小，和芝麻差不多大，表面有细
毛，互生，无柄，呈覆瓦状排列。每片叶裂成
上下两瓣，上裂片内有空腔，浮在水面上，为长圆形或卵形，
肉质，呈绿色，但到了秋冬季气温降低时会变为紫红色；下裂
片沉到水中，呈贝壳状，膜质，无色透明，略带淡紫红色。孢
子果长在分枝最基部的叶子下方，成对生长，大孢子果体积小，
呈长卵形，里面包含一个大孢子囊，大孢子囊只产一个大孢子；
小孢子果体积较大，呈球形或桃形，内藏多个带长柄的小孢子
囊，每个小孢子囊内产 64 个小孢子。

固氮增肥

满江红是一种绿肥植物，其重要的经济价值表现在生物

固氮方面，因此深受农
民喜爱。农民利用农闲
时节在水田里养殖满江
红，就可以提高农田肥
力，相当于进行了人工施
肥。满江红之所以具有这
样的本领，是因为它们体内
常有蓝绿藻共生，蓝绿藻可以将
空气中的游离氮固定下来，因此能提
高土壤肥力，使农业增产。

 优质饲料

　　满江红营养价值很高，在春秋季节，可作为草食性鱼
类的天然优质青绿饲料。另外，由于满江红的叶子非常小，
不需要切碎加工就可以直接投喂鱼类，是草鱼、鳊鱼、鲤
鱼、鲫鱼等鱼类的优良适口饲料，不论是鱼种还是成鱼均可
投喂。

科普进行时

　　满江红广泛分布于美洲、东亚，在非洲和澳大利亚也有分布。满江
红在我国分布广泛，主要分布在陕西、河南以南，四川、云南以东的广
大地区。

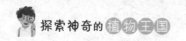
▸▸ 在水中漂浮的槐叶苹

在沟塘、水田中,有时可以见到一种漂浮型水生植物,与浮萍有点儿相似,但叶子比浮萍大一些,而且叶片表面布满排列整齐的突起,这就是槐叶苹。

🌳 形态特征

槐叶苹是一种小型漂浮植物。茎细长而横走,上面长有褐色节状毛。三叶轮生,其中两片浮在水面上,呈长圆形或椭圆

形，形如槐叶，叶表面平整或具有突起，其上有毛，叶柄极短，近乎无柄，上面深绿，下面密被棕色茸毛；另外一片沉于水中，细裂成根须状，被细毛，功能类似于根。孢子囊果群簇生于沉水叶的基部，表面有疏生成束的短毛，呈淡褐色。

生长环境

槐叶苹主要分布于中国、日本、越南、印度及欧洲；在中国主要分布于长江流域、华北、东北以及新疆地区。槐叶苹喜欢生长在未受污染的水域，如湖泊、池塘、河流、水田、溪沟、沼泽等地，常与满江红、浮萍、青萍等水生植物组成群落。槐叶苹喜欢温暖、疏阴的环境，不耐寒，温度过低时会停止生长。

主要价值

槐叶苹植株小巧别致，叶形美观，具有很高的观赏价值。可在水缸、小池子中小片种植，也可在大面积水域大片种植，可与睡莲、水罂粟、满江红、金银莲花等搭配种植。

槐叶苹还具有药用价值，可全草入药，有清热解毒、消肿止痛的功效，可用于治疗虚劳发热、湿疹，外敷可治丹毒、烫伤等。

槐叶苹全株主要是叶，叶片柔软细嫩，易于采集，营养价值较高，富含粗蛋白质、无氮浸出物、粗纤维等，适用于饲喂禽畜。对于家禽，槐叶苹既有利于其产蛋量的提高，又具有一定的保健功能。

科普进行时

槐叶苹吸氮能力极强，如果长在水田中，会严重影响水稻生长。

探索神奇的

植物王国

裸子植物

科普实验室编委会 编

应急管理出版社

·北京·

图书在版编目（CIP）数据

裸子植物／科普实验室编委会编. – – 北京：应急
管理出版社，2022（2023.5重印）
（探索神奇的植物王国）
ISBN 978 – 7 – 5020 – 6183 – 8

Ⅰ.①裸…　Ⅱ.①科…　Ⅲ.①裸子植物亚门—儿童
读物　Ⅳ.①Q949.6 – 49

中国版本图书馆 CIP 数据核字（2022）第 038754 号

裸子植物（探索神奇的植物王国）

编　　者	科普实验室编委会	
责任编辑	高红勤	
封面设计	陈玉军	

出版发行　应急管理出版社（北京市朝阳区芍药居 35 号　100029）
电　　话　010 – 84657898（总编室）　010 – 84657880（读者服务部）
网　　址　www. cciph. com. cn
印　　刷　三河市南阳印刷有限公司
经　　销　全国新华书店

开　　本　880mm×1230mm$^1/_{32}$　印张　24　字数　560 千字
版　　次　2022 年 5 月第 1 版　2023 年 5 月第 2 次印刷
社内编号　20200872　　　　　定价　120.00 元（共八册）

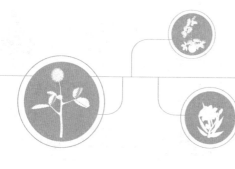

亲爱的小读者们，你们了解植物吗？比起能跑能跳的动物，安安静静的植物似乎总容易被人们忽略。殊不知，植物是比动物更早居住在地球上的居民，它们的足迹几乎遍布世界的所有角落，是地球生命的重要组成部分，无时无刻不在展现着生命的精彩与活力。

你可不要以为植物全都是默默无闻、娇娇弱弱的，它们的世界可比你想象的精彩多了。它们有的能活几千年，有的则是只能活几周的"短命鬼"；有的巨大无比、独木成林，有的小得像一粒沙；有的全身是宝，能治病救人，有的带有剧毒，能杀人于无形；有的芳香怡人，有的奇臭无比；有的娇艳美丽，有的奇形怪状……

为了让小读者们更清晰地了解植物家族，我们精心编排了这套《探索神奇的植物王国》图书。这是一套图文并茂，融趣味性、知识性、科学性于一体的青少年百科全书，囊括了走进植物、植物趣闻、裸子植物、蕨类植物、苔藓植物、珍稀植物等多个方面的内容，能全方位满足小读者探寻植物世界的好奇心和求知欲。本套丛书内容编排科学合理，板块设置丰富，文字生动有趣，图片饱满鲜活，是青少年成长过程中必不可少的精品读物。

让我们带领小读者们一起推开植物世界的大门，去探寻它们的踪迹，尽情感受它们带给我们的神奇与震撼吧！

目录
MU LU

植物中的
"老寿星"
ZHIWUZHONG DE LAOSHOUXING

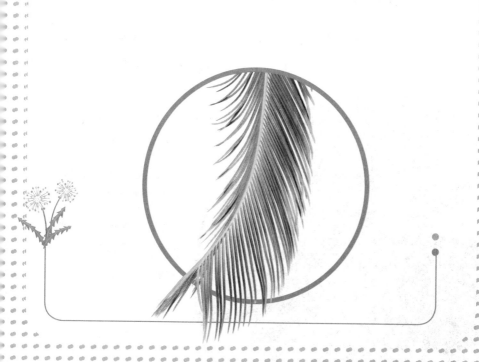

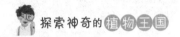

▸▸ 能沉入水底的木头
——铁树

很多人都知道，一块木头丢进水里，可以浮在水面上，而不会沉下去。但是，你知道世界上还有一种木头是无法漂浮而会直接沉入水底的吗？铁树就是这样一种木头，下面就让我们一起来见识一下吧。

🌳 形态特征

铁树还有一个名字叫苏铁。古生代二叠纪时期，铁树家族在地球上慢慢兴起，并逐渐发展壮大，到中生代时已达到繁盛，中生代以后不断衰落，生长范围也逐渐缩至热带和亚热带地区。大多数时候，铁树都作为一种观赏植物被栽培。铁树四季常青，树形别致，而且其树干十分粗壮，有鳞甲，木质像铁一样坚硬。作

为雌雄异株的植物，铁树的雄花和雌花差异明显，雄花呈圆锥状，类似一个大的黄花玉米棒；雌花呈球状，上面结满了鲜红色的果实，大小和板栗差不多，鲜艳剔透如同红宝石。

🌿 沉水原因

铁树之所以得名，是因为它和一般的树木不一样，能像铁块一样沉入水底。普通木头的密度通常来说比水小，因此可以浮在水面上，而铁树木质坚硬，其材质的密度比水大，木头本身的重力远大于水的浮力，在这种情况下，是没有办法漂浮在水面上的。

🌵 寿命较长

铁树的木质之所以如此坚硬，主要是因为它的生长周期非常漫长，几十年的光景已是许多植物的一生，然而这"一生"于铁树而言不过须臾之间。你猜得出铁树究竟能活多久吗？说出来或许会令你大吃一惊。据统计，目前我国存活时间最长的铁树，其树龄已有4000多年，它出现的时候，人类刚脱离原

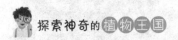
始社会不久。这棵长寿的铁树横跨中国数千年的历史长河，历经沧海桑田，依然屹立不倒。

开花周期

古人常把铁树开花视作幸福安康的象征，如《花镜》中就有这样的记载，当铁树开花、结果时，常被"移置堂上，置酒欢饮，作诗称贺"。但是在我们的印象中，似乎很少看到铁树开花。这是由于铁树的生长较一般树种而言更缓慢，大多要经历十余年的生长周期才有开花的可能。所以，才会有"铁树开花，千载难逢"这样的谚语。其实，在我国云南、四川、广东等铁树的原产地，经过人工栽培，再施加合适的水、肥，铁树也是能经常开花的，并不吝啬向人们展示自己的美丽。

科普进行时

铁树的叶、花、种子、根等部位都可以入药。其叶有收敛止血、解毒止痛等效用，花能理气止痛、益肾固精，种子可以降血压、平肝，根则可以祛风活络、补肾。需要注意的是，铁树的种子和茎顶部的髓心有微毒。

▶▶ "生物黄金"——红豆杉

在植物界,很多植物本身不仅具有很高的经济价值,还具有很高的药用价值,号称"生物黄金"的红豆杉就是其中的一种。

🌳 历史演化

红豆杉是一种十分古老的珍贵树种,早在白垩纪时已出现,是第四纪冰川期的孑遗树种。在这漫长的历史进程中,红豆杉经历了风霜的磨炼、雨雪的洗礼,不断地演化,最终适应了环

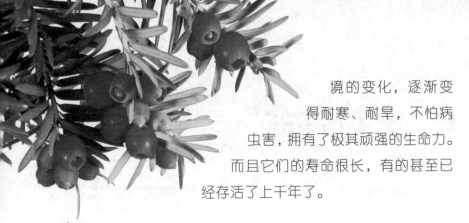

境的变化，逐渐变得耐寒、耐旱，不怕病虫害，拥有了极其顽强的生命力。而且它们的寿命很长，有的甚至已经存活了上千年了。

形态特征

红豆杉属红豆杉科红豆杉属，为常绿乔木，雌雄异株，别名紫杉、赤柏松。红豆杉的一大特征就是其鲜艳的种子，每年春暖花开的 5 月，其枝头便簇拥着一团团淡黄绿色的雄球花，每粒种子外层都包着亮红色的杯状假种皮，从远处看过去，就像无数颗红玛瑙点缀在绿树间，绚丽缤纷，十分有趣。这种独特的种子使红豆杉在植物界显得十分特殊。

药用价值

红豆杉是国家一级保护植物，也是一种濒临灭绝的天然珍稀抗癌植物，观赏价值和药用价值都很高。它被人们冠以"生物黄金"的称号，是因为从其植株中提取的紫杉醇是很好的

抗癌药物，不过其价格十分昂贵。此外，红豆杉的叶子有通经利尿的效用，对治疗糖尿病、高血压和心肌亢进等病症有一定的效果，因此也常被制成中药。目前而言，红豆杉面临的境况并不乐观，由于其繁殖缓慢，且多为分散式生长，再加上人类的肆意砍伐，如今已经到了灭绝的边缘，对于红豆杉的保护也已被提上日程。

科普进行时

　　红豆杉分布十分广泛且零星分散，那是因为鸟类十分喜欢红豆杉的种子，经常将其当作食物，如此一来，红豆杉的种子便随着鸟儿到处"安家"，这对红豆杉的生存繁殖起到了媒介作用。

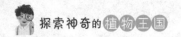

▶▶ 三代"同堂"——香榧

> 在植物界，很多树都是在一年内开花结果，果实一起成熟，但香榧是个例外。香榧开花结果究竟是怎样的呢？

🌳 三代果

香榧属于红豆杉科，为常绿乔木，树形秀丽，与杉树十分相像。香榧有"三代果"之称，那是因为其结果与别的树种相比极为特殊，往往是已经生长成熟的第一代果实和正在发育的

第二代、第三代果实一起挂在树上。这种奇特的现象在植物界极为罕见。通常来说，香榧的第一代果实需要3年才能生长成熟，而到第二年的时候，它的第二代果实开始慢慢发育，到第三年，第一代果实已经成熟，第三代果实则刚刚开始生长发育。如此，香榧的"三代"果实同时挂在树上，颇有一番"人丁兴旺"的气象。

雌雄异株

香榧抽条发芽的时间一般在每年的2-3月，4月是开花的繁盛期，9-10月种子成熟。此外，香榧是通过风媒传播授粉来进行繁殖的，而且它属于雌雄异株类植物，雄树只开花不结子，雌树既开花又结子。香榧树的小枝条形态别致有趣，或垂挂在粗枝两边，或围成一圈绕在粗枝上。枝条上的叶片又尖又硬，呈螺旋状生长，叶片的下面还分布着一条狭长的气孔带。种子则呈卵圆形或倒卵状椭圆形，成熟后假种皮是红色的。

橄榄形的果实

香榧树姿态雅致独特，同时寿命往往也很长，一般在千年以上。香榧的果实一般呈橄榄形，且为坚果，具有坚硬的果壳，外面包着一层黑色的果衣，果肉则呈淡黄色。香榧的果实不仅味道甜美，营养价值也极高，深受广大群众喜爱。宋代大文豪苏东坡还曾写诗赞道："彼美玉山果，粲为金盘实。"由于其长寿和三代果的特征都非常明显，所以民间有"千年香榧三代果"的谚语。

科普进行时

香榧在我国江苏、浙江、福建、湖南等省都有分布，其木质优良，树干常可用于造船、修桥；叶和假种皮能炼取香榧油，作为化工原料使用；种子炒熟后可以食用，香脆可口，还有驱除肠道寄生虫的功效。

▶▶ 会"流血"的树——
陆均松

在我国海南的一些山岭地带，生长着一种会"流血"的树，这种树有着奇特的叶子，十分稀有。由于长期的过度砍伐，它已经成为"渐危种"。它就是陆均松。

🌳 名字的由来

在陆均松的故乡，有一种叫陆均鸟的鸟类，其羽毛的颜色与陆均松叶子的颜色极为相似，陆均松也由此得名。至于这种现象出现的原因，其实与大自然的生态规律是分不开的。一般

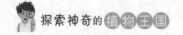

来说，大自然中的动植物在进化的过程中，常常会出现高度的"同化"作用，比如在生态环境良好、植被丰富多样的地区，往往会有一些千奇百怪的动物在那里定居，同时也会生存着许多新奇的、不为人所熟知的植物。

会"流血"的树皮

除了奇特的叶子，陆均松还有一个更为特殊的部位，就是它的树皮。如果不小心划伤了它的树皮，你会看到有红色的汁液缓缓流出，远远看去，就像"流血"了一样，好像在哭着请求你不要再伤害它，因此，陆均松还有一个别名叫"泪柏"。当然，我们可以把它的"流血"看作一种自我保护。

分布范围小

陆均松的分布范围比较狭小，大多生长在海拔300～1700米的山上。我国境内的陆均松主要分布于海南地区，呈零星分散状，海南五指山黎母岭、白沙鹦哥岭、陵水吊罗山、崖县抱龙岭这些地方是它们的主要集中地区。在这些山岭地带，陆均松树林往往一小片一小片地分布着。

在云雾弥漫的清晨，陆均松的身姿若隐若现，让人感觉好似来到了蓬莱仙境一般。

🌿 成活时间长

陆均松生长得十分缓慢，从小树苗到长成参天大树往往需要几十年，这或许和其寿命比较长有关。它们的平均寿命很长，少则几百岁，长一些的甚至可以达到上千岁。在我国海南霸王岭上，有一棵被称为"霸王岭树王""海南树王"的树，可以称得上我国境内最高大的一棵陆均松了。这棵树历经上千年岁月的洗礼，其树冠已十分庞大，腰围粗壮，即使三四个成年人也不一定能合抱住它。

📖 科普进行时

除了奇特的叶子和树皮，陆均松的种子也与其他植物差异明显。它在每年的 10 ~ 11 月结种子，种子个头很小，形状为卵形，躺在杯状肉质的假种皮上，看上去就像一个横躺着的人，成熟后会变成红褐色。

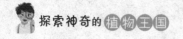

▸▸ 植物中的"大个子"
——红杉

> 　　红杉属松科,为落叶乔木,是世界上平均高度最高的树,在我国甘肃南部、四川岷江和雅砻江流域、云南西北部丽江一带的高山地区等地都有分布。

🌳 高大的树形

　　红杉属于珍贵树种,其英文释义具有"长久永存"之意,在美洲地区也有生长。红杉树高一般可达 50 米,属于植物中

的"大个子"。其枝条一般呈褐色，无毛而有光泽，小枝呈下垂状。叶片为线形，上面有隆起的中脉。紫色的球果常常呈卵圆形，十分可爱。红杉喜光，常常成片生长，组成大面积的红杉纯林，这往往和它生长速度较快有不可分割的关系。红杉寿命一般可达千年，平均寿命也在 800 年左右，因此算得上树中的"老寿星"。

长寿的原因

红杉之所以长寿，与其独特的繁衍后代的方式有很大的关系。一般的树种只能通过种子繁殖后代，而红杉除了种子繁殖以外，还可采用组织培养或利用母株部分树体进行分蘖繁殖，这样就大大提高了红杉的存活率，使其具有更强的竞争优势。除此之外，红杉的树干与树皮中都蕴含着丰富的单宁酸和类似的化学物质，这种物质使得红杉并不畏惧病虫害，因而能持久地生存下去。同时，由于红杉的树皮较厚，且不含树脂，所以哪怕人工放火消除杂草，或是森林中突发火灾，它都能极其顽强地存活下来。

红杉的乐园

　　一直以来，由于其优良的材质和坚固耐久的特性，红杉常被看作理想的建筑材料。也正因如此，红杉才遭到了大肆砍伐，数量锐减，被列为濒危树种。后来，人们加大了对红杉的保护，禁止对其进行采伐，即使是私人林地，也有极为严格的砍伐限制。为了保护红杉，美国甚至专门划定了国家森林公园——美国红杉国家森林公园。那里夏季气候温暖湿润，冬季寒冷但雨水充足，已渐渐成为红杉生存的乐园，在1980年时该公园还被联合国教科文组织列为世界自然遗产。

科普进行时

　　当今世界上，红杉可以算得上所有树种中最高的了，但是让人百思不得其解的是，红杉的种子却非常小，像芝麻一样，它是如何发育成挺拔的参天大树的呢？这还有待于生物学家们进一步研究。

新西兰的国宝——贝壳杉

新西兰是太平洋西南部的一个岛屿国家，与其他国家隔海相望。特殊的地理位置，孕育出了很多神奇的植物，贝壳杉就是其中的一种。

形态特征

贝壳杉属南洋杉科，为乔木，其树干通直，树形高大，树皮较厚。圆锥形的树冠和微微下垂的枝条使贝壳杉看起来十分

"英俊"，有极高的观赏价值。叶片常呈
深绿色，形状为矩圆状披针形或椭圆形，叶脉
大多并列且看起来不明显，雄球花呈圆柱形，球果近似于圆球
形或宽卵圆形，种子的形状则呈倒卵圆形。除了观赏价值，贝
壳杉还是世界上最好的木材之一，常用于造船、制造家具，或
作为建筑木材等。

生长缓慢

贝壳杉生长十分缓慢，幼苗一般要经过二三百年才能成年，
经过上千年之后，或许才会死亡。或许正是因为这样，贝壳杉
才长得十分高大，有着"世界上最大的巨型树"的称号。世界
上最古老的贝壳杉森林分布于达格维尔市北部一带，这里也一
直有着"贝壳杉海岸"之称。在怀波瓦贝壳杉森林中，有两棵

存活了上千年的巨型贝壳杉，其中一棵树龄大约 2000 岁，被称为"森林之父"；另一棵号称"森林之王"，树龄在 1200 岁左右。虽然饱经风霜的外表显示出这两棵"寿星树"的年代久远，但其挺拔的身姿还是常常会让人对其年龄感到疑惑。

 生存现状

　　贝壳杉生长缓慢，且由于其自身巨大的经济价值和实用价值，因而在一段时间内遭到了人类的大肆砍伐，数量锐减。如今，人们对贝壳杉的保护工作已逐渐重视起来，采取了一系列的保护措施，如新西兰就有这样的规定：在砍伐贝壳杉之前，需要得到国家的砍伐许可证，如果没有许可证而擅自砍伐，就会受到法律的制裁。尽管如此，想要贝壳杉森林恢复以前的面貌，还需要好几百年的时间。

科普进行时

　　19 世纪时，欧洲殖民者肆意砍伐贝壳杉，直接导致了新西兰的贝壳杉林地大范围缩减。新西兰人民对此十分痛心，此后逐渐增强了保护意识。如今世界上最大的贝壳杉森林坐落于新西兰的达格维尔，那里还有许多新西兰独有的原生树种。

▶▶ 身世坎坷的树种——云杉

> 在晚白垩纪的地层中，科学家曾发现过云杉属植物的化石。虽然历经了多次全球性的气候变化，云杉仍顽强存活至今，是世界上最古老的树种之一。

🌲 演变进程

现如今，云杉大多生活在中国的青海、甘肃、陕西等地，然而根据科学家发现的云杉化石推断，美国、日本等地也曾有云杉存活的痕迹。云杉最初的生长环境主要是在高海拔的山上，

第三纪末、第四纪初的时候，全球气候不断变冷，云杉无法再适应高海拔的山地气候了，于是从高海拔的山地搬到了低海拔地区。生活环境变好后，云杉的种类也逐渐增多。可是，随着气温回升，环境又发生变化，无法适应环境的云杉相继死亡，有幸存活下来的少之又少。

形态特征

云杉树高可达 45 米，胸径可达 1 米，树皮呈现出淡灰褐色或淡褐灰色，常裂成形状不规则的鳞片或稍厚的块片后脱落下来。另外，云杉的小枝上有疏生或密生的短柔毛，有的外表没有毛，生长一年的时候呈淡褐黄色、淡黄褐色、褐黄色或淡红褐色，二三年时为褐色、淡褐灰色或灰褐色。云杉耐阴、耐寒，生长缓慢，喜湿润气候，喜生长于中性和微酸性土壤，也能适应微碱性土壤，喜排水性良好、疏松肥沃的沙壤土。

超长的寿命

云杉是当今世界最古老的树种之一，现今世界上存活的最长寿的树也是云杉。瑞典科学家

曾在本国发现了一棵已生长了9500
多年的挪威云杉，并认为它是当今世界仍
活着的树龄最长的树。这棵树的树干还比较年轻，只是根系历
史悠久。它长寿的重要原因是它并不急于向上伸展自己的枝干，
而是等旧的枝干死亡后，重新生长出新的枝干，这样就能保
存自身的养分，以谋求更长久地生存。利夫·库尔曼是这棵树
的发现人，他认为这棵树是冰河时代结束之后开始生长的树木
之一。

科普进行时

挪威云杉是云杉家族的常见树种之一。由于其外形挺拔，因此经常
被当作圣诞树使用。除此之外，这种树材质松软、密度中等、表面易刻
痕、不耐磨、共振性能好，适宜制作钢琴、小提琴、吉他等乐器的音板。
但这种树的木材稳定性较差，耐腐蚀性差，易受某些蛀虫侵蚀。

历史变迁的"见证人"

LISHI BIANQIAN DE JIANZHENGREN

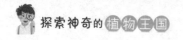
▶▶ 植物界的"活化石"
——银杏

银杏，别名公孙树，属银杏科银杏属，为落叶乔木，是目前生存的种子植物中最古老的孑遗植物，有"活化石"之称，被列为国家重点保护植物。

🌳 古老的裸子植物

银杏最早出现在3亿多年前的石炭纪时期，在裸子植物家族中资历高，辈分也高，曾广泛分布于北半球的欧洲、美洲、亚洲等地区。侏罗纪时期，银杏进入全盛时期，分布范围基本囊括了整个北半球。但是到了白垩纪晚期，银杏逐渐走向衰败，尤其是第四纪冰川运动的发生，加剧了银杏家族的衰败进程，大部分银杏类植物在这一时期走向灭绝，只有中国境内的银杏树得益于优越的自然条件而幸免于难。也正是因为这样，银杏才能成为第四纪冰川运动后存活下来的最古老的裸子植物，被人们称为"植物界的活化石"或"植物界的大熊猫"。

🌿 生长缓慢的"公孙树"

银杏树树干笔直挺拔，身姿秀美。生长了很多年的老树的树皮是灰褐色的，外表粗糙，上面有很深的纵裂纹。叶片的形状像折扇，入秋后颜色会变成金黄色，微风拂过，银杏叶翩翩落下，如一只只蝴蝶。

银杏还有一个名字，叫"公孙树"，取"公种而孙得食"之意。这主要是因为其生长速度很慢，从种植到结果需要二十多年，大量结果则需要约四十年，所以人们才给它取了这样一个名字。

皇家贡品——白果

每年的4月是银杏树的花期，10月种子生长成熟。秋天一到，银杏果便结

满枝头，远远看去就像千千万万个小葡萄。银杏果外种皮为橙黄色，近椭圆形，橙黄色的果实中内藏一粒椭圆形或倒卵形的种子，就是我们所说的白果。中国自古以来就有食用白果能滋补身体、延年益寿的说法，宋朝时白果还被列为皇室贡品。在每年的圣诞节，西方人也会准备白果，作为必备的食品。

🔖 科普进行时

　　银杏种仁（特别是胚和子叶）中含有少量的银杏酚、银杏醇和银杏酸等有毒物质，过量食用则会导致中毒，轻者身体不适、嗜睡，严重的会出现抽筋、恶心、呕吐、唇部青紫、呼吸困难等症状。

植物中的"大熊猫" ——水杉

早先，科学界曾认定水杉在进化的过程中早已悉数灭绝，并且只存在于化石中。然而20世纪40年代后，它又重新走进人们的视野，让人们看到了一出"复活"的好戏。

艰难曲折的演变进程

水杉家族曾经和恐龙一样，在地球上盛极一时。在距今1亿多年前的白垩纪时期，第一株水杉在北极圈附近诞生了，随

后水杉一族迅速遍布整个北半球，势力疯狂扩张，如今的格陵兰岛和欧洲、亚洲、北美洲的很多地区都曾出现过水杉的化石踪迹。后来，由于地质变迁、气温骤降，水杉无法再适应北极的严寒了，便逐渐向温暖的南部扩展，那些留在原地的水杉，最终被冰川覆盖，变成了化石。

"死而复生"的水杉

不同于恐龙难逃灭绝的悲惨命运，水杉并没有完全在地球上销声匿迹，它们一直隐居在中国的一个边缘角落里，直到 20 世纪 40 年代才被人们发现。20 世纪 40 年代时，中国的一位植物学家在四川境内发现了三棵以前从未见过的奇特树种，后经确认，这种奇特的植物就是已经被宣告灭绝、销声匿迹了数千万年的珍贵树种——水杉。1948 年，我国的植物学家正式向外界宣布了水杉被重新发现的消息。

🌲 高大优美的树形

水杉树形高大优美，粗细相间的枝条围绕在挺拔的树干周围，小枝条两边都排列着两行整齐的树叶，树叶和小枝条交错生长在一起，远远看上去就像一片柔软的绿色羽毛，十分漂亮。和其他裸子植物不同的是，一到冬天，水杉的叶片和小枝就会脱落下来，第二年的春天又会重新发芽。

🌱 传递友谊的"使者"

由于水杉的珍稀程度堪比中国的"国宝"大熊猫，因此作为传递友谊的"使者"，水杉经常被引种到其他国家，从而在世界各国的著名的植物园内安家落户。第一批水杉的种子在二十世纪四五十年代时跋山涉水，回到了水杉一族数千万年前的故乡——美洲大陆，并逐渐传播到欧洲各国。此后，陆续又有五十多个国家从中国引进了水杉。由此可见，重新归来的水杉受到了世界各国人民的喜爱。

📝 科普进行时 ◀

水杉由于具有极强的适应力和较快的生长速度，从而成为荒山造林的极佳选择。此外，它还常用于建筑、造船、架桥、制造农具和家具等方面，经济价值极高。

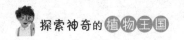

▶▶ 杉中"公子"——银杉

银杉是冰川时期的孑遗植物。作为中国特有的物种，银杉现已被列为国家一级保护植物，有着"植物界的国宝"之称。

🌲 优美的外形

银杉属松科，为常绿乔木。其树干笔直挺拔，枝条平缓舒展，树冠的形状酷似宝塔，迎风而立时，颇有翩翩公子的仪态，因而有着"杉公子"的美称。银杉的叶片和杉树很像，且四散排列，很有特色。狭长纤细的叶片下面是两条银白色的气孔带，在微风的轻拂下，枝条微微颤动，叶片上好似闪着银光，十分美丽。

遗存下来的原因

新生代第三纪时期，银杉曾经广泛分布在欧亚大陆。但是到了第四纪冰川活动后，绝大多数植物惨遭横祸，陆续凋零，银杉也几乎销声匿迹。幸运的是，中国南部的低纬度地区由于地形复杂，阻挡了大部分冰川的袭击，而有冰川的地区也多为山麓冰川，且比较零散，再加上温暖湿润的夏季风对河谷地区的影响，使得冰川在我国的活动范围大大缩小，这种优越的自然条件，为银杏、水杉、银杉等古老的植物提供了避难所，它们最终得以幸存下来，成为历史的见证者。

科研价值

考古学家发现，银杉属植物的花粉曾出现在欧亚大陆第三纪的沉积物中，由此可见，银杉家族已在地球上生活了很长时间。银杉形态特殊，其胚胎发育类似松属植物，对研究松科植物的系统发育、古植物区系、古地理及第四纪冰期气候等都有很重要的价值。

科普进行时

自从银杉于 20 世纪 50 年代在我国广西境内被偶然发现后，人们陆续又在四川、湖南等地发现了一些银杉。现存的银杉数量十分稀少，目前全世界发现的银杉只有上千棵。

▶▶ "北国宝树"——红松

> 红松别名海松、果松,是第三纪遗留下来的针叶树种之一,主要生存在我国东北东部的广大山区。

🌳 形态特征

红松属松科松属,为常绿针叶乔木。其外观雄伟高大、挺拔苍劲,幼树的树皮外表平滑,呈灰褐色;大树树干上部分枝较多,枝条平展。从远处看,红松树冠繁茂、葱绿,树干高大、通直,好似一排排卫兵。红松针叶粗硬,球果为圆锥状卵形,种子则呈倒卵状三角形,且比较大。花期在6月,翌年9～10月球果成熟。

在俄罗斯、日本、朝鲜的部分地区,以及我国东北的小兴安岭到长白山一带,都生长有天然的红松林,它们都是经过几亿年的更替演化才逐渐形成的,被称为"第三纪森林"。

用途广泛

　　红松有着"北国宝树"的美称，它全身都是宝，用途十分广泛。红松树干通直，四季常青，常常被用作园林绿化树种或山野风景林木，成片的红松林对于保持水土、改善气候、保护生态环境等能起到很好的作用。此外，红松结构细腻，木质轻软且不易变形，极耐腐朽，在建筑、桥梁、枕木、家具制造等方面发挥着极大的作用。红松的枝、树根、树皮还可用于制造纸浆和纤维板。从松叶、松脂、松根中能提取松针油、松节油、松香等工业原料。

美味的种子

红松的种子叫作松子，是广受大众喜爱的美味食品。松子中含有十分丰富的营养物质，如蛋白质、脂肪、碳水化合物等，营养价值很高。松子不仅是滋补身体的佳品，也可作为高级配料来制作糕点等食品。榨取的松子油很适合食用，同时也可以作为重要原料用于制作干漆和皮革等。球果的鳞片可以提炼芳香油。种皮可以制成活性炭和褐色染料。

科普进行时

松树树干分泌出的树脂就是我们常说的松脂，通常情况下，刚流出来的松脂呈无色、透明的油状，在空气中放置一段时间后，会凝固成浅黄色的固态物质。松脂可以用来制作松节油和松香。

▶▶ 生长在悬崖峭壁间的珍稀植物——崖柏

崖柏是古老的孑遗植物，属柏科崖柏属，原产于北美和东亚，极其稀有，现已被列入濒危物种名录。崖柏作为植物界的"活化石"，也曾经历过被宣告灭绝又被重新发现的过程。

🌳 物种稀少

崖柏最早出现在恐龙时代。其化石始于侏罗纪中期，白垩

纪时期曾达到鼎盛，物种众多。一直到了第三纪，该属物种大量灭绝，目前世界上仅剩5个间隔分布的物种，是世界"活化石"物种之一。崖柏在我国属于"国宝"植物，一般生长在悬崖峭壁间的崖缝中，生长速度极慢，是稀有植物。1892年，法国传教士在重庆市首次采集到崖柏标本。此后100多年，尽管人们多次去寻找，仍旧没有发现活的崖柏植株，就连标本和文字也没有新的记录。1998年，作为我国特有植物之一，崖柏被世界自然保护联盟列入世界受威胁植物红色名录，宣告灭绝。直到21世纪，崖柏才又被零星发现。

形态特征

崖柏是乔木或灌木，金字塔状，具有薄的鳞片状外树皮以及纤维状内树皮。叶呈鳞片状，幼叶较长，呈针状。雌雄同株

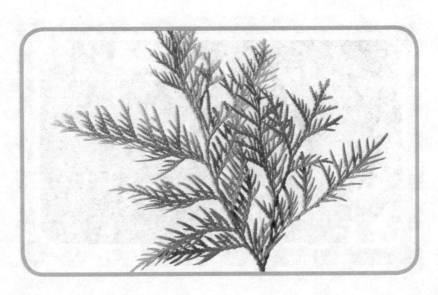

异枝，球花着生于枝端，雌球花很小，绿色或带紫色；雄球花呈圆形，淡红色或淡黄色。成熟球果单生，呈卵形或长圆形，具有薄的且容易弯的鳞片，顶端为厚脊或有突起。

 生长环境

崖柏属于阳性树种，稍耐阴，耐瘠薄、干燥土壤，忌积水，喜欢生长在空气湿润和富含钙质的土壤环境中，不耐酸性土和盐土。气温要求适中，超过 32℃就会出现生长停滞的状况，持续处于 −10℃低温情况下 10 天就会受冻害。

 科普进行时

崖柏是植物界的"活化石"，又是一种全天然植物，数量少，且不可再生。尤其是生长在悬崖峭壁上的崖柏，数量更是少之又少。所以崖柏具有一定的收藏价值。也因此，我们要保护崖柏。

▸大灾难中的"幸运儿"
——竹柏

在地质史上，许多种植物一度繁盛而又逐渐消失在历史的长河中，只留给我们一些化石，证明它们曾经在这个地球上存在过。但是也有许多植物挺过了黑暗、寒冷的年代，一直活跃到今天，竹柏就是这样一种值得我们尊敬的古老植物。

起源较早

可以说，白垩纪是动植物发展史上充满浩劫的黑暗时期，包括恐龙家族在内的很多动植物都在这一时期遭受了灭绝的命运。至于当年地球上存在过的那些众多的生命种类，现如今我们也只能通过观察化石才能够推测出它们的原貌。竹柏起源于中生代白垩纪时期，它虽然也经历了那一黑暗

的时期，但有少部分侥幸得以存活下来，并不断繁衍至今，成为植物界的"活化石"。

如竹如柏

竹柏之所以得此名字，是由于其茎似柏、叶似竹叶。它的叶片较厚，而且富有光泽，叶脉较细，多数直出且互相平行，整体呈卵状披针形或长椭圆形，颜色墨绿且闪光，看起来就像竹叶一样，观赏价值极高。竹柏在我国分布范围较广，台湾、广东、广西、福建、江西、浙江等省区

都能看到竹柏的身影，而且多混生于海拔800～900米的热带、亚热带常绿阔叶林中。

生长习性

竹柏生长的快慢与土质有很大的关系，在砂页岩、花岗岩等母岩发育而成的酸性土壤中，竹柏生长一般较为迅速。除此以外的其他土壤，竹柏都发育得比较慢。另外，竹柏的生长速度也与它的年龄有关。刚刚出生的小竹柏，其生长速度十分缓慢，但是随着年龄的不断增长，竹柏的生长速度也在逐渐加快。

科普进行时

由于材质接近杉木，所以竹柏也有"山杉"之称，其细致的纹理和轻软的材质在家具制造和建筑方面发挥了重要的作用。此外，竹柏的种子中含油量较高，榨出的油可用于工业生产。

最古老的珍稀物种
——冷杉

> 从远古到现今，冷杉属植物并没有从人们的视线中消失，而是历经了数亿年的演变，艰难地繁衍至今，为我们研究远古时期的植物提供了重要的依据。

形态特征

冷杉属松科冷杉属，为常绿乔木。树干端直，枝条轮生；小枝对生，基部有宿存的芽鳞，叶脱落后枝上留有近圆形的叶

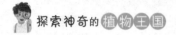

痕；冬芽常具树脂，为圆球形或卵圆形；叶辐射伸展或基部扭转，排成彼此重叠的2列，或小枝下面的叶排成2列，上面的叶斜展，直伸或向后反曲，叶线形、扁平，先端尖、钝、凹缺或二裂，叶柄极短，柄端微膨大，呈吸盘状。

雌雄同株

冷杉雌雄同株，球花单生于去年生枝的叶腋，雄球花呈穗状圆柱形，雄蕊若干，花药2枚，药室横裂，花粉有气囊，雌球花直立，短圆柱形，苞鳞大于珠鳞，珠鳞的腹面基部有2枚倒生胚珠；球果当年成熟，直立，椭圆状圆柱形或短圆柱形，生于高海拔处的常呈黑色、紫黑色或蓝黑色，生于低海拔和低纬度地区的初为绿色，成熟后变为黄褐色、褐色或红褐色；种鳞木质，排列紧密，常呈扇状四边形或肾形；苞鳞较种鳞短，或长于种鳞而明显外露；种子具宽大的膜质种翅，种皮有树脂

囊，种翅稍短于种鳞，下端边缘包卷种子。

百山祖冷杉

有着"植物大熊猫"和"植物活化石"称号的百山祖冷杉，经历过第四纪冰川的巨大浩劫，侥幸生存下来，目前大多分布在我国浙江境内。它们从远古一直延续至今，对于科学家研究地质变迁、古气候学、古植物学等有着很重要的参考意义。现在全球的百山祖冷杉数量稀少，属濒危种，是国家一级保护植物。百山祖冷杉是我国特有的古老孑遗植物，也是我国东南沿海唯一残存至今的冷杉属植物。1987年，国际物种生存保护委员会将百山祖冷杉列为世界上最濒危的12个物种之一。

科普进行时

不同的树种，树皮的厚度也是不同的。树皮较薄的有冷杉、悬铃木；较厚的有麻栎、油松；最厚的当推栓皮栎，可达40厘米，它的树皮是软木的原料。

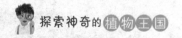

▸▸ 老幼树叶不同的植物
——秃杉

秃杉与台湾杉同属杉科台湾杉属，是我国重点保护野生植物，也是世界稀有的珍贵树种。它的叶片十分独特，与其他树种差异明显，那么，其叶片究竟不同在哪呢？

老幼树叶形不同

秃杉是一种常绿乔木，植株异常高大，高可达 75 米，胸

径可达 2 米以上。秃杉之所以如此命名，主要是因为其树冠下面高直而光秃，而且其生长速度缓慢，长到约几十米高的时候才生枝。秃杉树皮呈淡灰褐色，裂成不规则长条形，树冠呈锥形，大枝平展或下垂，小枝下垂。尤其令人惊奇的是，同样都是秃杉，老树和幼树在叶形上大有不同：老树的叶子呈棱状钻形，排列紧密，直或上端微弯，先端尖或钝；幼树及萌芽枝上的叶呈钻形，两侧扁平，直伸或稍向内弯曲，先端锐尖。

生长习性

秃杉的分布区属亚热带季风气候，其特点是夏热冬凉，雨量充沛，雨日及云雾较多，光照较少，相对湿度较大。此外，秃杉寿命长，生长迅速，主干发达，浅根性，侧根和须根发达。幼树稍耐阴，在全光照条件下生长也比较迅速，种子萌发率良好，为扩大其资源量奠定了良好的基础。

园林绿化的"新秀"

秃杉是第三纪孑遗植物，可以称得上植物界的"活化石"。根据相关化石资料，由于第三纪后期全球气候环境发生变化，气温骤降，尤其是第四纪冰期强烈冰盖的影响，使得秃杉的生存范围大大缩小，目前仅在我国长江以南少数地区有一些分布。在这之后，秃杉又遭到人类的乱砍滥伐，数量急剧减少，现已被列入濒危植物。为了保护这一物种，国家采取了许多措施，增强人们的保护意识，并对其进行大量人工繁殖培育，使其在植树造林和园林绿化中发挥着越来越重要的作用。

科普进行时

雷公山是秃杉主要的分布区，地处云贵高原东部边缘。由于雷公山台块上升，流水侵蚀，深切割的沟谷纵横交错，因此形成以高中山、中山为主，低山局部出现的地貌特征。

极具观赏价值的
庭园树

JIJU GUANSHANG JIAZHI DE TINGYUANSHU

▶▶防火高手——金钱松

> 金钱松，别名金松、水树，松科金钱松属的落叶大乔木，是中国特有的品种，有着"端庄秀美的大家闺秀"的称号。

🌳 名字的由来

金钱松树形高大，树干笔直通达。树皮的颜色呈灰色或灰褐色，会分裂成形状不规则的鳞状块片，大枝形状不规则轮生。金钱松的枝干一般分为长短两种。长枝上的叶片呈现散生的螺

旋形状；而大部分短枝的叶子则是成团
簇生，并向周围扩散，形状像铜钱。这就
是它被叫作金钱松的原因。

🌱 极具观赏价值

　　金钱松是世界五大庭园树木之一，树干笔直挺拔，树冠十
分壮观雄伟，像一座直入云端的宝塔。等到秋天的时候，叶子

科普进行时

　　土槿皮，也叫土荆皮，指金钱松干燥的根皮或靠近根部的树皮，是
一种中药材，有杀虫、止痒、抗真菌的功效，尤其是抗菌的作用最为显著，
可以抵抗多种致病真菌，药用时一般会制成浸膏外敷。

就会由绿色慢慢转为金黄色，变得更加吸引人。金钱松虽然外表雄壮，但实际从整体上来看，它的姿态十分秀丽，就像一位端庄的淑女，令人印象深刻。

 生命力顽强

　　在经历冰川的洗礼后，金钱松最终获得了很强的抵抗恶劣环境的能力。它与大自然对抗的本领极其高超，能在冰川时代中侥幸存活下来，并且不怕火烧，有着"防火高手"的称号。假如金钱松在森林中遭遇火灾，即使连树干都被大火烧到面目全非，下一年春季到来后，它也能重新焕发生机。

▶ 风景树中的"皇后"
——雪松

雪松体形高大，外形优美，这使得它在世界各类观赏树中"鹤立鸡群"，与巨杉、南洋杉、金钱松、日本金松并称为"世界五大庭园树木"。

🌲 宝塔形的树冠

雪松属松科，在北京，它也被称为香柏。雪松的寿命可达上千年，因此它也是长寿树的一种。其树干挺拔高大，主干下面有很多向四周扩展的大树枝，整个树冠的形状像一座宝塔。

此外，雪松的球果个头很大，种子却小巧而轻盈。 种子上有巨大的种翅，能够把种子散播到很远的地方。

雪松的种类

雪松属总共只有 4 个种，名称也都是以地名或叶形来命名的，包括短叶雪松、大西洋雪松、喜马拉雅雪松和黎巴嫩雪松。短叶雪松、黎巴嫩雪松、大西洋雪松原产于地中海地区，喜马拉雅雪松则主要产于喜马拉雅山区，包括了中国、印度等的部分地区。雪松生长的地带海拔较高，气温也极低，由此可见，雪松是一种耐寒性极强的植物。

科普进行时

雪松精油提取于天然的雪松类植物中，拥有木质的香味，具有收敛、抗菌、化痰、利尿等作用，消炎效果尤其显著，对治疗支气管炎、咳嗽等非常有帮助，能够改善神经紧张和焦虑状态。

黎巴嫩雪松

　　植物学家研究后表明，不管是短叶雪松、大西洋雪松，还是喜马拉雅雪松，有很大概率都是黎巴嫩雪松的地理变种。也就是说，所有雪松的"祖先"很可能就是黎巴嫩雪松。当黎巴嫩雪松换了地方生存后，由于地理环境发生了变化，其生长特性、结构特征、植物形状等，与原来的树种相比，都有了些许变化，但它们总体的特征并无太大变化，还是十分相似的。

▶ 皇家园林的"宠儿"
——侧柏

在古代，王公贵族十分喜爱侧柏。它四季常绿、寿命很长，姿态也十分优雅，因此具有很高的观赏价值，尤其适合栽种在庄严肃穆的场所。

🌳 形态特征

侧柏植株高大，树皮呈红褐色，纵向裂痕；树冠呈广卵形，幼树树冠为卵状尖塔形；小枝扁且平。叶片为鳞叶，中央叶为倒卵状菱形，叶片背面分布着腺槽，两侧叶片形状类似船，中央叶和两侧叶相对而生。雌雄异花同株，雌球花和雄球花都生长在枝头顶部，雄球花为黄色。球果呈阔卵形，快成熟的时候呈现出蓝绿色，被白粉；种鳞木质，成熟后会张开，呈红褐色，叶片背部有

一个反向弯曲的尖头。种子脱出，呈卵形，灰褐色，无翅，有棱脊。

🌿 生长习性

　　侧柏属于温带阳性树种，幼时稍微耐阴寒，有很强的适应性，不会过分挑剔土壤，无论在酸性、中性、石灰性还是轻盐碱土壤中都能够生存。侧柏即使在干旱瘠薄的土壤中，也可以生根萌芽，但它的抗风能力较弱。侧柏非常易于修剪，有很长的寿命，且不怕烟尘、氯化氢、二氧化硫等有害物质。侧柏分布范围广泛，是我国普遍栽种的观赏植物之一，在我国大部分地区都有分布。此外，朝鲜地区也能看到侧柏的身影。

园林绿化树种

在我国，侧柏自古以来就被广泛种植于陵墓、寺庙、庭园之中。比如，北京的天坛公园中，墨绿庄重的侧柏林和富丽堂皇的穹顶、洁白素雅的汉白玉栏杆、赭红的高大宫墙、青石甬道交相呼应，营造出了一种既肃穆又清幽的氛围，这样的效果是其他树种难以企及的。现如今，侧柏已成为北京的市树。

科普进行时

侧柏的根部、种子、叶和外皮都可以入药，用种子榨油还能为制皂提供原料。侧柏的枝叶有微毒，人、畜中毒后会有腹痛、恶心、腹泻、头晕、呕吐、口吐白沫等症状，严重者还会出现强直性或阵挛性惊厥、肺水肿等症状。

长有"罗汉"的植物 ——罗汉松

植物家族中有一种长有"罗汉"的植物，它就是罗汉松。罗汉松的种子看起来很像一个罗汉，似乎经过了人工雕琢一样。

形态特征

罗汉松属红豆杉纲罗汉松科。它经常出现在我国南方的花园中，园艺师喜欢把罗汉松培育成各种形态以供人们观赏。罗汉松树冠呈广卵形，树皮是灰色或灰褐色，浅纵裂，脱落时呈薄片状，小枝向上斜展。罗汉松叶子呈条状披针形，前端是尖的，底部为楔形。大多雌雄异株或偶有同株。种子呈卵形，外表包有黑色假种皮，附着在肉质而膨大的种托上，种托颜色深红，味道清甜，可食用。

得名由来

每年夏天罗汉松结果的时候，就可以见到它独特可爱的一面：雌罗汉松树干长分枝的叶腋处，会长出一个种子，模样像小号的罗汉，种子上部是它的侧生胚珠，外形圆润平滑，很像小罗汉的脑袋；种子下部是向胚珠输送营养物质的种托，种托看起来就像小罗汉穿着袈裟的身体；种托处有一个近似对称的部位，微微凸起，很像小罗汉在做双手合十的动作。因此，人们把这种植物叫作罗汉松。

家族成员

依据不同的叶形，罗汉松属可以分为狭叶罗汉松、小叶罗汉松和短叶罗汉松：小叶罗汉松的叶片形状与小鸟的舌头十分相像，所以人们常叫它"雀舌松"或"雀舌罗汉松"；短叶罗汉松的叶形非常短小，叶柄也很短，叶尖处却很尖锐；狭叶罗汉松是罗汉松家族中叶片非常纤细的一种，叶片很细很长，叶尖处向后逐渐变窄。

科普进行时

罗汉松树形雅致，最适合装饰庭园。罗汉松材质致密，油脂含量很高，可以防止腐烂和虫蛀，常用来制造各种器具。除此以外，罗汉松还有一项奇特的看家本领，它可以把空气中的有毒气体"收入囊中"，起到清洁空气的作用，因此有着"空气清洁员"之称。

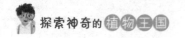

▶▶松树家族中的"皇后" ——白皮松

白皮松和樟子松、赤松、长白松、欧洲赤松一同被称为五大"美人松",在园林界有着松树家族"皇后"的称号,可见大家对它的赞誉到底有多高。

🌳 奇特的树皮

白皮松是中国特有树种,树形古雅而奇特。我们经常看到的松树,树皮颜色都以灰褐色为主,而白皮松却特立独行,粉

白色的树皮仿佛被粘在树干上，看着很像虎皮，又有些像蛇皮，所以大家喜欢称它为蛇皮松或虎皮松。这些树皮很容易掉落，树皮掉落后可以看到淡白色的树干，所以它也被称为白骨松。白皮松有很特别的针叶，其他松树的叶子大多是 2 根或 5 根一起生长，它却是 3 根叶子一起生长，这在东亚的众多松树中也是独树一帜的。

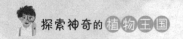

生长特性

白皮松在我国山西、河北、河南等广大地区都有分布。它耐旱、喜光、不怕干燥和瘠薄，有很强的抗寒能力，在土壤深厚、温暖向阳、易于排水的地方生长得最茂盛。它的木材纹理直，轻软，可以用来做细木工，经过加工后表面带有光泽和花纹。球果具有很高的药用价值，有止咳、祛痰、平喘的功效。

备受园林界的青睐

松树一向深受国人的青睐，特别是在园艺设计中，松树常被人们引入，而其中枝干苍劲有力、树皮斑驳古朴的白皮松

最受尊崇。古时白皮松常被尊称为"白龙"或者"银龙"，在北方地区建造的皇家园林中十分多见，因此白皮松成为尊贵地位的象征，许多达官贵人也纷纷在自家的庭园栽植白皮松，普通民众很难一睹芳容。而在南派园林中，白皮松因为极具沧桑的美感，常常和竹子、假山、梅花一同成为文人雅士题咏的素材。

科普进行时

　　古人也将白皮松称为白松、桔子松、白龙松、白果松、白骨松等，那时白皮松曾广泛分布于我国西北、华北的很多地区。18世纪中期，白皮松被英国人引种到伦敦。

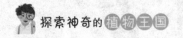

▶▶体格巨大的"世界爷"
——巨杉

> 巨杉是世界五大庭园树木之一，它树形高大挺拔，堪称树木中的"巨人"，又像一位威风凛凛的将军。由于其观赏价值极高，因此作为一种观赏树种被引种到世界各地。

🌳 与红杉的异同

巨杉属杉科，是陆生植物中体形最大的常绿针叶乔木，原产地在美国加利福尼亚州内华达山脉西部地区。巨杉树皮为红褐色，且呈纵裂状，看起来与该州的另一树种北美红杉十分相似，因此二者一同被称为"红杉"，并同时获得"世界爷"的称号。与红杉相比，巨杉最大的特点是：具一致的鳞片状或锥状叶，紧贴树枝生长，冬芽无鳞片，果实成熟需要两个生长季节；二者的相同点是：树冠都呈金字塔形，树皮呈淡红棕色，有沟，树枝下垂等。

"谢尔曼将军"

目前世界公认的最大的树是一株被尊称为"谢尔曼将军"的巨杉，树龄 3500 多年，树高 83 米，树围 31 米，大约需要 20 个人才可以合抱。其树干基部直径超过 11 米，在高 30 米处，树干直径仍有 6 米左右，甚至在高 40 米处生出的一个枝杈就粗 2 米，世界上许多高三四十米的大树难以望其项背。人们曾经估计这株巨杉重达 6000 多吨，但 1985 年科学工作者根据它的木材密度重新进行了测算，认为"谢尔曼将军"重约 2800 吨。这个重量虽然不足原估计的一半，但在整个地球的生物世界中却是绝对的冠军。

主要价值

　　巨杉繁殖比较容易，且树形美观，故常常被作为观赏植物栽植在各类大型的公园或花园中，甚至成为美国加利福尼亚州一个主要的国际旅游景点。同时，巨杉也有一定的实用价值，其木材纹理美观，抗腐朽，不怕火，可用于制作屋顶木板、火柴棒或栅栏等，但巨杉木质较脆，因此不适合用来建筑房屋。

科普进行时

　　19世纪时，巨杉曾遭到了大量砍伐，数量锐减，一些甚至比"谢尔曼将军"还要高大的巨杉也未能幸免于难。这引起了美国政府和人民的忧心，人们因此对还存活着的"谢尔曼将军"进行了特别保护。

远渡重洋的子遗植物
——金松

松柏常与古代建筑，尤其是寺院、宗庙这样的地方联系在一起，似乎只有古老的松柏才能配得上这种庄严、肃穆的地方。而在日本的佛教圣地高野山上，也生长着这样一种优美的观赏树种——金松。

形态特征

金松是一种子遗植物，为常绿乔木，其树形高大，枝条短小而平展。一般来说，金松的叶形分为鳞状叶和轮生状叶两种。顾名思义，鳞状叶即呈鳞片状排列，叶形比较小，在嫩枝上散生；轮生状叶则在枝梢聚集，颜色为亮绿色。开花之后的第二年，球果成熟，呈卵状的长圆形。

观赏价值高

金松原产于日本，因此也被称为日本金松。它的叶子为鲜艳的绿色，鳞叶则呈红褐色或褐色，与绿色的叶片上点缀的黄沟条纹相互映衬，显得十分绚丽夺目。日本著名的佛教圣地高野山上生长着许多金松。当人们登上山顶向远处望去，金松的树冠就像一把大雨伞，而自近处看，其枝叶又很像一把把倒立的小雨伞，这种独特的景致令许许多多的游客流连忘返。正是由于金松极高的观赏价值，人们才将它和雪松、南洋杉一同称为"世界三大庭园观赏树种"，同时又与雪松、南洋杉、金钱松、巨杉并称"世界五大庭园树木"。

防火性能好

　　除了观赏，日本人还常常将金松种植在防火道旁边，这是因为金松具有很好的防火性能。金松树身内蕴含着丰富的水分，树皮中还有一层致密的木栓保护层，一旦遭遇大火，金松就会充分发挥自身蒸腾散热和辐射散热的作用，从而降低自己体内的温度，达到耐火的效果，这样一来，就能有效阻止火势的蔓延。

科普进行时

　　金松优美的外形深受世界各国人民的喜爱，很多国家的人民都想一睹它的风采。十九世纪三四十年代，金松被引入我国，最终落户于海拔1100米的江西植物园，此后逐渐分散到全国各地。

▶▶ 装点庭园的绿化卫士
——南洋杉

南洋杉主要生长于景色优美的澳大利亚诺和克岛上，其树形挺拔秀美，个头高大，是具有很高观赏价值的观叶植物，也是"世界五大庭园树木"之一。

婀娜的身姿

南洋杉是世界著名的庭园树种，无论列植、孤植还是配植于树丛内，都可以达到很好的观赏效果。它属于常绿乔木，树

干直立，枝叶繁茂，叶常呈卵形或三角形，从远处观望，其树形整体看起来很像一座尖塔。除此之外，南洋杉也可作为行道树进行栽培，但需要注意的是，作为行道树时，南洋杉的树冠很容易倾斜，因此最好选择无风或风力较小的地点。南纬 27° 的地区是南洋杉生长的乐园，随着南洋杉越来越受欢迎，它也被越来越多的国家和地区引种，其婀娜的风姿也被越来越多的人看到。

花样百出的别名

　　南洋杉的别名有很多，如肯氏南洋杉、尖叶南洋杉、鳞叶南洋杉、花旗杉等。不仅南洋杉如此，南洋杉属植物也都有很多名字，人们根据其整株形态、叶片形状，甚至属地来命名。根据南洋杉整株形态来命名的，如塔式南洋杉；以叶片形状来命名的，

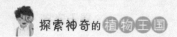

如小叶南洋杉、大叶南洋杉、异叶南洋杉等；以南洋杉的属地来命名的，如澳杉、英杉、智利南洋杉、诺和克杉等。

 老幼树不同的树形

　　南洋杉在幼年与成年的体形完全不同：幼年南洋杉的树冠是尖塔形，老了以后树冠就会变为平顶形；幼年的南洋杉树叶排列舒展、稀疏，呈针形、锥形、镰形或三角形，年老的南洋杉树叶排列紧致细密，大多是三角卵形或卵形。

科普进行时

　　大叶南洋杉属乔木，树形高大，叶片呈卵状披针形，球果为球形，种子两侧无翅，前端肥大、外露。其别名众多，有洋刺杉、塔杉、披针叶南洋杉、宽阔叶南洋杉等。

在险恶之地也能生存的"树坚强"

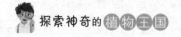

▶▶ 凌霜傲雪的"世纪老人"——落叶松

在大兴安岭的茫茫深山中，我们会发现这里到处都长着一种树木，它有着针状的树叶，微风吹过时，青翠欲滴的树叶随风摇摆，像一片绿色的波浪，那壮观的场景吸引了无数慕名而来的游客，这就是落叶松。

🌳 分布地带

落叶松，属松科落叶松属，为落叶乔木。在我国北方人工培育和天然生长的落叶松中，主要的为长白落叶松、华北

落叶松、兴安落叶松、黄花落叶松等。落叶松在温带和寒温带都有广泛分布，是针叶树种中抗寒性最强的一种，它的垂直分布达到了森林分布的最上限，是我国内蒙古、东北林区以及华北和西南地区高山针叶林的重要组成树种。

得名原因

落叶松不同于其他常绿乔木的一点是，其他常绿乔木的叶子四季常青，而落叶松一到秋天树叶就会变黄，然后悉数掉落，正因如此才有了落叶松之名，被自然而然地归到落叶乔木之中了。落叶松树形高大粗壮，树皮常呈暗灰色、灰色或者灰褐色。树叶在长枝上呈散生状，在短枝上则呈倒披针状线形或者簇生状排列。其球果幼时为紫红色，生长成熟后呈直立向上状。

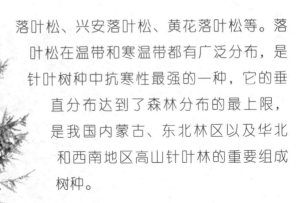

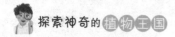
兴安落叶松

所有种类的落叶松中，兴安落叶松算是比较出名的。它外表健壮，生命力顽强，就算是历经雨打、风吹、雷击，也能够岿然不动，继续存活。每年春天，落叶松的针叶就会从树枝上一根一根地钻出来。夏天的时候，枝叶、树干则会疯狂生长，每天都会变样。但是一到秋天，树叶就会变黄，种子也开

始慢慢掉下来。种子一掉进土里就会生根发芽，即便无人照顾，它也能顽强生长，最终长成参天大树。

科普进行时

落叶松作为古老的植物，第三纪时期就已经在欧亚大陆出现了，并经历了无数个世纪的繁衍，是名副其实的"世纪老人"。由于落叶松挺拔高大，树冠形状秀美，有十分发达的根系和很强的抗烟能力，因此可以作为优良的园林绿化树种。

水中千年松——马尾松

> 马尾松是一种十分大众化的裸子植物，在我国，无论是荒山树林还是城市公园，到处都可以看到它的身影。

名字的由来

马尾松在松树家族中备受青睐。最令人喜爱的是它淡绿色的针形细叶，长十几厘米，偏软。从远处看，树叶茂盛的枝条就像是马的尾巴，所以有了"马尾松"这一称呼。马尾松的树

冠在茁壮时期呈狭圆锥形，老年时像伞一样张开；树干呈红褐色，块状开裂；外皮呈深红褐色微灰，纵向开裂，长方形剥落；内皮呈枣红色微黄；枝条上没有毛，生长一年的小枝呈淡黄褐色，冬芽圆柱形、轮生。

独特的叶子

马尾松可是裸子植物大家庭里有名的"钢铁战士"，即使在艰苦的环境中，它也可以落地生根，因此是改造恶劣自然环境（如荒山）的重要树种。马尾松之所以能生长在恶劣的环境中，还与它和自然斗争的过程中练就的一身本领有关。叶子可以说是它的秘密武器，它的叶片狭长，且有一层比较厚的角质层，大大减少了树叶内部水分的散失，这使得它在极其干旱的环境中也可以生存。

发达的根系

马尾松的根系发达，对于生长的土壤没有严格要求，不怕干旱，也不怕雨水过多，有很强的适应能力，无论是贫瘠干旱的沙土、石砾土壤，还是陡峭的岩石缝，它都可以顽强生根，仅仅依靠有限的营养成分就能长成参天大树。

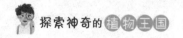

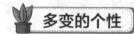 多变的个性

马尾松个性独特,喜欢暖湿的气候环境,所以只有中国的中南部才适合它生长。同时马尾松也有娇贵的一面,对于虫蛀它毫无办法,生了虫病后,很容易因病枯死;它害怕火烧,木材里松脂含量非常高,容易引发火灾,所以经常和其他树种混合种植;马尾松喜光照,如果分布得过于密集,上层的枝叶就会把光线遮挡住,下层的枝叶会因为缺乏光照而干枯。

科普进行时

在我国传统的造船业中,马尾松有着"水中千年松"之称,这是因为其木材油脂含量很高,很容易抵抗水湿,因此很适合用来制造木船。除此之外,马尾松也因其木材笔直高大,常作为建筑房屋的"栋梁之材"。

治癌高手——三尖杉

三尖杉是我国亚热带地区特有的野生经济植物，由于从其植物体中提取的植物碱对治疗癌症有一定效果，因而被过度利用，再加上它自然繁殖的速度较慢，数量也极少，已经濒临灭绝。我们究竟该如何保护它呢？

独特的叶子

三尖杉为常绿乔木，叶子为披针状条形，呈螺旋状排成两列，基部大致为水平展开状。此外，叶子略微弯曲，由中部往

上逐渐收窄，顶部长有长尖头，上部呈亮绿色，中脉有比较明显的隆起，下面生长着一条白色的气孔带；树皮颜色是红褐色或褐色；种子成熟之前是绿色的，成熟后变为紫色或紫红色。

分布范围广泛

三尖杉在我国分布较为广泛，大多生长在气温日变化比较大的半湿润的高原地区，由此可见，即使在比较恶劣的环境中，三尖杉也能生存下来。除此之外，在光照极不充足的常绿阔叶林中，或是在土壤贫瘠的变质岩、玄武岩、砂页岩等中，三尖杉的长势也非常良好。

保护措施

三尖杉受生态环境恶化的影响很大，如今已经濒临灭绝，因此我们需要更加重视对它的保护。首先，三尖杉的生长地带常常分布着大面积的常绿阔叶林。换言之，因为常绿阔叶林区是三尖杉喜欢生长的地带，所以保护三尖杉的首要任务

就是保护现今所剩不多的常绿阔叶林。其次，如果从物种保护的角度来防止三尖杉灭绝，就要杜绝乱砍滥伐。三尖杉繁殖速度慢，如果过度砍伐，对其繁殖后代会产生极为不利的影响，因此，要防止过度利用。最后，可以用引种、栽培及人工育苗等方法，大面积地培育三尖杉，保证三尖杉的数量稳步增加。

科普进行时

　　三尖杉是一种用途广泛的重要野生经济植物，其种子榨成油可以用来制皂及油漆，果实有润肺、止咳、消积等功效，而且其叶、枝、种子、根中富含很多种植物碱，在治疗癌症方面发挥着重要的作用。

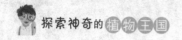

长白山上的"美人"
——长白松

> 去过长白山的人，都会被天池瀑布、浩瀚林海震撼到，更会叹服于无与伦比的长白松。长白松，又被称为"美人松"，它的名字是那么诱人、动听，使得人们还没见到它的真容，就浮想联翩。

风姿秀美

长白松拥有其他松树所望尘莫及的美丽风采。它的树干通达笔直、挺拔高大；树冠长有密集的针叶，呈团状分布，看上去就像美人的一头秀发。长白松的树身同其他树种相比更是大有不同，下部颜色为棕红色，上部颜色为棕黄色，树皮呈薄片状微剥离，有一种古朴典雅的气质，看上去端庄又不失妖媚。长白山自然保护区管

理局的东北方
向上就生长
着一片长白
松 树 林，
山风吹拂
时，枝叶微
微上下摇曳，
远远看过去，就
像是美人优雅地伸展
着手臂，因此当地群众给它取了一个美
丽的称号——"美人松"，这也是长白山旅
游胜地中一道亮丽的风景线。

繁育周期长

　　目前，长白松的分布范围较为狭小，主要是因为它的繁殖
能力较弱，繁育周期较长。一般情况下，长白松开花后，要等
到第二年8月中旬球果才能生长成熟，3～5年才能结一轮果
实，所以长白松变得越来越珍贵，加强对它的保护已经刻不容
缓。长白松的球果常常呈锥状卵圆形，如果颜色变为淡褐灰色，
则说明其已经成熟；它的种子为灰褐色至灰黑色，形状为长卵
圆形或倒卵圆形，微扁，且种子有翅。

生命力顽强

长白松原产于吉林省延边朝鲜族自治州，被当地的人当作"州树"。而且它是我国的珍稀植物，可能也因为这样，人们常常以为长白松是一位娇生惯养的"大小姐"。事实并非如此，长白松的生命力其实十分顽强，它耐旱、抗寒，生长速度快，可以大面积培植。现如今，为了让更多的人欣赏到它婀娜的风姿，人们已经将其传播到各地进行人工种植，"背井离乡"的长白松渐渐在许多角落里落地生根、茁壮成长，这一古老的裸子植物也终于重新焕发出生机，走入了人们的视野。

科普进行时

大多数人认为长白松是樟子松的变种，也有一部分人说它是欧洲赤松，关于这一问题的争论一直不断。经过多年的研究，植物学家们一致认定长白松是欧洲赤松在中国分布的一个地理变种。

▸▸ 濒危物种——喜马拉雅长叶松

> 喜马拉雅长叶松也叫西藏长叶松，是一种已经濒临灭绝的稀有树种，也因此被列为国家重点保护树种。作为"世界屋脊"上的稀有树种，喜马拉雅长叶松是如何在如此恶劣的环境中生存下来的呢？

🌳 形态特征

喜马拉雅长叶松的树高一般为 30 ~ 45 米，直径为 40 ~ 100 厘米，属于常绿乔木。通常情况下，其幼树和成年树的树皮差异明显：幼年时期，其树皮为深灰色；而在年老时期，

其树皮较厚，通常变为暗红褐色，且外表粗糙，上面有较深的纵裂痕迹，脱落时呈片状。除此之外，喜马拉雅长叶松还有一个比较明显的特点，就是球果较大、针叶细长。其针叶往往呈下垂的束状，通常3针一束；球果大都呈长卵圆形，有粗短的梗，下垂，一般在第二年成熟。

适应力强

　　喜马拉雅长叶松是一种阳性树种，适宜生长于温暖、干燥的气候环境中。与其他树种相比，它的适应能力也是极为顽强的。即使是在极其恶劣的自然环境下，它也能安然无恙地生存下去。面对狂风大作或是雷雨等极端天气，周围的植物或许早就不堪忍受而销声匿迹，而它却能岿然不动。

分布范围小

　　喜马拉雅长叶松的分布范围并不广泛，在巴基斯坦、尼泊尔、不丹等国境内海拔 500 ～ 1500 米的地区有小范围的分布。而在我国境内则主要分布于喜马拉雅山南坡，西藏吉隆的山地中也生长着小片的纯林。目前，我国境内的喜马拉雅长叶松因数量的减少和分布范围的缩小正面临着严峻的考验，人们也已加强了对它的保护。

科普进行时

　　喜马拉雅长叶松的实用价值和学术价值都很高，如它的树皮、枝、叶可提取栲胶、松节油和割取松脂，同时其自身对于研究松属分类、分布及植物区系等方面也发挥着重要的作用。

▶▶ 适应力极强的生态树种——樟子松

在我国的三北地区，有这样一种植物，它以抗旱、抗寒、较速生等优良特性，成为沙区防护林和速生用材的主要树种，它就是大自然送给我们的珍贵礼物——樟子松。

🌳 形态特征

樟子松属于常绿乔木，树形高大，其树干的上部和下部差异明显，上部的树皮颜色为黄色至黄褐色，脱落时呈鳞片状，

内皮呈金黄色；树干下部的树皮颜色为
灰褐色或黑褐色，且树皮较厚，呈不规
则的块状开裂。针叶比较坚硬，稍扁，
常呈扭曲状。樟子松的雌球花和幼果常呈
下垂状，有梗，颜色多为淡紫褐色或紫红色。
球果成熟时为淡绿褐色至淡褐灰色，形状为卵圆形或长卵圆形。
种子的形状则为倒卵圆形或长卵圆形，微扁，颜色为黑褐色。

🌿 生长习性

　　樟子松多为纯林，偶尔也会与少量的落叶松混生，而在海
拔较低、土层较厚的樟子松林内，还常常混生着少量的蒙古栎
和白桦。此外，樟子松根系发达，耐旱，对于土壤和土壤中的
水分要求都不高，在土壤水分较少的山脊和向阳山坡、气候干

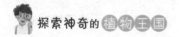

旱的沙地等地带常有大面积的分布，即使是在瘠薄的土壤、沙丘上也可以很好地生存；此外，它的耐寒能力也很强，在极端低温的气候中仍然可以顽强生长。

生态价值

樟子松是庭园观赏和绿化的优良树种，生态价值极高。它适应性强，耐寒、抗旱、耐瘠薄及抗风的能力在众多树种中也是数一数二的，因此它是我国三北地区防护林及固沙造林的主要树种。大面积的樟子松林不仅可有效减少风蚀作用，还具有防风阻沙的效用，对环境的改善作用明显。同时其优美的外表也使得它经常被种植在庭园或公园以作观赏之用。

科普进行时

樟子松的边材与心材颜色不一，边材常呈淡黄褐色，心材则为淡红褐色。其材质较细，纹理较直，在建筑、船舶、家具、器具、木纤维等方面用途极广，树干可割取树脂、提取松节油和松香等。

EXPLORE 探索神奇的
植物王国

被子植物

科普实验室编委会 编

应急管理出版社
·北京·

图书在版编目（CIP）数据

被子植物／科普实验室编委会编 . ﹣﹣北京：应急
管理出版社，2022（2023.5 重印）
（探索神奇的植物王国）
ISBN 978﹣7﹣5020﹣6183﹣8

Ⅰ.①被…　Ⅱ.①科…　Ⅲ.①被子植物—儿童读物
Ⅳ.①Q949.7﹣49

中国版本图书馆 CIP 数据核字（2022）第 038758 号

被子植物（探索神奇的植物王国）

编　　者	科普实验室编委会	
责任编辑	高红勤	
封面设计	陈玉军	

出版发行	应急管理出版社（北京市朝阳区芍药居 35 号　100029）	
电　　话	010﹣84657898（总编室）　010﹣84657880（读者服务部）	
网　　址	www.cciph.com.cn	
印　　刷	三河市南阳印刷有限公司	
经　　销	全国新华书店	

开　　本	880mm×1230mm$^1/_{32}$　**印张**　24　**字数**　560 千字	
版　　次	2022 年 5 月第 1 版　2023 年 5 月第 2 次印刷	
社内编号	20200872　　　　**定价**　120.00 元（共八册）	

前言

QIAN YAN

亲爱的小读者们，你们了解植物吗？比起能跑能跳的动物，安安静静的植物似乎总容易被人们忽略。殊不知，植物是比动物更早居住在地球上的居民，它们的足迹几乎遍布世界的所有角落，是地球生命的重要组成部分，无时无刻不在展现着生命的精彩与活力。

你可不要以为植物全都是默默无闻、娇娇弱弱的，它们的世界可比你想象的精彩多了。它们有的能活几千年，有的则是只能活几周的"短命鬼"；有的巨大无比、独木成林，有的小得像一粒沙；有的全身是宝，能治病救人，有的带有剧毒，能杀人于无形；有的芳香怡人，有的奇臭无比；有的娇艳美丽，有的奇形怪状……

为了让小读者们更清晰地了解植物家族，我们精心编排了这套《探索神奇的植物王国》图书。这是一套图文并茂，融趣味性、知识性、科学性于一体的青少年百科全书，囊括了走进植物、植物趣闻、裸子植物、蕨类植物、苔藓植物、珍稀植物等多个方面的内容，能全方位满足小读者探寻植物世界的好奇心和求知欲。本套丛书内容编排科学合理，板块设置丰富，文字生动有趣，图片饱满鲜活，是青少年成长过程中必不可少的精品读物。

让我们带领小读者们一起推开植物世界的大门，去探寻它们的踪迹，尽情感受它们带给我们的神奇与震撼吧！

目录

MU LU

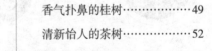

万紫千红的
芬芳花朵

WANZIQIANHONG DE FENFANG HUADUO

▶▶ 国色天香——牡丹

> 牡丹是我国特有的名贵花卉，素有"百花之王"的美称。虽然时代不断更迭，但"花王"牡丹的崇高地位却从未被动摇。

🌳 形态特征

牡丹原产于西部秦岭和大巴山一带山区，是多年生落叶灌木。根粗而长，中心木质化。枝干直立，从根茎处丛生许多分枝，

分枝短而粗，呈灌木状。叶通常为二回三出复叶，顶生小叶宽卵形，侧生小叶狭卵形或长圆状卵形。花朵单生枝端，花萼5片，花瓣为5片或为5的倍数，重瓣花则更为难得。牡丹植株端庄，姿态典雅，花朵硕大，花色鲜艳，花香宜人，在我国的传统名花中最负盛名，长期以来被人们当作富贵吉祥、繁荣兴旺的象征。

科普进行时

　　河南洛阳的牡丹，在隋朝便开始种植，有"洛阳牡丹甲天下"的美誉。到了现代，牡丹又被选为洛阳市的市花，并且从1983年开始，洛阳每年都会在牡丹盛开的时节举办洛阳牡丹花会（现已更名为中国洛阳牡丹文化节）。花会期间，中外游人纷至沓来，共赏国色天香的牡丹。

品种繁多

牡丹品种繁多，花形、颜色丰富。根据牡丹花瓣层次的多少，传统上分为单瓣类、重瓣类、千瓣类。在这三大类中，根据花朵的形态特征又可以分为葵花型、荷花型、玫瑰花型、半球型、皇冠型、绣球型六种花形。根据颜色划分，则有红牡丹、白牡丹、紫牡丹、黄牡丹，还有罕见的黑牡丹和绿牡丹呢！

▶▶ 典雅高洁的兰花

> 兰花又叫胡姬花，它生长在幽谷深涧，超凡脱俗，花形纤巧，幽郁清雅，香气袭人，有"花中香祖"的美誉。

🌳 "花中君子"

兰花是非常珍贵的观赏植物，具有高洁、清雅的特点，被列为我国十大名花之首，古今之人对它的评价极高，将其誉为"花中君子"。我国观赏与培植兰花，比西方栽培洋兰要早得多，因此兰花也被称作"中国兰"。我国传统的兰花姿态奇异，品种特别丰富，如春兰、剑兰、蕙兰等，花朵典雅大方，香气清新。现在还有很多来自国外的品种，如蝴蝶兰、文心兰等，它们开出的花朵也极其艳丽。

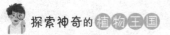

构造别致

兰花的花朵构造非常别致，这是为了吸引昆虫传播花粉。兰花没有分离的雄蕊和雌蕊，而是在唇瓣上方生成一个合二为一的"合蕊柱"，但它自己是不能授粉的，就必须由昆虫来帮忙。它的花瓣的最底下一片被称为唇瓣，唇瓣常常呈现各种美丽的色彩，这是为了迎接昆虫来访而专门铺设的"踏板"。昆虫一般会在唇瓣上停留，放心吸蜜，当它们飞向另一株兰花时，就把沾在身上的雄蕊的花粉带了过去，完成了授粉。

授粉方式特别的品种

　　巴西南部和墨西哥有一种弹
粉兰，它的唇瓣内侧有一个十分香
甜可口的瓣瘤，来采花粉的蜜蜂触碰花
须时，雄蕊抓住机会将花粉团弹向蜜蜂后背，蜜蜂初尝甜头，
不能心满意足，又忙着去寻找另一朵兰花，不由自主地替兰花
完成了授粉。马达加斯加有一种兰花，花距细长，花蜜深陷其中，
这怎么能吸到呢？别急，那儿恰有一种口器长达 1 尺的蛾子，
蛾子将又细又长的口器伸入花距，就好像用吸管吸蜜糖一样，
就这样，蛾子帮兰花完成了授粉。

科普进行时

　　我国的十大名花一般是指兰花、梅花、牡丹、菊花、月季、杜鹃、
荷花、茶花、桂花、水仙。它们分别包含着我国不同层面的精神文化底蕴，
各自在花卉界独树一帜。

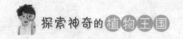

冰清玉洁的百合

百合亭亭玉立，清雅脱俗，芳香宜人，有"云裳仙子"之称，被人们视为纯洁、自由和幸福的象征，有"百事合意"的寓意。每逢佳节，人们常以百合花作为礼品互相馈赠。

形态特征

百合属百合科百合属，为多年生草本球根植物。它的鳞茎呈球形，白色，由多数肉质肥厚、卵匙形的鳞片聚合而成，先

端多开放，犹如莲座。根分为肉质根和纤维状根两类。百合的茎秆相对比较纤细，茎表面通常为绿色，或有棕色斑纹，或几乎全为棕红色。不同种类的百合，叶形有所不同，有披针形、矩圆状披针形和倒披针形、椭圆形或条形。叶没有柄或者有短柄。百合花开放时常常会下垂或平伸，花冠大、花筒长，呈漏斗形喇叭状。因品种不同，颜色也不一样，以黄色、白色、粉红色居多，也有长着紫色或黑色斑点的，还有一朵花上变换多种颜色的，非常漂亮。

习性与分布

百合喜凉爽且阳光充足的环境，较耐寒，怕高温，怕水涝，若土壤湿度过高，则会造成鳞茎腐烂，在土层深厚、肥沃疏松的砂质壤土中生长良好。百合原产于中国，主要分布在亚洲东部、欧洲、北美洲等北半球温带地区。

药食兼用

百合不仅是一种观赏花卉，还是一种药食兼用的植物。百合的鳞茎含有丰富的淀粉，其鳞茎上的肉质鳞片便是一种美味的食材。在我国，百合的食用历史悠久，人们用百合做出了各种各样的美食，像西芹炒百合、百合如意糕、糯米百合粥等都深受人们喜爱。

此外，百合的鳞茎和花均可入药，具有润肺、清火、养阴、安神的功效，可用于治疗阴虚燥咳、劳嗽咳血、虚烦惊悸、失眠多梦等症。

科普进行时

百合开花过后，有的人就会把球根扔掉，其实它仍有再生能力，只要将残叶剪除，并将球根挖出，放入塑料密封袋，放在0℃左右的环境中冷藏，第二年种在土中还可以开出花来。

 **茉莉花茶**

茉莉花茶，又叫茉莉香片，属于花茶，是以绿茶为茶坯加工而成的。茉莉花茶是将茶叶和茉莉鲜花混合、窨制，使茶香与茉莉花香相互影响。茉莉花茶，尤其是高级茉莉花茶，在加工的过程中会发生一定的内质理化作用，比如茶叶中的多酚类物质、茶单宁遇上水湿条件就会分解，蛋白质不溶于水就会被降解成氨基酸等，这些变化能减弱茶叶的涩感，使其滋味鲜浓醇厚、更易上口。所以，茉莉花茶是许多北方人情有独钟的饮品。

科普进行时

茉莉花茶在中国的花茶里有"窨得茉莉无上味，列作人间第一香"的美誉。茉莉花茶是一种健康饮品，常饮茉莉花茶，有清肝明目、生津止渴、坚齿、益气力、降血压、强心、防龋、抗衰老等功效。

▸▸ 热情如火的玫瑰

> 提起娇艳美丽的玫瑰，大家都不会陌生。它是最著名和最受欢迎的花卉种类之一，几个世纪以来，一直备受推崇。人们还赋予了玫瑰爱情、美丽、青春、和平等意义。

🌳 形态特征

　　玫瑰属蔷薇科，为直立灌木。它的茎较粗，丛生，枝条上面有很多皮刺和茸毛。奇数羽状复叶，小叶片椭圆形或椭圆状倒卵形，叶片边缘带有锯齿，上面为深绿色，光滑无毛，叶脉下陷，下面

为灰绿色，长有细密的茸毛和腺毛，有时腺毛不明显，中脉凸起，网脉醒目。花单生于叶腋，或数朵簇生，花瓣为倒卵形，瓣数较多，有红色、紫红色、粉红色、白色等多种颜色，气味芳香。果实扁球形，砖红色，肉质，平滑，萼片宿存。

 产地与习性

玫瑰原产于中国华北以及日本和朝鲜，现主要分布于亚洲东部地区、保加利亚、印度、俄罗斯、美国和朝鲜等地。在我国栽培范围广泛。

玫瑰是一种喜光植物，耐寒、耐旱，适宜生长在排水良好、疏松肥沃的土壤中。所以要想让玫瑰花开得好，就应把它们栽植在通风良好、离墙壁较远、光照充足的地方。

价值丰富

玫瑰因为气味芳香而成为著名的香料植物，在化妆品、食品、精细化工等行业发挥重要作用的玫瑰油就是从玫瑰花朵中提炼出来的。玫瑰油成分纯净、气味芬芳，在世界香料工业中

占有重要地位，在欧洲常用来制作高级香水等。在国际市场上，玫瑰油价格昂贵，有"液体黄金"之誉。从玫瑰油的制作过程中抽取的玫瑰水，因为没有添加任何添加剂和化学成分，是纯天然护肤品，可以抗衰老。

玫瑰花中富含维生素 C，还含有多种微量元素，所以在食品行业中，玫瑰花也是一种常用的原材料，用它制作的玫瑰糖、玫瑰糕、玫瑰饼、玫瑰茶、玫瑰酱、玫瑰膏等，不仅带有玫瑰的特有香味，还对人们的身体健康有益。玫瑰花的根还可用来酿酒。

玫瑰花除了可以制作美食，还可以入药，药用玫瑰花具有理气、活血、调经的功效，可用于治疗肝胃气痛、上腹胀满、月经不调等症。

科普进行时

玫瑰和月季长得很像，我们如何区分它们呢？玫瑰的枝条上大多密生枝刺，大多数玫瑰品种一年只开一次花，其花朵带有浓郁的玫瑰花香。月季枝刺较少，一年可多次开花，花期非常长，花香没有那么浓郁，与玫瑰的香气有明显的区别。

▶▶ 颜色艳丽的郁金香

郁金香，别名洋荷花、草麝香、旱荷花，是百合科郁金香属植物。郁金香造型独特，加上其神奇的色彩、优美的花姿，深受人们的喜爱，甚至一度达到了狂热的地步，所以它被欧洲人称为"魔幻之花"，也是荷兰的国花。

🌳 形态特征

郁金香是多年生草本植物。鳞茎扁圆锥形或扁卵圆形，长约 2 厘米，外被淡黄色、棕褐色纤维状皮膜。株形挺拔，茎叶光滑，具白粉，叶为长椭圆状披针形或卵状披针形。花单生在花茎的顶端，就像一个高脚酒杯，花瓣 6 片，倒卵形，有白、黄、红、

紫等颜色，除了单色花，还有复色花，具黄色条纹和斑点。

生长习性

　　郁金香原产于地中海南北沿岸及中亚细亚和土耳其等地，独特的地中海气候造就了郁金香喜欢阳光充足、冬季温暖湿润、夏季凉爽干燥的气候环境的习性。它的耐寒性很强，在有积雪覆盖的严寒地区，鳞茎还可在露天的土壤中安然越冬呢！不过它们非常害怕酷暑，如果夏天来得早，盛夏又很炎热，鳞茎就会早早地进入休眠期，等到秋冬季节再生根，并萌发新芽，但不出土，经过冬季的低温后，第二年2月上旬左右开始生长并形成茎叶，3-4月开花。

分布地区

如今，郁金香已普遍地种植在世界各个角落，其中以荷兰最为盛行，形成商品化生产模式。中国各地庭园中也多有栽培。

科普进行时

荷兰为什么能够成为郁金香王国呢？据说这应当感谢16世纪的维也纳皇家药草园总监。因宗教原因，这位药草园总监迁居荷兰，同时也带去了他培植的欧洲郁金香，从此郁金香便在荷兰遍地开花，闻名于世。

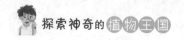

▶▶ 香气独特的薰衣草

薰衣草这种植物我们并不陌生，薰衣草制品在生活中早就被广泛应用，它的独特香气总是令人难以忘怀。薰衣草的原产地位于地中海沿岸、欧洲各地及大洋洲列岛，早在古罗马时代就深受世人喜爱，被誉为"香草之后""香料之王"。

🌳 芳香四溢的原因

薰衣草的花瓣里有一种芳香的挥发油，因此它在开花的时候会散发出一种独特的香气。正因为这股香气，它得以享誉全球，成为最受欢迎的香草之一。

生长习性

　　薰衣草属唇形科薰衣草属，是一种小灌木。薰衣草是一种性喜干燥、需水不多的植物，只有在生长期才对水量有较高的需求，到了开花期，需水量便大大减少了。同时它还属于长日照植物，在生长发育期要求日照充足。阴湿的环境是薰衣草最不喜欢的，这会导致它发育不良，因烂根而死。

广泛用途

从薰衣草中提炼出来的薰衣草油用途广泛，在美容、熏香、食用、药用等方面发挥着重要作用，用它制作的干花、精油、香包、香皂、香水、面膜等，让许多人爱不释手。在薰衣草制品中，薰衣草精油最受世人欢迎，因为用途广泛而被称为"万油之油"。

科普进行时

薰衣草精油能镇静安神，促进睡眠，美容养颜，舒缓压力，还可以减轻昆虫叮咬后的不适感。

▶▶ "紫色的瀑布"——紫藤

紫藤是一种生命力极强的植物，常被种植于长廊边。它那道劲有力的藤可不断缠绕、攀爬，而那垂下来的长长的紫色的花序，宛如瀑布，美不胜收。

形态特征

紫藤属豆科紫藤属，为落叶大藤本植物。茎左旋，枝较粗壮，嫩枝上长有白色柔毛，成熟后柔毛脱落。奇数羽状复叶，小叶 3~6 对，纸质，呈卵状椭圆形至卵状披针形，上部小叶较大，越往基部越小。总状花序腋生或顶生，花序轴长有白色柔毛；花萼为杯状，花冠为紫色，旗瓣圆形，先端略凹陷，花开后反

折，花芳香。 果实为荚果，呈倒披针形，表面长满茸毛，悬垂枝上，内有种子1~3粒。种子为褐色，有光泽，形状圆而扁平。

 极擅缠绕

紫藤生长速度很快，擅长缠绕，有时会绞杀其他植物。紫藤在幼小的时候为灌木状，随着不断长大，植株茎蔓开始蜿蜒屈曲，在主蔓基部会长出缠绕性长枝，可沿着柱状物逆时针缠绕。在栽植紫藤时，不能毫无限制地让它疯长，必须时常牵蔓、

科普进行时

紫藤不但可以对抗二氧化硫和氯化氢等有害气体，还能有效吸附空气中的灰尘，起到增氧、降温、降低噪声等作用，是很不错的绿化植物。

修剪、整形，控制藤蔓的生长，否则它会长得不伦不类，既不像树，又不像藤，毫无美感，而且花量也会减少，甚至会不再开花。要想让紫藤花开得繁盛，便需要主人精心养护。

可以吃的紫藤花

中国人吃花是有传统的，四季之花，且赏且食，用当季鲜花做的美食已融入了我们日常生活之中。紫藤花也是可以食用的，其中紫萝饼便是一种很美味的鲜花饼。其做法是：将紫藤花用蜂蜜、白糖、熟面粉、食用油腌制，制作馅料；再在面粉中加入食用油、白糖，并加水揉成面团；接着把面团分成若干份，分别包入馅料，压成饼状，放在电饼铛中，烙至两面金黄即可。

▸ 会变色的八仙花

> 八仙花又名紫阳花，为绣球花科灌木，原产于我国和日本，是长江流域著名的观赏植物。

🌳 形态特征

八仙花的茎有多数于基部呈放射状生长，枝较为粗壮，呈圆柱形，颜色为紫灰色至淡灰色，具少数长形皮孔。叶肥大而且对生，纸质或近革质，倒卵形或阔椭圆形，呈浅绿色。花朵鲜艳丰满，大而美丽，团团簇簇，宛如一个大绣球，因此也被称作绣球花。与其他花不同的是，八仙花的颜色会随着时间的推移而发生改变，它初开时花朵是青白色的，渐转成粉红色，再转成紫红色，花色非常鲜艳，令人赏心悦目。

🌿 变色的真相

八仙花之所以能变

色，是因为它的细胞液中含有花青素。花青素是一种水溶性植物色素，颜色会随着酸碱度变化，当细胞液是酸性时呈红色，碱性时呈蓝色或紫色。所以，当八仙花由蓝色变成粉红色时，意味着其细胞液由碱性变成了酸性。

应用价值

八仙花开花时，花团锦簇，颜色时蓝时粉，是极好的观赏花木。因其喜欢湿润和

半阴环境，不耐寒，因此在长江以南地区可培植于庭院背阴处、园林树下，或山石的北面，而北方地区可栽植于花盆内，天冷之后可搬到房间内。

八仙花还具有药用价值，花、根可入药，可用于治疗疟疾。

科普进行时

相传，当年八仙过海前，何仙姑看到江南山清水秀、风光如画，便撒下了仙花种子，以便锦上添花，因此长出来的花便被人们称为八仙花。当然，这只是一个美丽的神话，不过由此不难看出人们对八仙花的喜爱之情。

郁郁葱葱的
挺拔树木

YUYUCONGCONG DE TINGBA SHUMU

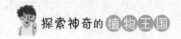

▶▶春风裁细叶——柳树

柳树是一种非常容易成活的木本植物，人们经常用
"无心插柳柳成荫"来形容它这种极强的生命力，因此，
柳树成为我国绿化中使用最普遍的树种之一。

🌳 生长迅速

柳树萌芽力强，根系发达，生长迅速，只需要 10 年左右
就能长到十几米高。柳树之所以生长得如此迅速，是因为在柳
枝的形成层和髓射线之间，有许多分生能力很强的薄壁细胞群，

这些细胞群能够迅速分裂繁殖，形成根的原始体。当柳枝被插到土壤里以后，如果温度、湿度和遮光条件都适宜，根的原始体就会逐渐发育，形成新根。这些根深深地扎进泥土里，伸向四面八方，紧紧地拥抱大地，为树干提供丰富的营养。

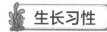
生长习性

　　柳树喜光，喜欢温暖湿润的气候和潮湿深厚的酸性、中性土壤，较耐寒，特别耐水湿，但也能生长在土层深厚的干燥地区。柳树的耐水能力有多强呢？在遭受水淹时，它们能长出许多不定根，这些不定根就算漂浮在水中，依然有着吸收和运输养分的作用，所以将柳树种植在河岸及湖边是非常适合的。

科普进行时

　　柳树主要分布于北半球温带地区，寒带地区分布不多，热带和南半球仅零星分布。柳树是我国的常见树种，各省区均有分布。

应用价值

柳树枝条细长，柔软下垂，随风飘舞，姿态优美潇洒，别有风致。自古以来，柳树就是非常重要的庭园观赏树，也可用作行道树、庭荫树、固岸护堤树及平原造林树种。

除了美化环境，柳树还有许多其他用途呢。河柳枝皮的纤维是很好的纺织及绳索原料。柔韧的枝条可用来编制提篮、抬筐、箱子等。木材有较好的韧性，可用于制作小农具、小器具，及烧制木炭用，又因为木材含有较多的纤维，可以作为制造纸张和人造棉的原料。

▶▶ "怕痒" 的紫薇树

> 紫薇树属千屈菜科,为落叶乔木。紫薇树原产于中国,分布于长江流域,华南、西北、华北也有栽培。

表皮光滑的原因

北方人也称紫薇树为"猴刺脱",是说树身太滑,猴子都爬不上去。它之所以这么滑,是因为没有树皮。年轻的紫薇树树干,年年生出表皮,年年自行脱落,表皮脱落以后,树干新鲜而光滑。年老的紫薇树,树身不复生表皮,筋脉挺露,莹滑光洁。

"怕痒"的特性

紫薇树还有一个名字,叫作"痒痒树"。如果人们轻轻抚摸一下紫薇树,它会立即枝摇叶动,浑身颤抖,甚至会

发出微弱的"咯咯"响动声。
这就是它"怕痒"的一种全身反应，
实在令人称奇。

作用价值

　　紫薇树非常美丽，花期很长，是一种非常优良的观赏类植物，可栽种于公园、庭院中，也可做盆景。紫薇树具有较强的抗污染能力，对二氧化硫、氟化氢及氯气的抗性强，还能吸滞粉尘。因此它是城市、工矿绿化最理想的树种。紫薇树还具有药用价值，李时珍在《本草纲目》中论述，其皮、木、花、种子、叶均可入药。紫薇树的根、叶、皮入药，有活血止血、清热解毒的作用。

科普进行时

　　紫薇树有赤薇、银薇、翠薇等品种。花瓣为蓝色的翠薇最佳，其花序为圆锥状，着生新枝顶端，每朵花6瓣，瓣多皱襞，似一轮盘。

▸▸ 春日飘絮的杨树

杨树是世界上分布最广、适应性最强的树种。它生长快，寿命长，树形挺拔，树荫茂密，曾是我国常见的行道树。但因为它每到春季就会产生很多毛絮，给人们的生活造成了一定的困扰，现在已经不常用于城市绿化中了。

🌳 形态特征

杨树树干笔直，颜色灰白，树皮光滑或有纵裂。枝有长短之分，为圆柱状或具棱线。叶互生，多为卵圆形、卵圆状披针形或三角状卵形，在不同类型的枝条上一般形状有所不同，叶的边缘为锯齿状。杨花像一条长而柔软的毛毛虫，又像一串藏在树叶间的麦穗，既没有美丽的形状，也没有鲜艳的色彩，毫不引人注

目。杨树的每朵小花只有苞片而没有花冠、花萼。每当春天来临，大街小巷总是飘满了许多像雪花一样的毛茸茸的絮状物，这就是杨树散播出的带有茸毛的种子。

繁殖方式

杨花是单性花，花里只有雄蕊或雌蕊，雌雄异株。杨花的结构简单，没有蜜腺，不能分泌花蜜引诱昆虫帮它传播花粉，只能借助风力传播花粉，所以它是风媒花。杨花开败以后，杨树会结出一串串非常小的果实。当果实成熟、干燥后裂成两瓣，种子就会蹦出。杨树的种子基部围有一簇丝状长毛，一朵朵白色的茸毛像雪花一样随风飞舞，找到自己能生长的地方便落下来，生根发芽。杨树就是这样一代又一代繁衍下去的。

科普进行时

杨花大量散播飞絮会污染环境、传播疾病，会让人呼吸不畅，所以许多城市的街道旁与绿化带都已经改用松树或槐树来装饰了。

▶▶ 树干洁白的白桦树

白桦树属桦木科，为落叶乔木。它姿态优美，树干笔直而洁白，十分引人注目。白桦树的成活率比较高，因此成片种植，可以形成美丽的风景林。

🌳 形态特征

白桦树高大挺拔，树皮为灰白色，分层剥裂。叶子呈三角状卵形，有的近似菱形，叶缘围着一圈重重叠叠的锯齿。白桦的花于春日开放，由许许多多的小花聚集在一起，构成一个柱状的柔软花序。果实秋季成熟，小而坚硬。有趣的是，其果实还长着两个宽宽的"翅膀"，可以随风飘荡，落地生根。

白色的树皮

在日常生活中，我们见到的树皮多数是褐色的，为什么白桦树皮是白色的呢？树干由五个部分构成，即树皮、韧皮部、形成层、边材和心材。在植物学上，树皮指树的最外面部分，叫作周皮。周皮是一种保护组织，可分为三个部分，从内向外依次为栓内层、木栓形成层和木栓层。木栓形成层能不断进行细胞分裂，向内分裂形成栓内层，向外分裂形成木栓层。木栓层的细胞都是死细胞，一般呈褐色，因此大多数树皮的颜色是褐色的。白桦树的木栓层也是褐色的，但是在木栓层的外面，还含有少量的木栓质组织，这些组织的细胞中含有大约 1/3 的白桦树脂和 1/3 的软木脂，这些物质都是白色的，而且都在皮的最外层，因而白桦树的树皮就成了白色。

树皮上的"眼睛"

　　白桦树的树皮上布满了成排的横纹，像一只只眼睛。这些"眼睛"其实是呼吸气孔，通过这些气孔，白桦树可以畅快地呼吸。而对人类来说，这些气孔是辨别方向的向导，由于光照时间不同，白桦树比较光滑的一面是南方，而"眼睛"比较密集的一面则是北方。如果有人在野外迷了路，遇到白桦树可以用它来辨别方向。

科普进行时

　　白桦树喜光，不耐阴，耐严寒，耐瘠薄，对土壤适应性强，喜酸性土，在沼泽地、干燥阳坡及湿润阴坡都能生长。

▶▶四季常青的松树

> 古往今来，中国人一直对松树怀有深厚的感情。因为松树具有顽强的生命力，不惧风雪，四季常青，因此人们赋予松树坚强不屈的品格，并把松、竹、梅誉为"岁寒三友"。

松树常青的原因

秋天，许多植物的叶子纷纷枯萎落地，但是松树却依然苍翠葱茏，这是为什么呢？因为到了冬天，植物为了保持自己的水分和养分，就会"抛弃"叶片，而松树却有着自己独有的抵

抗严寒的方法：叶子长得像针一样，细而厚，水分蒸发的面积很小；叶子外面长了一层角质表皮，犹如披了一件"棉外衣"，既能保暖，又能防止水分蒸发；松叶的叶肉组织的细胞壁向内形成突起，叶绿体沿着突起表面分布，这样就增大了叶绿体的分布面积，也扩展了光合作用的面积。因此，风雪和严寒也奈何不了它们。

容易被忽视的松树花

松树会开花，但花期很短，只有 7~8 天的时间。因为它的花是黄色的，特别小，所以常常被人忽略。松树开的花分为雄球花和雌球花两种，花粉呈金黄色或黄绿色，它们通过风把雄球花的花粉吹到雌球花上面，最后结出种子来。花期过后不久，就会结出小小的松果。

松树的种植

　　松树是一种适应能力较强的树种，因而能够存活于各种类型的土壤中，只是在不同类型的土壤中，松树会呈现出不同的生长态势，所以我们在栽培松树时，还是应尽量为其选择肥沃的土壤，这样松树才能茁壮成长。另外，我们还要根据松树的品种来选择把它们种植在酸性土壤中还是碱性土壤中。松树喜光，因此应将其栽植在阳光充足的地方。松树的耐寒性和抗旱性都很强，因此土壤中不可有过多积水，否则会引起烂根。

科普进行时

　　你知道吗，松树还会"出汗"。原来，"汗"是指流出来的松脂。松树的根、茎、叶里储存了大量的松脂，一旦树干受伤，松脂就会流出来把伤口封住，同时杀死空气中的病菌，保护自己免受伤害。

▸▸ 守护海岸的红树

> 我国东南沿海生长着一种能保护海岸的树，它被誉为"海岸卫士"。由于它的树皮能制造棕红色的颜料，所以人们以"红树"来为它命名。

坚不可摧的"海岸守卫军"

大家都知道，一般的植物在狂躁不宁的海洋边和又苦又咸又涩的海水中是无法生存的，可是红树的本领却特别大，在靠近海岸的浅海地区，红树形成了一片片茂密葱郁的海上森林，狂风巨浪对它们也无可奈何。它们那露出水面的部分繁茂苍翠，地面和地下纵横伸展着各种各样的支柱根、呼吸根、蛇状根等，形成了一道抵挡风浪、拦截泥沙、保护海岸的"绿色长城"。它们任凭风吹浪打、潮起潮落，始终坚不可摧、岿然不动。

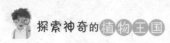

海水淡化器

虽然长期浸泡在海水中，红树却依然能够茁壮成长，其中的秘密就隐藏在红树的叶片中！大自然在它的叶子上布下了专门吸收并排出多余盐分的盐腺，使它能够将植物体内过多的盐分排出体外，为植物提供生长所需要的淡水。因此人们又把红树称为"植物海水淡化器"。

 ## 奇妙的繁殖方式

红树繁殖后代的方式很奇特。因为它生长在热带海洋潮涨

潮落的潮间带，松软的泥土以及海水的涨落，很容易把种子冲走，非常不适合种子萌发。为此，聪明的红树想出了一个办法：开花结果后，果实并不落地发芽，而是在母树上继续吸收大树的营养，萌发长成幼苗。幼苗成熟后，就会脱离大树，一个个往下跳，散落到海滩中，随着海水到处漂流，遇到合适的地方，就扎根下来，像其他植物一样正常生长。由于它的这种繁殖方式很特殊，好像哺乳动物怀胎生孩子一样，所以人们才称红树为"会生小孩的树"。

科普进行时

除了普通的树根外，红树还能长出许多支柱根和呼吸根。它的一条条支柱根从树枝上生出，直插海滩淤泥中，全力支撑着浓密的树冠，成为抵御风浪的稳固支架。一条条呼吸根，像手指一样，由土中伸出地面，吸收空气中的氧气和水汽。红树就是依靠这些特殊的本领在海滩上顽强生活的。

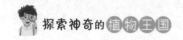

▸▸ 与人类息息相关的橡胶树

> 橡胶树属大戟科橡胶树属，是一个比较典型的热带雨林树种，树中含有丰富的"乳汁"。最早开采和利用橡胶树的是南美洲的印第安人，他们称橡胶树为"会流泪的树"。

🌳 形态特征

橡胶树是热带雨林上层的多年生高大乔木，树高可达 30 米。橡胶树树干各部分都有网状组织的乳胶导管，以产出乳胶，

主干接近形成层的韧皮部乳胶导管最密集。指状复叶，具3片椭圆形的小叶，全缘，两面光滑而无毛，叶脉清晰而明显。圆锥状花序腋生，被灰白色短柔毛，雌雄同株。果实为蒴果，有三道纵沟，顶端有喙尖，基部略凹。种子椭圆形，淡灰褐色，带有明显的斑纹。

生长习性

橡胶树喜欢生长在高温高湿的环境中。它的枝条非常脆弱，且不能适应有风的环境，一旦受到寒风影响，产胶量就会降低。橡胶树对土壤也有一定的要求，在肥沃的土壤中才能生长良好。

工业价值

橡胶树的神奇之处在于，人们只要在它的树皮上切开一个口子，就会有乳白色的胶汁缓缓流出，待收集好的胶汁凝固、干燥后，就可以制成天然橡胶。天然橡胶富有弹性，并具有良

好的绝缘性，除此之外，还具有可塑、隔水、隔气、耐磨等特点，因此在工业、国防、交通、医药卫生领域和日常生活等方面都发挥着重要作用。

除此之外，橡胶树的其他部分也有很多用途。橡胶树的种子可以榨油，榨出的油可以用来制造油漆和肥皂。橡胶果壳可用来制造活性炭、糠醛等。橡胶树的木材质地轻，加工性能好，并带有美丽的花纹，可用于制造高级家具、纤维板、胶合板等。

科普进行时

中国植物图谱数据库收录的有毒植物中就有橡胶树，它的种子和树叶都是含有毒素的。小孩子如果误食了几颗橡胶树种子，就会出现恶心、呕吐、腹痛、头晕、四肢无力等中毒症状，严重者还会出现抽搐、昏迷等症状。因此，一定要小心，不要让孩子或宠物误食橡胶树的种子或叶子。

▸▸ 香气扑鼻的桂树

桂树枝繁叶茂，开花时芬芳扑鼻，香飘数里，所以又被称为"七里香""九里香"。它树龄长久，花色艳丽，是我国特有的观赏花木和芳香树。

形态特征

桂树是一种常绿阔叶乔木，树冠非常茂密。树皮呈灰褐色或灰白色，有时显出皮孔，内皮红色。叶通常为互生或近对生，呈长椭圆形或椭圆状披针形，叶面光滑，呈革质，近轴面呈暗

绿色，远轴面颜色较淡。圆锥花序腋生或近顶生。果实很小，呈卵球形。

桂花的种类

桂树通常每年 9—10 月开花，每朵花有 4 片花瓣，花色因品种而异。桂花的品种很多，常见的有金桂、银桂、丹桂和四季桂。金桂花朵金黄，气味较淡，叶片较厚；银桂花朵颜色较白，稍带微黄，叶片较薄；丹桂花朵颜色橙黄，气味浓郁，叶片厚，色深；四季桂别称月月桂，花朵颜色稍白或淡黄，香气较淡，叶片薄，长年开花，俗称"桂子"。每到中秋时节，桂花清香飘溢，带有丝丝甜味，令人心情舒畅。

 生长习性

　　桂树喜欢温暖的环境，有一定的耐阴能力，适宜在土层深厚、排水良好、肥沃、富含腐殖质的偏酸性砂质壤土中生长，不耐干旱瘠薄，在板结、贫瘠的土壤中生长缓慢。生长环境较差时，桂树枝叶稀少，叶色发黄，不开花或很少开花，甚至会整株死亡。

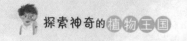

▶▶清新怡人的茶树

> 茶这种常见的饮品，想必大家都不会陌生。那么茶树是什么样子的呢？

形态特征

茶树属山茶科山茶属，为灌木或小乔木。嫩枝无毛。叶子呈椭圆形，边缘有锯齿，革质。春、秋季时可采嫩叶制成茶叶。花1~3朵腋生，花冠为白色，花瓣为阔卵形；苞片2片，早落；萼片5片，呈阔卵形至圆形，无毛，宿存。果实为蒴果，内含种子。种子可以榨油。

生长条件

茶树喜光耐阴，对紫外线有很高的需求，适宜生长在温暖湿润的气候区。在一定高度的山区，雨量充沛，云雾多，空气湿度大，散射光强，这十分利于茶树生长，这也是名茶多出现

在有山的地方的原因。但茶树不宜种
在高山上，如果海拔超过 1000 米，就
会很容易遭受冻害，也就无法良好生长了。

🌱 饮　茶

将茶树的嫩叶采摘下来后，采用不同的加工工序就可以制
成各种不同的茶叶，用开水冲泡后就可以饮用了，是一种健康

📖 科普进行时

茶树种植 3~5 年后可开始采收，但注意此时采收的量不可过大，约
10 年后进入采收黄金期，30 年后开始老化。此时可从基部把老茶树砍掉，
它可以重新长出新枝，再到老化期后就失去价值了，需要挖掉根，栽种
新的茶树。

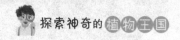

的饮品。在我国，将茶树的嫩叶制作成饮品，有长达 2000 多年的历史。随着时间的推移，中国的种茶、制茶技艺逐渐传到世界其他地区。我国不但饮茶历史悠久，茶叶品种也是世界上最丰富的。根据茶叶制作过程中多酚类物质氧化程度的不同，我国的茶叶一共被分为六类，分别是红茶、绿茶、青茶、黄茶、白茶、黑茶。

 **饮茶的作用**

茶叶富含多种营养成分，时常饮用，对龋齿、癌症、慢性支气管炎、肠炎、贫血及心血管疾病等有较好的预防作用。

不可或缺的美味果蔬

BUKEHUOQUE DE MEIWEI GUOSHU

▶▶ 营养价值极高的菠菜

菠菜原产于波斯（即现在的伊朗一带），早在2000多年前，波斯人就开始种植并食用菠菜。唐朝时期，尼泊尔人将菠菜种子作为贡品献给了唐太宗，从此，菠菜便在中国安家落户了。菠菜营养价值丰富，古代的阿拉伯人把菠菜称为"菜中之王"。

形态特征

菠菜属藜科，是一年生草本植物。它的主根发达，呈锥状，肉质，带红色，侧根不发达。茎直立，中空，鲜嫩多汁。叶戟

形至卵形，鲜绿色。冬播菠菜次年春开花，春播菠菜初夏开花，雌雄异株，靠风传粉，间有雌雄同株的两性花。胞果卵形或近圆形。种子寿命较短。

营养价值

菠菜营养价值很高，富含类胡萝卜素、维生素 C、维生素 K、钙、铁等多种营养物质，常吃菠菜可预防维生素缺乏，对胃和胰腺的分泌功能也有好处。菠菜还是一种特别适合儿童食用的蔬菜。

🌵 药用价值

　　你知道吗？菠菜这种日常食用的蔬菜还具有药用价值。菠菜含有大量的植物粗纤维，可以促进肠道蠕动，有帮助排便的作用，又能促进胰腺分泌，有利于消化，对于痔疮、慢性胰腺炎、便秘、肛裂等病症也有一定的辅助治疗效果。

科普进行时

　　菠菜虽好，但也不是十全十美。菠菜含有草酸，过量食用会影响人体对钙的吸收。但草酸易溶于水，用沸水焯过的蔬菜是适合食用的。

美不胜收的油菜

油菜是我国播种面积最大、分布地区最广的油料作物。我国的长江流域及西南、西北等地有大片的油菜田，每当油菜花开之时，那耀眼的黄花仿佛为大地铺上了一层金色的地毯。

🌳 形态特征

油菜属十字花科芸薹属，为一年生草本植物。植株亭亭玉立，多分枝，茎呈圆柱形，茎秆较软。基生叶呈旋叠状生长，茎生叶一般互生，没有托叶。花两性，花瓣有 4 枚，呈十字分布，质地轻薄如纸，颜色明黄，非常耀眼。果实为角果，成熟时会裂开，撒出里面的种子。种子较小，球形，一般呈紫黑色。

种植区域

根据播种期的不同，我们可以将油菜分为春油菜和冬油菜。春油菜、冬油菜的分布区不同，其界线比春、冬小麦的分界线略微偏南。我国主要种植的是冬油菜，长江流域是全国最大的冬油菜产区，其中四川省播种面积最大、产量最高。

菜籽油的独特优势

油菜的种子可以用来榨油，我们称之为菜籽油，主要取自甘蓝型油菜和白菜型油菜的种子。

菜籽油中富含多种维生素，其中维生素 E 的含量特别丰富，远超大豆油，而且加热后或长期储存后仍能大量保留，因此食用菜籽油可很好地补充维生素 E。此外，菜籽油中对人体有益的油酸和亚油酸含量在植物油中是最高的。

人体对菜籽油的吸收率相当高，它所含的营养成分能被人体充分吸收，常吃菜籽油可以软化血管、延缓衰老。

科普进行时

菜籽油色泽为金黄色或棕黄色，带有一股特殊的气味，因此不适合直接用来做凉菜，但特优品种的菜籽油是没有这种味道的。

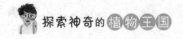
▶▶ 酸甜可口的番茄

有一种蔬菜，生吃的时候酸甜可口，因此有的人也会将其作为水果食用，它就是番茄。番茄营养丰富，风味独特，是全世界人民都喜欢食用的一种蔬菜。

🌳 引导番茄长势

番茄是一种会生长得十分茂盛的蔬菜，如果不好好修剪，是无法大量结果的。因此，有经验的菜农都知道，要想种好番茄，最关键的不是促使它不断生长，而是引导它的长势，使它不要疯长。番茄的植株呈藤蔓状，而且番茄在整个生长季都会持续地开花结果，因此必须为其搭架，还要不断地绑结和修剪，并限制其分枝生长的数量。

当番茄还是幼苗时，就要在番茄苗旁竖起支架，当其第一次开花、结果后，就要将所有的枝茎和果实都绑在支架上，否则植株会因为果实过于沉重而倒伏，而且这样做还能使所有的叶子都能最大限度地接受日

照。如果任由番茄的植株倒在地上，不仅凌乱不堪，难以管理，而且番茄的叶子容易沾染土壤表面的真菌孢子而患病。

🌿 营养价值

番茄富含维生素 A、维生素 C，经常食用对血管有好处，可预防血管老化。另外，番茄中的番茄红素可以促进血液中胶原蛋白和弹性蛋白的结合，有令肌肤变得更有弹性的功能。但需要注意的是，番茄中的番茄红素需要加热至熟后食用，人体才能充分吸收。

📋 科普进行时 ◀

番茄的老家在南美洲西部的安第斯山脉一带。起初它生长在森林里，但是因为色彩艳丽，就像剧毒蘑菇一样娇艳，所以人们认为它是有毒的果子，不敢食用。

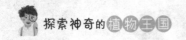

▶▶ 地下"小人参"——胡萝卜

> 胡萝卜颜色亮丽,脆嫩多汁,营养丰富,是人类餐桌上最受欢迎的蔬菜之一,其在中国栽培范围很广泛,产量占根菜类的第二位。

🌳 栽培历史

亚洲西南部是胡萝卜的原产地,其栽培历史超过2000年。10世纪时,胡萝卜经伊朗传入欧洲大陆。约13世纪时,胡萝卜经伊朗传入中国。16世纪时,胡萝卜从中国传入了日本。

🌿 形态特征

胡萝卜属伞形科,为一年生或二年生草本。我们食用的是它的长圆锥形的根部。茎直立,分枝较多。2~3回羽状复叶,裂片线形或披针形,叶

有长柄，叶柄基部扩大，形成叶鞘。花序复伞形，花序梗较长，长有糙硬毛，花多数为白色，有时带淡红色。开花授粉后，形成二心皮的双悬果，果实表面有纵沟，成熟时分成两个果实，但仍然连在一起。果实表面有刺毛，皮革质，含有挥发油。种子包含在果皮内。

品种类型

胡萝卜品种丰富。因品种不同有不同的颜色，除了常见的黄色、橙红色外，还有紫色的和白色的等。我国栽培最多的是橙红色的、黄色的两种。根据胡萝卜的肉质根形状，主要可将其分为三

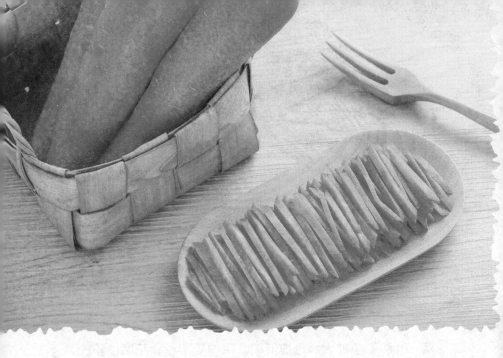

个类型：短圆锥形、长圆柱形和长圆锥形。短圆锥形是早熟品种，产量低，味道偏甜，适合生吃；长圆柱形是晚熟品种，肩部粗大，根细长；长圆锥形是中、晚熟品种，味道偏甜，耐贮藏。

🌿 营养成分

　　胡萝卜肥嫩的肉质根长时间埋在土壤中，吸收了土壤中的营养与水分，故而富含蔗糖、葡萄糖、淀粉、胡萝卜素以及钾、钙、磷等多种营养成分，对人的身体有诸多好处，被人们称为地下"小人参"。

🐿️ 科普进行时

　　购买胡萝卜时，要想挑选到脆嫩多汁、入口甘甜的胡萝卜，需要掌握一个小窍门：要选那些表皮光滑，形状整齐，无裂口和病虫伤害的。

▶▶ 清脆多汁的黄瓜

> 黄瓜曾经被称为"胡瓜"，原产于印度，西汉时张骞出使西域，把黄瓜带了回来，从此中国就有了黄瓜。由此可见，黄瓜作为蔬菜食用的历史十分悠久。

🍄 形态特征

黄瓜为一年生攀缘性草本植物。根系扎根能力不强，主要分布在浅层较温暖的土壤中，再生能力与吸收力较弱。茎不断伸长，表面长有白色的糙硬毛，有棱沟。叶片为宽卵状心形，膜质，裂片三角形，边缘有齿。雌雄同株，异花，雄花丛生，雌花单生。果实为长圆形或圆柱形，表面有粗糙的小突起。种子长卵形，扁平，黄白色，非常轻，使用年限 1～2 年。

🌿 生长习性

黄瓜既不耐寒，也不耐热，在温暖的环境中才能健

康生长，生长发育最适宜的温度约为
25℃。总体来说，黄瓜需水量较大，幼
苗期水分不宜过多，但结果期必须保证充足的水分。黄瓜虽然
喜湿，但不耐涝，注意湿度不可过大，否则也会减产。在疏松
肥沃、弱酸性到中性的砂质壤土中长势最好。

营养价值

黄瓜富含蛋白质、糖类、
维生素 C、维生素 B_2、维生
素 E、胡萝卜素、钙、磷、
铁等营养成分。常吃黄瓜可
以补充维生素，清口气，益
肾脏，还可以养颜护肤等。

科普进行时

今天，黄瓜已被广泛种植
于温带和热带地区。中国各地区
均有种植，且多数地区是温室或
塑料大棚栽培。在夏季，黄瓜是
中国人日常食用的蔬菜之一。

▶▶ 人间 "油" 物——大豆

大豆是一种含有丰富蛋白质的粮食作物和油料作物。在中国古代，大豆被称为"菽"，它对中国人的饮食习惯产生了深远影响。

🌳 形态特征

大豆属豆科大豆属，为一年生草本植物。茎直立，粗壮，表面长有浓密的硬毛。叶为三出复叶，小叶为宽卵形，纸质。总状花序生长于叶腋间或茎顶端，花萼披针形，花为蝶形，通

常为紫色或白色。荚果肥大，稍弯，下垂，黄绿色，表面有毛。荚果内有种子 2~5 颗，近球形，种皮光滑，有青、黄、褐和黑等多种颜色。

栽培广泛

大豆原产于中国，一般认为是由野豆培养而来，已有 5000 年以上的种植历史。大豆在我国各地都有栽培，其中以东北产的大豆质量最佳。现如今，大豆已在世界许多地区被广泛种植。

用途多多

大豆的食用价值极高，可以制成许多种豆制品。其中，非发酵豆制品包括豆腐、腐竹、豆芽、豆浆、豆腐丝、豆腐干、豆粉等；发酵豆制品包括腐乳、臭豆腐、豆瓣酱、酱油、豆豉、纳豆等。

大豆又是不可或缺的油料作物，人们常吃的大豆油就是从大豆的种子中榨取出来的。大豆油是世界上食用最普遍的植物油之一，在我国北方，人们做饭主要使用的油就是大豆油。

大豆经压榨提取食用油之后，所剩的副产品叫豆饼（豆粕），是很好的蛋白饲料，可用来喂鸡、猪、牛等。

营养丰富

大豆是豆科植物中营养最丰富的，而且非常好消化，多吃大豆对人体有很多益处。大豆的蛋白质含量非常丰富，同时是我们能够获取到的富含蛋白质的食物中最廉价的。除了蛋白质以外，大豆中脂肪、钙、磷、铁和维生素 B_1、维生素 B_2 等人体必需的营养物质含量都很高。大豆油的脂肪酸构成较好，它含有丰富的亚油酸，在降低血清胆固醇含量、预防心血管疾病方面可以发挥重要作用，而且大豆油被人体消化吸收率高达98％。所以，多吃大豆及豆制品，有利于人体生长发育和健康。

科普进行时

根据种皮颜色和粒形的不同，大豆被分为黄大豆、青大豆、黑大豆、其他大豆、饲料豆五类。黄大豆最常见，种植最普遍；黑大豆又叫乌豆，可以充饥，也具有药用价值；其他颜色的大豆都可以炒熟后食用。

▶▶让人又爱又怨的榴梿

在新加坡、马来西亚等地流传着这样一句话："榴梿出，纱笼脱。"意思是榴梿上市，若是无钱购买，宁可变卖纱笼(东南亚一带人们的传统服饰)也要品尝一番。由此可见，榴梿的美味真是名不虚传啊!

🌳 形态特征

榴梿属棉葵科榴梿属，为巨型热带常绿乔木。它高大挺拔，幼枝顶部有鳞片。叶片多为长圆形，也有倒卵状长圆形的，上面光滑，背面有贴生鳞片。细长下垂的聚伞花序簇生于茎上或大枝上，每序的花数量不等，花色淡黄。蒴果椭圆形，淡黄色或黄绿色，约有一个足球大小，果皮坚实，密生三角形刺。里面通常有4~5室，每室里面包含大块的果肉，果肉是可食用部分，肉色淡黄，绵软黏稠，带有强烈的特殊气味;每室里包含2~6粒种子。

奇特的气味

榴莲是一种让人又爱又怨的水果。它的味道非常奇特，闻起来奇臭无比，吃起来却细腻香甜。因此，有的人非常喜欢吃榴莲，有的人却无法忍受它的气味，一闻到就捂着鼻子远远地躲开，更别说品尝它了。

营养丰富

榴莲果肉中含有大量的糖分，热量很高，除此之外，还含有丰富的蛋白质、脂肪、碳水化合物、维生素类物质和丰富的矿物质元素，其中钾、钙含量最高；

另外，榴梿中还含有多种氨基酸，包括谷氨酸、天门冬氨酸等。榴梿是一种营养价值很高的水果，经常食用可以强身健体、健脾补气、补肾壮阳。榴梿性热，有活血散寒、缓解痛经的功效，还能改善腹部寒凉的症状，因此特别适合经常痛经的女性和寒性体质的人食用。

科普进行时

　　榴梿的名字是怎么来的呢？这考证起来已十分困难。倒是有个相关的传说，提到了榴梿的名称由来。相传，中国明朝的时候，深受明成祖信任的太监郑和曾率领舰队七下西洋。有一次，他们到达今天的东南亚，品尝到了当地的榴梿，郑和很喜欢吃这种水果，给它起名为"留恋"，后人根据"留恋"的谐音，称其为"榴梿"。

倒吃甘蔗节节甜

甘蔗属禾本科，是一年生或多年生的草本植物，含糖量非常丰富。甘蔗有紫皮和青皮两种，都具有清热生津的功效，因而，人们将它的汁称为"天生复脉汤"。

形态特征

甘蔗的茎直立，丛生，粗壮发达，像竹子一样有节，表面常有白粉。叶子丛生，叶片很长，带有肥厚、白色的中脉，边缘呈小锐齿状。大型圆锥花序顶生。颖果细小，呈长圆形或卵圆形。

根头甜的甘蔗

凡是吃过甘蔗的人，都知道甘蔗的上半截没有下半截甜，特别是甘蔗的梢头，简直淡而无味。为什么同一株甘蔗，甜淡

悬殊这么大，而越到下部，特别是甘蔗的根头部分，甜味越是浓重呢？

当甘蔗还是幼苗时，梢头和根头都没有什么甜味。随着甘蔗的生长，它需要剥几次叶子。剥叶子的作用，除了加速甘蔗向上生长，还能够使甘蔗的茎秆接受阳光照射，因为甘蔗的茎秆是制造糖分的一个重要部位。甘蔗的茎秆制造出来的养料一部分供自身成长消耗，剩余的部分就转化为糖分储存在根部。由于甘蔗茎秆制造出的养料绝大部分是糖，因此根部的糖分更浓。此外，由于甘蔗叶子的蒸腾作用需要大量的水分，所以甘蔗梢头总是保持着充足的水分来供叶子消耗。这些水分总是越靠近梢头越多，所以甜味自然也就越淡了。

蔗糖的制作

糖是人类必需的食用品之一，也是制造糖果、饮料、糕点等食品离不开的原料。在中国，制糖的主要原料就是甘蔗。具体做法是：用机器挤压甘蔗，榨出糖汁，收集起来，过滤后用石灰处理，除去杂质，再用二氧化硫漂白。将处理过的糖汁煮沸，除掉杂质和泡沫，然后熄火，待糖浆结晶，便得到了蔗糖。

科普进行时

甘蔗喜欢土壤肥沃、阳光充足、冬夏温差大的地方，所以才会被广泛种植在热带及亚热带地区。巴西、印度和中国是世界上主要的甘蔗生产国。

▶▶ 齿颊留香的杧果

杧果为著名热带水果之一，其味道香甜，肉质细腻，广受好评。

🌳 形态特征

杧果树属漆树科，为常绿大乔木。它高大挺拔，树皮厚实。叶为单叶，多聚生在枝顶，革质，有较长的叶柄。花小而多，组成圆锥形花序，花序上长有灰黄色的小茸毛。花是杂性花，花冠为黄色，花瓣5枚，萼片5枚，带有香气。果实为核果，呈椭圆形或肾形，略扁，成熟时外果皮为黄色，我们的食用部

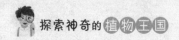

分为中果皮，肉质，绵软多汁，味道香甜，果核大而坚硬。

生长习性

杜果性喜温暖，不耐霜寒，在 25~30℃的温度条件下生长良好，低于 20℃则生长缓慢，低于 10℃则停止生长。因此杜果只分布于一些热带国家。杜果喜光，只有获得了充分的光照，才可以多开花结果，结出的果子才金黄诱人。因此如果杜果树枝叶过多、树冠郁闭，一定要进行修剪，否则会因光照不足而结果少、品相差。杜果对水分的要求也很高。花期和结果初期如果水分不够，就有可能落花、落果；但浇水量也不可过大，否则会导致烂根。杜果对土壤的适应性较强，但以土层深厚、微酸性的壤土或砂质壤土为好。

价值丰富

杜果果实中含有丰富的糖、维生素、蛋白质、粗纤维，硒、

钙、磷、钾、铁等人体必需的元素的含量也很高。因此常吃杜果对人体有诸多益处。杜果除了可以直接食用外，制成果汁、果酱、罐头、果干等味道也都非常不错，还常被用来制作酸辣泡菜及甜点等。

除了食用价值外，杜果叶和树皮可作黄色染料。木材坚硬，不易被腐蚀，可用来制造家具或木船等。

科普进行时

杜果主要分布于印度、孟加拉国、马来西亚等热带国家。在我国杜果主要产于云南、广西、广东、四川、福建、台湾等地。

▶▶ 可以解渴的椰子

在南方美丽的海岛上，海边常常挺立着高高的椰子树，树上挂满了大大的椰果，让人忍不住流口水。我国以海南省的椰子树最为著名，椰子树已成为海南的象征，海南岛更被誉为"椰岛"。

🌳 形态特征

椰子树是一种非常可爱的树，树干光滑，树顶长有巨大的羽毛状叶子，形成美丽的树冠，树叶好像是从树顶"炸"出来的一样，活像过年时放的礼花。椰子长在树叶的根部，一棵椰子树一般结十几串椰子，每

串挂果一二十个。椰子的形状像西瓜，外果皮较薄，中果皮为厚纤维层，内层果皮呈角质，再往里就是一个储存椰浆的空腔。椰肉色白如玉、芳香滑脆，椰汁清凉甘甜。椰肉、椰汁富含果糖、葡萄糖、维生素 E、钾、钙、镁等，椰子是老少皆宜的美味佳果。

海边生长

为什么椰子树大多生长在海边呢？原来，椰子树的果实——椰子，成熟后会落入大海，靠流动的海水来散播。椰子的厚皮里有一层又轻又空的纤维，它可以使落入海中的椰子漂浮在海面上，既不会沉下去，也不会腐烂。椰子随着海水漂流，有时会漂到几千公里外，然后被冲上海滩，在适宜的地方生根发芽，长出

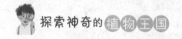

一棵新的椰子树来。椰子树对土壤并没有十分严格的要求，但最喜欢水分充足且含有盐渍的土壤，所以海边是它最喜爱的生存环境。

结构特殊的叶子

椰子树生长在海边，难免遇到狂风和暴雨，可是它那巨大的叶片却很少被折断。为什么它能承受那么强大的压力呢？一方面是因为叶片本身较轻，另一方面是因为它的结构比较特殊。它并不是完全平整的，而是凸起和凹下的部分形成一道道波纹。鱼尾葵、蒲葵、油棕的叶子也有这个特点。与平展的叶子相比，这种有皱褶的叶子的承受力要大得多，不易被破坏。

科普进行时

把椰子外面那层厚厚的壳，用刀顺着纤维一刀一刀砍下来，就会看到椰子上面有三个小孔，有两个长相一样的，还有一个不一样的，把不一样的那个小孔表面用刀刮一下，然后把吸管插进去，你就可以尽情地喝椰汁了！

防病、治病的
药用植物

FANGBING ZHIBING DE YAOYONG ZHIWU

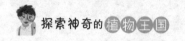

▸▸苦口良药——黄连

> 俗话说，"哑巴吃黄连——有苦说不出"。黄连为什么特别苦？它究竟有多苦呢？

形态特征

黄连为毛茛科多年生草本植物。黄连的根茎呈黄色，常分枝，密生须根。叶基生，叶柄无毛；叶片稍带革质，卵状角形。花茎 1～2 个，二歧或多歧聚伞花序，黄绿色。种子椭圆形，褐色。

名称的由来

黄连有很多分枝，呈簇生状，弯曲的形状就像鸡爪一样。由于它的根茎呈黄色、多节，成串相连，所以就被叫作"黄连"了。

苦味的来源

如果将黄连的根放入一杯清水中，过一会儿，就会看到黄连根里跑出一种黄色的东西来，逐渐将整杯清水染成淡黄色。这种黄色的东西叫作小檗碱，黄连的苦味都来自它。小檗碱是一种生物碱，味道特别苦，如果将 1 份小檗碱加入 25 万倍的

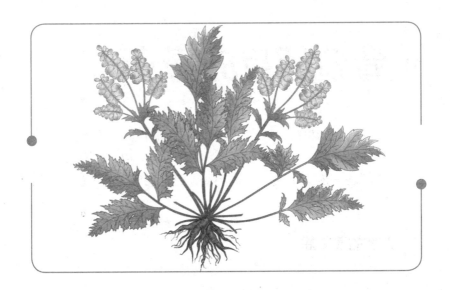

水中,等小檗碱完全溶解后,尝一下溶液,仍然能够感觉到苦味。黄连的根茎含有 7% 左右的小檗碱,由此可见,黄连的苦是名副其实的。

 功效作用

黄连虽然苦,却是中医的传统良药,不但能抗菌消炎,还能治疗细菌性痢疾、腹泻、呕吐等疾病。由于小檗碱易溶于水,所以在加工黄连时,一般不用水浸,把它烘干就行了,否则会降低药效。

科普进行时

黄连是一种怕热、怕晒的植物,在冷凉、湿润、背阴的环境中生长良好。因此,野生的黄连多生长于湿冷、阴暗、荫蔽的山谷密林中。

▸▸ 清心明目的薄荷

在炎炎夏日，摘一片薄荷叶子，把它揉碎嗅一嗅，就有一股清凉的香气；如果采几片薄荷叶，用开水一泡，待冷后喝一碗，那更是沁人心脾，顿时感到清凉不已。

🌳 清凉的薄荷油

薄荷为什么会这样清凉呢？原来，薄荷的茎秆和叶子里，含有大量的挥发油——薄荷油，它的主要成分是薄荷醇和薄荷脑。吃薄荷会觉得清凉，并不是皮肤真的降温了，而是因为薄荷油对皮肤上的神经末梢产生了强烈的刺激作用。

形态特征

薄荷属唇形科薄荷属，为草本植物。茎直立，茎秆为方形，多分枝。叶子是对生的，叶边有锯齿。轮伞花序腋生，轮廓球形，花冠淡紫色。果实为小坚果，卵珠形。

生长习性

薄荷对环境的适应能力较强。其根茎可宿存越冬，能耐零下 15℃ 的低温。25~30℃ 是最有利于薄荷生长的温度。

薄荷喜光，为长日照作物，日照时间越长，长势越好。薄荷对土壤的要求不高，一般土壤均能种植，砂质壤土、冲积土为最佳土质。

🌱 药用价值

在我国，薄荷是一种常用的中药。它性辛凉，可用来发汗解热，内服可治疗流行性感冒、头疼、目赤、身热、咽喉痛、牙床肿痛等症，外用可治神经痛、皮肤瘙痒、皮疹和湿疹等。平常我们也可以多饮薄荷茶，其有清心明目的功效，饮用后通体舒坦、精力倍增。

🐭 科普进行时

薄荷在北半球的温带地区多有分布，在山野湿地、河旁常可见到它们的身影。我国大部分地区均有栽培，江苏和安徽是传统产区。

清热消火的金银花

金银花是我国的特产植物，它不仅外形美观，还具有很高的食用和药用价值，拥有非常悠久的栽培历史。

形态特征

金银花属忍冬科忍冬属，为多年生常绿或半常绿藤本植物。枝细长而中空，幼枝呈嫩绿色，老枝为棕褐色。叶对生，为卵形。夏秋间开花，花冠长管状，带有淡淡的香气，由于花期不同，全株呈现黄、白两色花。果实为浆果，圆球形，成熟时为黑色。

观赏价值

金银花藤蔓缠绕，纵横交错，花色奇特，金银辉映，花形别致，气味清香，令人陶醉。在气候温暖的地区，金银花四季常绿，观赏价值很高。人们常将其栽种在篱墙、栏杆、门架、花廊等处，可以很好地装饰庭院。也可年年截枝，使枝干变粗，制成盆景。

药用价值

现代医学研究发现，金银花含有木樨草黄素、肌醇、皂苷等成分，可在一定程度上抑制多种球菌、杆菌、病毒的繁殖，并有降低血脂的功效。而中医学认为，金银花具有生津止渴、清热解毒、散风、消炎、退肿等功效，可用于治疗上呼吸道感染、肠炎、痢疾、痈肿等症。常见的中成药银翘解毒丸就是以金银花为主药制成的。

科普进行时

金银花初开时花色雪白，后逐渐变为金黄色，由于花朵次第开放，致使全株会呈现黄、白两种颜色的花，黄白相映，煞是好看，故名"金银花"。

▶▶止血良药——鸡冠花

鸡冠花的花序、花色皆与雄鸡的鸡冠有些相似，因此被如此命名。鸡冠花因为花期长而常被栽种在庭院中，不过很少有人知道，鸡冠花也是一种药用植物。

形态特征

鸡冠花属苋科青葙属，为一年生草本花卉。茎直立而粗壮，分枝少，近上部扁平，绿色或带红色。叶为长卵形，单叶互生。鸡冠状的花不是一朵花，而是由许多小花组合在一起形成的花

序。花序肉质，扁平而肥厚，花色艳丽，
通常为紫红、玫红等色，具有丝绒般
的光泽。胞果卵形，熟时盖裂，包
于宿存花被内。种子为肾形，黑色，
富有光泽。

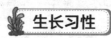

生长习性

鸡冠花适合生长在阳光充足的干热气
候区，不耐寒，怕霜冻，遇霜便不能存活。鸡冠花不耐瘠薄，
对土壤的要求是疏松肥沃、排水良好。怕潮湿，千万不可浇水
过多。

药用价值

鸡冠花具有药用价值，
入药部位为干燥花序，作收
敛剂，具有凉血、止血、止
泻、止带等功效，可用于治
疗吐血、崩漏、便血、痔血、
赤白带下、久痢不止等症。

科普进行时

鸡冠花的老家在印度，现如
今世界各地均有栽培。鸡冠花于
唐朝时传入中国，自此便在我国
代代繁衍。在古代，鸡冠花是一
种颇为神圣的花，古人在中元节
时会用它来祭祀祖先，以表怀念。

探索神奇的
植物王国

珍稀植物

科普实验室编委会 编

应急管理出版社
·北京·

图书在版编目（CIP）数据

珍稀植物／科普实验室编委会编．－－北京：应急
管理出版社，2022（2023.5 重印）

（探索神奇的植物王国）

ISBN 978－7－5020－6183－8

Ⅰ.①珍…　Ⅱ.①科…　Ⅲ.①珍稀植物—儿童读物

Ⅳ.①Q94－49

中国版本图书馆 CIP 数据核字（2022）第 038755 号

珍稀植物（探索神奇的植物王国）

编　　者	科普实验室编委会
责任编辑	高红勤
封面设计	陈玉军

出版发行　应急管理出版社（北京市朝阳区芍药居 35 号　100029）
电　　话　010－84657898（总编室）　010－84657880（读者服务部）
网　　址　www.cciph.com.cn
印　　刷　三河市南阳印刷有限公司
经　　销　全国新华书店

开　　本　880mm×1230mm¹/₃₂　印张　24　字数　560 千字
版　　次　2022 年 5 月第 1 版　2023 年 5 月第 2 次印刷
社内编号　20200872　　　　　定价　120.00 元（共八册）

亲爱的小读者们，你们了解植物吗？比起能跑能跳的动物，安安静静的植物似乎总容易被人们忽略。殊不知，植物是比动物更早居住在地球上的居民，它们的足迹几乎遍布世界的所有角落，是地球生命的重要组成部分，无时无刻不在展现着生命的精彩与活力。

你可不要以为植物全都是默默无闻、娇娇弱弱的，它们的世界可比你想象的精彩多了。它们有的能活几千年，有的则是只能活几周的"短命鬼"；有的巨大无比、独木成林，有的小得像一粒沙；有的全身是宝，能治病救人，有的带有剧毒，能杀人于无形；有的芳香怡人，有的奇臭无比；有的娇艳美丽，有的奇形怪状……

为了让小读者们更清晰地了解植物家族，我们精心编排了这套《探索神奇的植物王国》图书。这是一套图文并茂，融趣味性、知识性、科学性于一体的青少年百科全书，囊括了走进植物、植物趣闻、裸子植物、蕨类植物、苔藓植物、珍稀植物等多个方面的内容，能全方位满足小读者探寻植物世界的好奇心和求知欲。本套丛书内容编排科学合理，板块设置丰富，文字生动有趣，图片饱满鲜活，是青少年成长过程中必不可少的精品读物。

让我们带领小读者们一起推开植物世界的大门，去探寻它们的踪迹，尽情感受它们带给我们的神奇与震撼吧！

目录
MU LU

树身高大的乔木

SHUSHEN GAODA DE QIAOMU

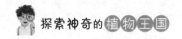
▶▶ 中国鸽子树——珙桐

> 珙桐，又名鸽子树、水梨子等，是我国特有的新生代第三纪子遗植物，有"绿色熊猫""植物活化石"之称，是国家一级保护植物。

🌳 幸存的珙桐

千万年前，地球上的植被与今天有很大区别。珙桐及其家族曾繁荣一时，可惜在第四纪冰川侵袭之下，大部分地区的珙桐相继死亡，许多植物更是惨遭灭绝。我国南方一些地区的地

形很复杂，故而成了部分植物的天然避难所，所以这里的一部分古老植物（例如珙桐）就幸存了下来。

形态特征

珙桐属于高大的落叶乔木，树皮深灰色，常呈薄片状脱落。叶互生，形状有些类似于桑树叶，广卵形或近圆形。两性花与雄花同株，由多数的雄花与一朵雌花或两性花共同组成近球形的头状花序，在花序下面有两枚白色的大苞片，就像鸽子的两翼。花开时节，在山风吹动之下，满树的花如同一群展翅欲飞的白鸽，蔚为壮观，难怪被人们称为"中国鸽子树"。

产地与习性

珙桐为我国特产，主要分布在我国西南部的深山密林之中，

其中四川的峨眉山及雷波、马边等地较为集中，湖北西部和西南部、贵州东北部至西北部、湖南西北部和云南的东北部等地也有零星分布。

珙桐常生长在山区的常绿阔叶与落叶阔叶混交林中，喜欢温凉、阴湿、多雾的山地环境，适宜生长在中性或微酸性腐殖质深厚的土壤中，不耐瘠薄和干旱，对环境要求苛刻。

科普进行时

珙桐是法国传教士大卫神父于1869年在四川雅安市宝兴县的一个叫穆坪的地方发现的。当时眼前茂盛而美丽的植物给他留下了极其深刻的印象。他的发现很快引起了欧美植物学家的重视，不少人先后来四川寻找珙桐。后来珙桐被引入欧洲和北美洲，现在它们已经成为驰名世界的珍贵观赏树木。

▶▶ 珍贵的栋梁之材——楠木

> 楠木是我国的珍贵树种，国家二级保护植物，素以材质优良闻名国内外。

🌳 形态特征

楠木为樟科的常绿乔木，树形高大，树干挺直，树皮灰白色带褐色，有浅而不规则的纵裂。小枝通常较细，有棱或近于圆柱形，表面有毛。叶较硬，呈窄椭圆形、倒披针形或倒卵状椭圆形。圆锥花序腋生，呈淡黄白色。

生长环境

楠木是耐阴树种，适合生长于气候温暖湿润、土壤肥沃的地方。它们的主要产地在四川、贵州、湖南、广西等省区，广东也有栽培。

栋梁之材

楠木为深根性树木，主根入土很深，不易被风吹倒。它们在幼年期，顶芽生长旺盛，顶端优势明显，主干笔直茁壮，侧枝较细而且较短，及至壮年期，侧枝逐渐伸长扩展。楠木的木材为黄褐色且略带浅绿，有香气，木质结构致密，不太重，干后不变形、易加工，加工后纹理光滑美丽，为上等建筑用材。由于其树干平整笔直，又经久耐用，既是栋梁之材，也是做家具、雕刻、精密木模、漆器和胶合板面的良材。

科普进行时

楠木是常绿阔叶林的主要树种，但由于历代砍伐利用，致使这一丰富的森林资源近于枯竭。目前所存林区，多系人工栽培的半自然林和风景保护林。在庙宇、村舍、公园、庭院等处尚有少量的大树，但由于病虫危害较严重，也相继衰亡。

▶▶ 滇东南珍稀的用材树种——华盖木

> 华盖木是我国特有的树种，国家一级保护植物。华盖木的成株非常稀少，虽开花结果正常，但每果成熟的种子很少，在原生母树周围一直未见幼苗，天然更新能力很低。

🌳 形态特征

华盖木是木兰科常绿乔木，高大挺拔，全株各部无毛，树皮灰白色。当年生枝绿色，老枝暗褐色。叶革质，呈长圆状倒卵形或长圆状椭圆形，先端具急尖，尖头钝，基部楔形，上面深绿色，无托叶痕。花芳香，花被片肉质，外面深红色，里面白色。聚合果呈倒卵圆形或椭圆形，具稀疏皮孔。蓇葖厚木质，呈椭圆形或倒卵圆形，顶端浅裂。种子每蓇葖内 1 ~ 3 粒，外种皮呈红色。

🌿 生长环境

华盖木是在我国云南的常绿阔叶林中被发现的。其产地夏季温暖，冬无严寒，四季不明显，干湿季分明，年平均相对湿

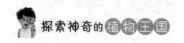
度在 75% 以上，最高达 90% 左右；雾期长，霜期很短；土壤为砂岩和砂页岩发育而成的山地黄壤或黄棕壤，呈酸性反应；地被物和枯枝落叶腐殖质层较厚。

珍稀良材

华盖木树干挺拔通直，木质结构致密，有丝绢般的光泽，耐腐、抗虫，是滇东南珍稀的用材树种。另外，其花色艳而芳香，可作为庭园观赏树种。

特别保护

华盖木是古老的孑遗树种，是我国特有的单种属植物，于 1999 年被列为国家一级重点保护野生植物，后又被世界自然保护联盟（IUCN）全球红色名录列为极危物种。

为了有效地保护华盖木，我国在其原产地建立了自然保护区，严禁砍伐残存植株。有关部门又组织植物学家采种育苗、引种栽培，现在华盖木已经人工繁育成功，这些幼苗被移栽回原生地后，长势良好。

科普进行时

华盖木是木兰科中最古老的单种属植物之一，对木兰科分类系统和古植物区系等研究有重大的学术价值。

▶▶ 海南岛特有的热带雨林树——坡垒

> 坡垒是中国珍贵的用材树种之一，为有名的高强度用材，经久耐用。

🌳 珍贵树种

坡垒又名海南柯比木，是一种龙脑香科常绿乔木，国家一级保护植物。坡垒属包含的种数量众多，分布在印度、马来西亚和中南半岛等地。本篇所讲的坡垒是海南岛特有的珍贵用材树种，多呈零散分布。近年来，由于森林被大面积砍伐，现存坡垒只有数百株，目前已被列为禁伐树种进行保护，并有小面积试种，生长良好。

🌿 形态特征

坡垒高大挺拔，树干通直，树皮暗褐色，呈纵裂块脱落。小枝被灰色腺

状短毛。叶互生，革质暗绿色，呈椭圆形，叶柄有皱纹。圆锥花序顶生或腋生，花小，单侧着生。果实卵形。

生长环境

　　坡垒为较耐阴树种，喜温暖、湿润、静风的山谷雨林环境。分布区全年较温暖，温差较小，降雨量丰沛。坡垒对土壤要求不高，在花岗岩母质发育的黄红色砖红壤和山地砖红壤、黄壤以及土层浅薄而岩石裸露的地方均能正常生长。坡垒自然生长缓慢，8-9月开花，翌年3-4月果实成熟。目前，在坡垒的集中分布区——海南昌江黎族自治县的坝王岭和尖峰岭已经建立了自然保护区，并开展了繁殖造林实验。

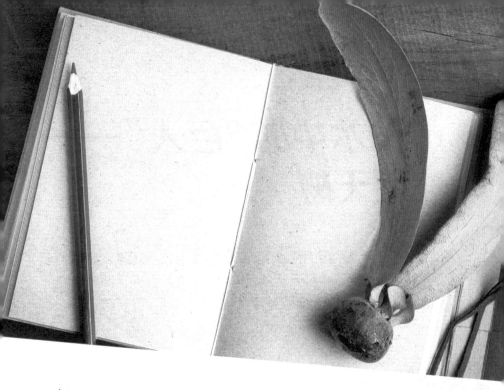

主要价值

坡垒木质结构致密，纹理交错，质坚重，干后少开裂，不变形。其材色棕褐，油润美观，特别耐浸渍、日晒、虫蛀，为极其珍贵的工业用材。坡垒木材可供造船、造桥、家具制作、建筑等行业使用，淡黄色树脂可作药用和作为油漆原料使用。

科普进行时

坡垒主要分布于海南山区，20世纪60年代人们将坡垒引种至广东、广西、福建、云南南部，生长正常。

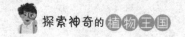
▶▶ 树木中的"巨人"——望天树

> 要问在中国的树木中，哪种树最高，望天树必然能摘取桂冠。它的树干高耸挺拔，没有分叉，似乎要直通云霄，刺破苍穹，不仰头看不见它的树顶，难怪被人们称为"望天树"。

🌳 首次发现

1975 年，我国云南省林业考察队在西双版纳的森林中首次发现了望天树。望天树是云南特有的珍稀树种，为国家一级保护植物，它们多成片生长，组成独立的群落。生态学家们把它们看作是热带雨林的标志性树种，望天树的发现，证实了中国存在真正意义上的热带雨林。

形态特征

望天树是龙脑香科常绿大乔木，树干通直，一般高达 40 ～ 60 米，树皮褐色，有不规则开裂。叶互生，革质，椭圆形，先端渐尖，基部圆形。总状或圆锥状花序腋生或顶生，花瓣 5 枚，呈黄白色，味道清香。果实为长卵形，有 3 长 2 短或近等长的果翅。

材质优良

望天树材质优良，具体表现在材质坚硬，结构均匀，耐腐性强，纹理美观，不易变形，加工性能良好，是适合制材和机械加工的优质木材。

科普进行时

随着西双版纳旅游业发展的日益兴旺，勐腊县自然保护区别出心裁，开发出一个与众不同的旅游项目——"空中走廊"，即在高空中，用网绳、木板等材料将粗大的望天树连接起来，铺就一条"空中走廊"。走在这条晃晃悠悠的"空中走廊"上，可以从高空俯视整个热带雨林的全貌。

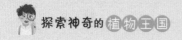
▶▶ 雨季疯狂储水——猴面包树

> 在非洲东部辽阔的热带草原上，生长着一种猴面包树。它的体形非常特殊，成年大树又高又胖，犹如矗立在地上的巨大酒瓶。

🌳 树形壮观

猴面包树是世界上古老而独特的树种之一，枝条较多，有广阔的树冠。虽然树干也没有高到哪里去，却粗得出奇，直径

能够达到十多米，从远处看，活像个大胖子，因此当地居民又称其为"大胖子树"或"树中之象"。粗大的猴面包树远看像坐落在热带草原上的一幢幢楼房，当地有的人家真的把这种树的树洞当房子住。猴面包树树洞又是狮子、斑马等动物避雨或休眠的场所。

美味的果实

猴面包树的果实为木质，呈长圆形，能长到足球那么大，甘甜多汁，可食用。这种果实是猴子、猩猩、大象等动物最喜欢的美味。有趣的是，每当果实成熟时，猴子就成群结队地爬上树去摘果子吃，所以它们才被人们称作"猴面包树"。

科普进行时

猴面包树是植物界的"老寿星"之一，即使在热带草原那种干旱恶劣的环境中，其寿命仍可超过1000年之久。

"生命之树"

猴面包树生长的环境为干旱的热带地区，那里终年炎热，有明显的雨季和旱季，而一年之中有八九个月属干旱季节。

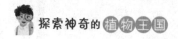

为了能够顺利度过旱季，在雨季，
猴面包树就靠发达的根系拼命地
吸收水分，并把它们储藏在肥大的
树干里，维持长年的生长发育，也在
这时长叶、开花。当旱季来临时，猴面
包树的叶子就会全部掉落，以减少水分的散失。
它的树干虽然很粗，却很疏松，木质部像多孔的海绵，里面含
有大量的水分，在干旱时，便成了人们理想的水源，为很多在
热带草原上旅行的人们提供了救命之水，解救了许多因干渴而
生命垂危的旅行者，因此又被称为"生命之树"。

万能的树皮

　　猴面包树的树皮光滑，好像涂上了一层蜡质似的，其中富
含纤维，是良好的天然纤维原料。这种树皮还具有药用价值，
可用来治疗感冒、疟疾、痢疾和
食物中毒等。

▸▸ 古老而稀有的乔木 ——连香树

连香树是连香树科连香树属落叶大乔木，是一种古老而稀有的珍贵树种，被列为国家二级保护植物。

🌳 形态特征

连香树树形高大，树皮为灰黑色，树皮上有纵裂，呈斑块状剥落。叶对生，呈近圆形、宽卵形或心形，具5～7条掌状脉，

边缘有圆钝锯齿。花腋生，雌雄异株，先于叶或与叶同时开放。果实为荚果状，微弯，成熟后为褐色，开裂后里面含种约20粒，双行整齐排列，棕褐色，呈长椭圆形。

🌱 生长环境

连香树零星散布于皖、浙、赣、鄂、川、陕、甘、豫及晋东南地区，数量稀少。连香树耐阴，喜湿，喜欢凉爽的气候，适宜生长在山谷边缘、沟旁低湿地或杂木林中。对土壤要求不是很严，中性、酸性土壤中都能生长。

价值丰富

　　连香树为第三纪孑遗植物，在研究第三纪植物区系起源方面发挥着重要作用。连香树树干通直，树姿优美，叶形美观，叶色富于变化，观赏价值很高，因此是优良的园林绿化树种。连香树的木材纹理通直，质地细密，耐水湿，是制作小提琴、家具等的理想材料。此外，连香树还具有药用价值，它的果实可入药，具有祛风、定惊、止痉的功效。

科普进行时

　　连香树结实率低，幼苗易受暴雨、病虫等危害，因此不易天然更新，林下很少有幼树生长。再加上人为原因使环境遭到严重破坏，致使连香树分布区日益萎缩，成片植株越来越少见。近年来，随着人们保护环境意识的增强，已有不少植物园引种栽培连香树，并已栽培成功。

▶▶ 防虫高手——樟树

樟树，也称樟、香樟，为亚热带常绿阔叶林的代表树种。樟树于 1999 年 8 月 4 日经国务院批准，列入《国家重点保护野生植物名录（第一批）》，为国家二级保护植物。

🌳 形态特征

樟树属樟科，高大挺秀，枝繁叶茂，一年四季都呈现绿意盎然的景象。树皮黄褐色或灰褐色，有纵裂。叶互生，薄革质，呈卵形或椭圆状卵形，上面光滑而有光泽，背面稍带灰白。圆锥花序生于新枝的叶腋内，非常小，为绿白色或黄绿色。果实为球形，初为绿色，成熟后变成紫黑色，基部有杯状果托。

🌿 分布与习性

樟树广泛分布于我国长江流域以南，以江西、浙江、台湾、广东、

福建、湖南、四川等省区最多，越南、日本等地也有分布。樟树多生长于低矮的向阳山坡、丘陵、谷地。樟树喜光，稍耐阴，适宜生长在温暖湿润的气候条件下，不耐寒。喜肥沃湿润的土壤，不耐干旱、瘠薄和盐碱。

用途广泛

樟树是亚热带地区重要的材用和特种经济树种。主根发达，能抗风，萌芽力强，寿命较长，可以长成参天古木，在吸烟滞

尘、涵养水源、抗海潮风、抗有毒气体等方面可以发挥重要作用。又因为它们树形美观、枝叶浓密，且较能适应城市环境，所以是城市绿化的优良树种。此外，樟树全株均具有樟脑般的清香，根、木材、枝、叶均可提取樟脑、樟油。樟脑在防腐、杀虫、医药等方面发挥着重要作用，樟油是重要的化工原料，可用于医学、化妆等行业。樟树木材品质优良，能抗虫害、耐水湿，是用于建筑、造船、家具制作、雕刻等行业的优良木材。

科普进行时

　　你知道樟树的名字是怎么得来的吗？据说是因为樟树木材上有许多纹路，给人一种大有文章的感觉，于是人们就在"章"字旁加一个木字，作为树名，这便是"樟树"名字的由来。

▶▶ 黄绿掩映——峨眉含笑

峨眉含笑是木兰科含笑属小乔木，四季常青，枝繁叶茂，叶色鲜亮，乳黄色的花温柔美丽。每当花季来临，亭亭玉立，黄绿掩映，令人百看不厌。

🌳 形态特征

峨眉含笑树皮光滑，呈灰色或灰绿色。嫩枝绿色，被淡褐色稀疏平伏短毛。叶革质，倒卵形或倒披针形，上面绿色，无毛，

下面灰绿色，微被白色
平伏短毛。花单生叶腋，
淡黄色，味道芳香。果实为聚
合果，果托扭曲，几乎无柄，倒卵
圆形或长圆形，顶端有弯曲状的短
喙，成熟后会两瓣开裂。

种群稀少

　　峨眉含笑是中国特有的珍稀物种，分布范围狭窄，主要在
四川、湖北、贵州和云南部分地区零星散生。

　　峨眉含笑结实率低，天然更新困难，易被其他阔叶树种更替，再加上人类的滥砍滥伐，致使分布区内的植株不断减少，陷入濒危的境地。1999 年，峨眉含笑被列入《国家重点保护野生植物名录（第一批）》，为国家二级重点保护植物。

科普进行时

峨眉含笑除了具有很高的观赏价值外，还具有较高的科研价值，在研究木兰科植物的系统发育、植物区系等方面发挥着重要作用。

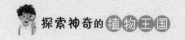

▸▸其貌不扬——蒜头果

蒜头果，又名蒜头木、山桐果，主要生长于广西西南部至云南东南部一带，为我国二级重点保护野生植物。

🌳 形态特征

蒜头果为铁青树科蒜头果属常绿乔木，树干挺直，树形高大，树皮灰褐色，小枝棕褐色至暗褐色。叶互生，薄革质或厚纸质，呈长圆形或长圆状披针形，嫩叶两面有柔毛，随着生长会逐渐脱落。花很小，花瓣宽卵形，通常是众多花朵排成的聚伞花序，花序腋生。核果扁球形或近梨形，形似蒜头，中果皮为肉质，内果皮较坚硬。果实内有1枚种子，球形或扁球形，为黄白色。

🌿 生长环境

蒜头果为中性、浅根性树种，生长初期喜阴，随着不断长大又变得逐渐喜光。多生于石灰岩山地的混交林或稀树灌丛林中，在肥沃较湿润的中性至微碱性石灰岩土中生长良好。常见的伴生树种，在北部有黄连木、青冈等，在南部有蚬木、岩樟等。

主要价值

蒜头果属于木本油料植物，其种子含油脂，成分包括油酸、棕榈酸和硬脂酸等，可作为润滑油和制皂的原料，也可少量食用。木材纹理美观，结构致密，不易翘裂，易加工，属于中等木材，可以用于家具制作、船舶制作、建筑及雕刻等方面。

数量稀少

和其他植物相比，蒜头果的结实率较低，天然更新能力较弱，种群发展状况不佳。动物对蒜头果果实的食用，又使得本来就数量不多的种子变得更少。再加上人类的一系列活动不但使得蒜头果资源减少，还破坏了蒜头果的生存环境。这一系列原因使得蒜头果越来越稀缺。

为了有效保护蒜头果资源，广西壮族自治区崇左市龙州县已建立自然保护区，加强了对蒜头果的保护，严禁滥砍滥伐。

科普进行时

蒜头果是单种属植物，在它们身上既有原始特征，又有进化特征，这对于研究铁青树科的分类系统有一定的价值。

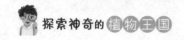
▶▶ 姿态优美——七子花

> 忍冬科有一种花朵素雅优美且非常稀有的植物，那就是七子花。七子花是中国特有的单种属植物。

🌳 形态特征

七子花是落叶小乔木，树形优美。树皮灰褐色，呈片状剥落。幼枝红褐色，近似于四棱形，长有稀疏的短柔毛。叶对生，厚纸质，卵形至卵状长圆形，先端尾状渐尖，基部圆形或近似心形。近塔形的圆锥花序由多轮紧缩呈头状的聚伞花序组成，顶生，分枝开展。外面包有数枚鳞片状苞片和小苞片；花冠白色，呈筒状漏斗形，味道清香，花谢后萼裂片宿存，并继续膨大，颜色转为紫红色。果为瘦果状核果，长圆形，外表有10条纵棱。

分布与习性

七子花耐寒，喜欢生长在凉爽且湿度大的环境中。通过对其培育，发现七子花对土壤适应性强，适合在多种类型的土壤中种植。

七子花主要分布于低山丘陵区，在阴湿的山谷、溪边的山坡灌丛和林下常可见到它们的身影。

与七子花伴生的植物主要有金钟花、青荚叶、下江忍冬等；上层乔木有大叶稠李、木荷等。

科普进行时

七子花姿态优美，花朵清秀，花期长，远看满树繁花开放于枝叶间，美不胜收，令人称奇。因此，七子花可作为优良的园林绿化观赏树种。

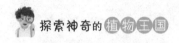

数量稀少

　　由于人为破坏和分布区生态环境的变化，再加上七子花结实率很低，使得其数量不断减少，因而处于渐危状态。如今，在七子花的模式标本产地——湖北宜昌市兴山县已找不到七子花的身影了，仅间断分布于浙江的大盘山、北山、天台山，以及安徽宣城市的泾县和宣州区等少数地区。

　　由于数量稀少，七子花被列为国家二级重点保护植物，又先后被列入中国被子植物关键类群中高度濒危种类和中国多样性保护行动计划中优先保护的物种。

翅果似羊角——羊角槭

> 羊角槭是槭树科具羊角形带翅坚果的一种落叶乔木，树干挺拔，树姿优美，为我国特有的古老子遗植物。

🌳 形态特征

羊角槭是槭树科落叶乔木，树形高大。树皮呈灰褐色或深褐色，木栓层发达。当年生的嫩枝呈淡紫色或紫绿色，覆盖着褐色或淡黄色短柔毛。叶纸质，具乳汁，有5个开裂，中裂片长于侧裂片，与手掌近似，裂片边缘波状。圆锥花序顶生，每朵花有5枚花瓣，淡绿色，花瓣比萼片短，萼片亦是5枚。果为小坚果，扁平，近圆形，长有长圆形的果翅，整体形状似羊角。

🌱 濒临灭绝

羊角槭为我国特有的珍稀濒危树种，国家二级保护植物，极度濒危树种之一。它们喜欢生长在多雾而湿度大的地区，仅在浙江西天目山的狭窄范围内有分布。羊角槭之所以如此稀有，主要是因为它们的种子不孕率高，发芽率低，天然更新能力特别微弱，再加上遭到人为破坏。现在，西天目山已建立自然保护区，对羊角槭进行重点保护，当地林场也开展了繁殖试验，并已引种栽培。

研究价值

除我国分布着羊角槭外，日本的北海道也生长着一种日本羊角槭，两种羊角槭的亲缘关系颇为密切。日本羊角槭的叶和种子的化石被发现于日本第三纪中新世、上新世及更新世的地层中。中国羊角槭与日本羊角槭很可能起源于同一地质年代，研究羊角槭对研究植物地理学和古植物学具有重要价值。

科普进行时

羊角槭是于20世纪70年代末被发现的，发现地位于浙江杭州市临安区天目山的亚热带常绿阔叶、落叶阔叶混交林中。

▸▸果实奇特——金钱槭

金钱槭，别名双轮果，为槭树科金钱槭属落叶小乔木，是我国的特产植物。

🌳 形态特征

金钱槭小枝纤细，幼嫩时绿中发紫，成熟以后变为暗褐色。奇数羽状复叶对生，小叶纸质，长卵形或长圆状披针形，边缘为稀疏的钝锯齿状，上面为深绿色，下面为淡绿色。初夏开花，圆锥花序顶生或腋生，直立，无毛，花白色，花瓣5片，阔卵形，与萼片互生，雌雄同株。果实为翅果，一个果梗上通常有两个扁形的果实，每个周围都生有圆形或卵形的翅，成熟时变为淡黄色，其形态圆薄如钱币，故称"金钱槭"。

🌱 繁殖方式

金钱槭的繁殖方式为种子繁殖。种子成熟后，采集下来，然后搓去果翅，采用沙藏法处理，直到第二年春天播种，注意的是采集的种子不可在阳光下晾晒，避免其因失水过多而死亡。播种时要进行催芽。

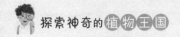
生长环境

金钱槭喜欢生长于杂木林或灌木林中空气湿度较大的阴坡，在散射光或光斑的照射下生长良好，忌强光照射。对土壤的要求是土壤深厚肥沃且排水良好。

价值丰富

金钱槭树姿优美，果实奇特，入夏时节绿叶红果，满树仿佛挂满了一枚枚小铜钱，微风吹拂，枝叶婆娑，别有一番情趣，观赏价值颇高，可用于美化园林、庭院。

金钱槭是我国特有的单种属植物，在阐明某些类群的起源

和进化、研究植物区系与地理分布等方面，意义非凡。

濒临灭绝

多年来，由于人们对环境的过度利用，致使自然环境遭到了严重破坏，许多生物资源都面临灭绝的危险，金钱槭也是其中的一员。由于人们滥砍滥伐，致使野生的金钱槭植株数量越来越少，再加上它们天然更新能力较弱，幼树很少，已经成为濒临灭绝的树种。幸而现在人们认识到了保护野生生物资源的重要性，在金钱槭分布区内已建立了自然保护区，而且林业部门及有关科研单位也在积极地进行金钱槭的人工繁育工作。

科普进行时

金钱槭主要分布在四川、湖北、陕西、河南、甘肃等省，多生长于山地的林边或疏林中。金钱槭喜欢夏热冬冷、秋季多雨、湿度大且弱光的环境。

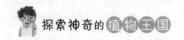
▸▸ 火红似锦——凤凰木

> 凤凰木，又名红花楹树、火树，属豆科凤凰木属的落叶乔木，是热带著名观赏花树。凤凰木开花时，火红似锦，鲜红的花配上满枝的绿叶，异常壮美、夺目。野生凤凰木属濒危物种。

🌳 分布情况

凤凰木原产于非洲热带地区，为马达加斯加共和国的国树，现在广泛栽培于全世界的热带地区。自凤凰木被从非洲引进我国之后，就深受人们的青睐，成为广东汕头市、台湾台南市的市花，福建厦门市的市树。在民国时期，它们还是广东湛江市的市花，汕头大学和厦门大学的校花。

凤凰木虽然鲜艳夺目、充满活力，但也不是在哪里都受欢迎。在

澳大利亚，因为其宽阔的树冠和浓密的树根会影响其他植物的生长，所以被认为是侵入品种。

形态特征

　　凤凰木生长迅速，树冠广阔，平展成伞形，枝叶茂密。叶为二回羽状复叶，小叶为长椭圆形。总状花序，花大，为艳丽的红色或橙红色。每当开花时，满树火红一片，繁华而灿烂，因"叶如飞凰之羽，花若丹凤之冠"，故被称为凤凰木。凤凰木的果为荚果，长带状，扁平略弯，厚而硬，成熟后呈深褐色，木质化，内藏

科普进行时

　　和许多豆科植物一样，凤凰木的根部有根瘤菌，其具有固氮的功效，对豆科植物的生长有利，可节省肥料的施用。

数十粒黑褐色的细小种子。种皮有斑纹，有毒，要注意不可误食。

 生长环境

凤凰木是典型的热带树种，喜高温湿润、阳光充足的环境，不耐寒。在深厚肥沃、富含有机质的沙质壤土中生长状况良好。怕积水，耐瘠薄，较耐干旱。

价值丰富

凤凰木由于生长速度较快，树冠横展而浓密，因此在热带地区常被作为遮阴树种植。又因为它们花色鲜红艳丽，开花时满树似火，观赏价值很高，所以也适用于城市园林绿化建设。凤凰木的木质轻软，富有弹性和特殊纹理，制作小型家具时可以用到，也可作为工艺原料。凤凰木的树皮和根还可入药，具有一定的药用价值。

树身低矮的
灌木

SHUSHEN DIAI DE GUANMU

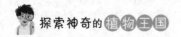

▸▸ 植物界的 "大熊猫"
——四合木

四合木，又名油柴、四翅，蒺藜科落叶小灌木，草原化荒漠的群种之一，为强旱生植物。它们是最具代表性的古老子遗濒危珍稀植物，被誉为植物界的"活化石"。

🌳 形态特质

四合木是一种较低矮且强烈分枝的小灌木，其木质坚硬而脆，生长极为缓慢，枝条为灰黄色或黄褐色，密被白色"丁"字毛。偶数羽状复叶，在长枝上对生，在短枝上簇生，叶片圆润，肉质，呈倒披针形或卵状披针形，两面具毛。叶片整体看起来毛茸茸、圆乎乎的，这样可爱的长相在荒原上可算得上是植物中的"美人"了。花两性，单生叶腋或 1～2 朵生于短枝上；萼片 4 枚，长圆形，被"丁"字毛；花瓣 4 枚，白色或淡黄白色，倒卵形。蒴果呈四裂瓣，每裂瓣微弯曲，内具 1 粒种子，熟时黄色，种子无胚乳。

🌿 生长环境

四合木只生长于草原化荒漠区。从它们极狭小的分布区看，其生长区内温度均高于周围地区。这说明四合木在其进化过程中，除适应了冬季的严寒外，还保留了某些古老的趋温特性。四合木通常生长于多石和多碎石的漠钙土上，生存环境干燥、瘠薄，因此保护这种植物对改善草原荒漠化有着重要意义。

📖 科普进行时

四合木非常稀有，在中国，只在宁夏和内蒙古的交界处有较大范围的野生分布。其他国家只在俄罗斯和乌克兰有零星分布。

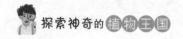

▶▶ "茶族皇后"——金花茶

> 20 世纪 30 年代初期，我国科学工作者在广西的深山幽谷中首次发现一种金黄色的山茶花，它们带有芳香气味，可谓色香兼备，后被命名为"金花茶"。

🌳 轰动一时

金花茶的发现，轰动了全球园艺界、新闻界，受到国内外园艺学家的高度重视，专家认为它们是培育金黄色山茶花的优良品种，因此该品种就显得极其珍贵。

风情独特

金花茶为山茶科常绿灌木，树皮呈浅灰黄色，枝条生长较为稀疏。叶色深绿，叶片质地如

皮革，长圆形，先端有尖，叶缘微有反卷和细锯齿。隆冬季节，正是金花茶开花的时节，它们的花期很长，可延续至第二年的3月。金花茶盛开时，只见金黄色的花朵在绿叶掩映下，显得亮丽非凡，片片蜡质的花瓣晶莹润泽，仿佛刚被晨露洗过一样；其花苞未开时亭亭玉立，别有风情。金花茶的果实为蒴果，内有黑褐色的种子。

科普进行时

　　在广西南宁市山区发现了金花茶后，近年来人们又发现了十几种金花茶，如平果金花茶、东兴金花茶、显脉金花茶等，都是稀有的黄色茶花品种，均被列为国家级保护植物。

🌵 生长环境

　　金花茶喜欢温暖湿润的气候环境，生长在土壤疏松、排水良好的阴坡溪沟附近。由于它们的自然分布范围极其狭窄，结果率又极低，所以数量非常有限，故又被称为植物界的"大熊猫"，可见其珍贵程度，现已被列为国家一级保护植物。

🌿 药用价值

　　金花茶富含茶多糖、茶多酚、蛋白质、维生素 B_1 等多种天然营养成分，茶氨酸、苏氨酸等几十种氨基酸，以及对人体具有重要保健作用的硒、锌等微量元素和钙、镁等宏量元素。具有明显的降血糖和尿糖作用，能有效地改善糖尿病"三高"症等。

▶▶ 夏日里盛开——夏蜡梅

> 我们熟悉的蜡梅科的植物都是在寒冬腊月开放，可是有一种名叫夏蜡梅的植物一反蜡梅科植物的习性，却在夏季吐露芬芳，真是令人称奇。

🌳 形态特征

夏蜡梅又名牡丹木、黄梅花等，是蜡梅科夏蜡梅属落叶灌木，树皮灰白色或灰褐色。小枝对生，嫩枝黄绿色。叶对生，

深绿色，膜质，卵形或椭圆形，
叶表被短柔毛。夏季开花，花单生于嫩
枝顶端，花被片以螺旋状着生于杯状或坛状的花托上，外面的
花被片为倒卵形或倒卵状匙形，呈白色，边缘淡紫红色或淡粉
紫色；内里的花被片为椭圆形，向上直立生长，顶端内弯，上
半部分呈淡黄色，下半部分呈白色。果托钟状或近顶口紧缩，
密被柔毛，瘦果多数呈长圆形。

珍贵稀有

　　夏蜡梅是第三纪孑遗物种，直到 20 世纪 60 年代才在浙江
杭州市临安区被发现。中国的夏蜡梅仅分布于浙江东部和西北
部，山地沟谷林荫处可寻找到它们的身影，多成群生长。当珍
贵的夏蜡梅次第开放时，那壮观的景象令人见之难忘。

　　由于夏蜡梅分布区域非常狭窄，加上人类过度砍伐森林，
造成生态环境恶化，致使野生夏蜡梅的数量不断减少。如今，

夏蜡梅已被列为国家二级重点保护野生植物，并已成功进行了人工繁殖试验。

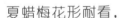

价值丰富

夏蜡梅是东亚与北美间断分布类型，我国仅产1种。该属为研究东亚与北美植物区系间的关系提供了宝贵的资料。

夏蜡梅花形耐看，色泽淡雅，花苞开放之时，俏若莲花，令人百看不厌，可盆栽观赏，布置于阳台、庭院中，也可种植于园林、庭院中，无论是孤植、丛植，还是配植，均可获得不同的意境。

夏蜡梅还具有药用价值。花蕾可用于治疗暑热烦渴、气郁胸闷、咳嗽等症；花和根可治胃痛。

科普进行时

很多国家都从我国引种过夏蜡梅，如日本、英国、法国、美国、加拿大等，国外的花卉爱好者亦把珍稀而美丽的中国夏蜡梅奉为珍宝。

▶▶ **荒漠中的倩影——半日花**

半日花是一种超旱生植物，主要生长于草原化荒漠区的石质和砾质山坡。半日花花朵明黄，充满活力，为荒凉的沙漠带来了无尽的生机。

🌳 **形态特征**

半日花是半日花科半日花属的矮小灌木。半日花为直根系植物，主根粗壮，侧根也很发达。分枝很多，稍呈垫状，并形成结构紧密的灰绿色团状植丛。嫩枝对生或近对生，初时长有白色短柔毛，随着不断生长，逐渐变得光滑，老枝褐色。单叶对生，革质，披针形或狭卵形，两面均被白色短柔毛。花单生于枝顶，萼片 5 枚，背面长有白色短柔毛，大小不等，花瓣明黄，为倒卵形或楔形。果为

蒴果，卵形，外被短柔毛。里面包含的种子为卵形，褐棕色，有棱角。

适应干旱的能力强

半日花多分布于荒漠区，顽强地生长于石砾质山麓和剥蚀残丘的干燥阳坡上。为了适应干旱、高温的环境，半日花在进化的过程中，不断减少叶的面积，以降低蒸腾、减缓新陈代谢，以此来有效保存水分。它们还进化出了发达的根系，可以帮助植株尽可能多地吸收水分。种子萌发后，半日花地下部分的生

科普进行时

为了适应干旱的环境，半日花无固定的果期，而是随降雨时间而定。只要降雨及时，半日花在生长季均可开花，果实会不断成熟、脱落。

长速度比地上部分的生长速度快得多。根的表面有一层厚厚的皮，可保证其在土壤干旱时不易失水，也能有效防止土壤表层高温沙粒灼伤根部。

加强保护

半日花在中国主要分布在内蒙古、新疆的部分地区；在国外分布于哈萨克斯坦、吉尔吉斯斯坦、塔吉克斯坦、乌兹别克斯坦、土库曼斯坦等国。由于生态环境不断遭到破坏，半日花的数量不断减少。

半日花为古地中海植物区系的孑遗植物，又是亚洲中部荒漠的特有种，所以它们对研究亚洲中部荒漠植物区系的起源以及与地中海植物区系的联系有重要的意义。我们应加强对珍稀濒危植物——半日花的保护。

▶ 含羞带怯——夜合花

夜合花原产于我国南部，是我国著名的庭院观赏树种。它们往往清晨开放，晚上闭合，故名"夜合花"；它香气浓郁，入夜更烈，故又名"夜香木兰"。

🌳 形态特征

夜合花是木兰科木兰属常绿灌木，全株无毛，树皮灰色，嫩枝绿色。叶革质，呈长椭圆形或倒卵状椭圆形，上面深绿色，有光泽，边缘稍反卷。夏至秋季是它们的花期，花梗下垂，花朵悬挂于花梗下面，花被片肉质，倒卵形，外面的3片带绿色，里面的为乳白色，花呈圆球形，不完全开展，给人以含羞带怯之感。聚合果长约3厘米，蓇葖近木质，种子卵圆形。

🌿 分布与习性

夜合花原产于中国，主要分布在浙江、福建、广东、广西、云南等地区，现在亚洲东南部广泛种植，越南也有分布。

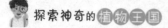
夜合花喜欢温暖湿润且阳光充足的环境，耐阴，耐干旱，对气候有较好的适应性。排水良好、肥沃、微酸性的砂质土壤是最适宜夜合花生长的,它们最不喜欢石灰质土壤,耐贫瘠。

主要价值

夜合花的树形非常小巧，花形独特，似开非开的样子，宛如含羞带怯的美人，清新的颜色，给人冰清玉洁之感，香气清雅，闻之令人心旷神怡。因此夜合花常被栽植于公园或庭院中，还有一些人喜欢把它制成盆景，放在房间内欣赏。

夜合花的树皮和花可以入药，具有安神的功效，可以治疗失眠多梦；还可以入肺经，能够理气化瘀，可有效地去咳、化痰、平喘；还可以止痛。

科普进行时

有的人会把夜合花和百合花弄混，别看它们只差一个字，区别还是比较大的。夜合花是木兰科的木本植物，而百合花是百合科的草本植物。夜合花的花朵似圆球状，百合花的花朵呈漏斗状，而且夜合花的花梗是向下垂的。夜合花的叶子为椭圆形，而百合花的叶子为披针形。

艳丽怡人——紫玉兰

早春时节，在园林、庭院中经常可见美丽的紫玉兰。紫玉兰，又名木兰、辛夷，是我国著名的早春名贵花木，它枝繁花茂，艳丽芳香，享誉中外，令人过目难忘。

形态特征

紫玉兰是木兰科木兰属落叶灌木，常丛生，树皮灰褐色，小枝绿紫色。叶呈椭圆状倒卵形，上面深绿色，幼嫩时疏生短

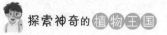

柔毛，下面灰绿色，沿脉有短柔毛。花蕾被淡黄色绢毛，花叶同时开放，花大，直立于粗壮、被毛的花梗上，外面紫色或紫红色，内面白色或浅紫色。聚合果为深紫色，圆柱形。成熟蓇葖近圆球形，顶端具短喙。

分布与习性

紫玉兰为中国特有植物，主要分布于福建、湖北、四川、云南等地区，在山坡林缘常可见到它们的身影。紫玉兰喜欢生长在温暖湿润、阳光充足的环境中，较耐寒，不耐旱和盐碱，在肥沃、排水好的沙壤土中长势最好。

紫玉兰在中国的种植历史已有2000多年，是非常珍贵的花木，已被列入《世界自然保护联盟濒危物种红色名录》（简称 IUCN 红色名录）。

主要价值

　　紫玉兰是著名的早春观赏花木，它们树姿婀娜，花大而艳美，气味幽香，每到开花时节，满树紫红色的花朵，清雅绝尘，雍容华贵，观赏价值极高，适合栽植于园林或庭院中。

　　紫玉兰的树皮、叶、花蕾均可入药。花蕾晒干后被称作辛夷，是我国沿用了 2000 多年的传统中药，主治鼻炎、头痛，也可作为镇痛消炎剂使用。

科普进行时

　　对于辛夷可治疗鼻病的疗效，李时珍在《本草纲目》中做了肯定的论述。而现代相关研究也证明，辛夷所含的挥发油能收缩鼻黏膜血管，并促进分泌物的吸收，从而改善鼻孔通气功能。

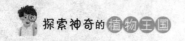
▶▶ 西南特有——黄牡丹

> 黄牡丹为中国西南地区特有的植物，是名贵的观赏花卉。每到西藏地区黄牡丹盛开的季节，成片的黄牡丹竞相开放，宛如一片黄色的花海，娇艳至极。

形态特征

黄牡丹是毛茛科芍药属落叶小灌木或亚灌木。全体无毛，茎木质，圆柱形，嫩枝绿色，基部有宿存的倒卵形鳞片。二回三出复叶互生，纸质，小叶羽状分裂，裂片披针形，背面稍带白粉。花生于枝顶或叶腋，花瓣呈黄色，倒卵形，有时花瓣边缘带红色或基部有紫斑。蓇葖革质，顶端长渐尖，向下弯，内含多粒种子，呈黑色，种皮很厚。

珍贵稀有

黄牡丹主要生长在贫瘠的沙石地，因此种子萌芽率本身就较低。更雪上加霜的是，每年随着秋季到来，天气开始逐渐变冷，万物走向枯萎，野生动物为了寻找食物，连隐藏在浅层土壤中的一些植物种子都不会放过。黄牡丹种子颗粒较大，很容易被野生动物取食，这是影响黄牡丹繁衍后代的一个重要

因素。

　　而那些好不容易萌芽，并茁壮成长的黄牡丹也并不是可以高枕无忧，它们还要面临新的生存挑战——来自人类的掠夺。随着人类活动范围的扩大，对黄牡丹的生存环境造成了一定的破坏，又因为人们保护意识不足，对具有药用价值的黄牡丹采挖过度，这些都导致黄牡丹有濒临灭绝的危险。

科普进行时

　　黄牡丹主要分布在云南、四川、西藏等地，常见于中、高海拔的石灰岩山地的灌丛或疏林下。野生黄牡丹是濒临灭绝的珍稀植物之一，现大面积集中生长的仅在西藏自治区林芝市的扎贡沟。

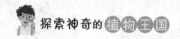
如今，人们已经意识到保护黄牡丹的重要性，不但对野生黄牡丹进行了有效保护，相关人员还进行了人工种子培育和幼苗移植工作。

主要价值

黄牡丹的根皮可入药，可作为白芍的代用品，有清热凉血、散瘀止痛、通经等效用，主治腰痛、关节痛、月经不调等疾病。此外，野生黄牡丹还是栽培牡丹的祖先，在园艺育种方面有一定的科研价值。

柔软娇嫩的
草本植物

ROURUAN JIAONEN DE CAOBEN ZHIWU

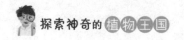
▶▶味道鲜美——莼菜

> 莼菜，又名蓴菜、马蹄菜、湖菜等，多年生宿根水生草本植物，口感鲜美滑嫩，为珍贵蔬菜之一。

产地

莼菜，属睡莲目莼菜科的一种水草，国家一级重点保护野生植物。在我国，莼菜主要分布在江苏、浙江、江西、湖南、湖北、四川、云南等省，其中江苏的太湖（莼菜是"太湖水八仙"之一）、苏北的高宝湖，尤其是重庆市石柱县黄水镇、浙江杭州市的西湖、四川雷波县的马湖、湖北利川市等地生产的莼菜举世闻名。

宴席上的佳肴

莼菜鲜嫩滑腻，常用来做汤，清香浓郁，被视为宴席上的珍贵食品。相传乾隆皇帝下江南，每到杭州都必食用莼菜，并派人定期运回宫廷。

营养丰富

莼菜含有丰富的蛋白质、碳水化合物、脂肪、多种维生素和矿物质。常食莼菜具有药食两用的保健作用，正合《黄帝内经》中药食同源的理念。莼菜的黏液质含有多种营养物质及多缩戊糖，有较好的清热解毒作用，能抑制细菌的生长，食之清胃火，泻肠热，捣烂外敷可治痈疽疔疮。

科普进行时

莼菜属于喜温性蔬菜，不耐寒冷，气温低于15℃时会逐渐停止生长。对水质要求较严格，在水质清洁、土壤肥沃、淤泥层厚度达20厘米的水域中生长良好。

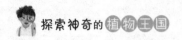
似群鹤翘首——鹤望兰

鹤望兰，又名天堂鸟，它们的老家在非洲南部，现已得到广泛栽培。鹤望兰在国内外广受好评，是一种极富经济价值的花卉。

形态特征

鹤望兰是旅人蕉科鹤望兰属植物。根肉质，粗壮，茎不明显。叶片很大，似芭蕉，从极短的地上茎生出，两两对生，有长柄，深绿色，椭圆形。花茎粗壮挺直，花顶生或生于叶腋间，高于叶片，花形独特，数朵生于总花梗上，下托一片舟状的佛焰苞，花萼为橙黄色，花瓣为深蓝色，内藏雄蕊。整个花序仿佛群鹤翘首，姿态潇洒飘逸，常作盆栽或切花用。

生长环境

鹤望兰是一种喜光植物，若光照不足，将会直接影响其

花和叶的生长。光照充足且温暖湿润的环境是最有利于鹤望兰生长的。怕霜冻，不耐寒，不耐涝，在肥沃且排水条件良好的沙壤土中长势最好。

世界闻名

鹤望兰是世界闻名的观赏花卉，成型的盆栽植株一次能开花数十朵，独特的花与叶尽情地向人们展示着热带植物的独特与美丽。鹤望兰四季常青，叶大姿美；花形奇丽，似引颈长唳的仙鹤，深受世人珍爱。在非洲，当地人十分珍爱鹤望兰，把它们看作自由、吉祥、幸福之花。如今，鹤望兰主要产自美国、德国、意大利、荷兰和菲律宾等国，我国也在广东、福建、江苏等地建立了鹤望兰生产基地。

科普进行时

鹤望兰的名字里虽然带个"兰"字，却和兰科植物没有任何关系。之所以叫这么一个富有诗意的名字，是因为在传入我国时，园艺专家觉得这种植物的花好像正引颈眺望的仙鹤，便称呼它为鹤望兰了。

🌱 繁殖不易

　　国外的花卉产业已然发展得非常成熟，而鹤望兰的生产规模却不大。这主要是因为鹤望兰是一种典型的鸟媒植物，在其原产地，它们要靠一种长得非常小的蜂鸟来帮忙传粉才能结实。鹤望兰被引进到中国后，必须靠人工授粉才能结实，且发芽率低。

▸▸ 我国沿海的渐危物种
——珊瑚菜

> 珊瑚菜，又名北沙参，是渐危物种，为多年生草本植物。珊瑚菜的嫩茎叶可作为蔬菜食用，其根是著名的中药材，与人参、玄参、丹参、党参并称为"五参"。

🌳 形态特征

　　珊瑚菜主根细长，呈圆柱形或纺锤形。基生叶具柄，叶柄较长，基部宽鞘状；叶片轮廓呈卵形或宽三角状卵形。复伞形花序顶生，密生白色或灰褐色绒毛，花白色，花瓣 5 枚，卵状披针形，先端内折。双悬果圆球形或椭圆形，果棱木质化，翅状，有棕色毛。

🌱 生长环境

　　珊瑚菜在不同的生长发育阶段对气温的要求不同，种

子萌发必须通过低
温阶段，营养生长
期内则在温和的气
温条件下发育较快。
若气温过高，植株
就会出现短期休眠。
高温季节一过，休眠即
解除。开花结果期需要较高
的气温。冬季植株地上部分枯萎，
根部能露地越冬。

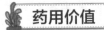

药用价值

珊瑚菜主要分布于我国沿海地区，尤以海滨沙滩分布最广。其根可入药，为珍贵的中药材。近年来，城市和港口建设需要大量用沙，因而生长珊瑚菜的沙滩常被挖掘，导致珊瑚菜的生存环境遭到破坏，影响其繁殖生长，加上药农连年挖根，因此珊瑚菜资源逐渐减少，分布面积越来越窄。

科普进行时

珊瑚菜对研究伞形科植物的系统发育、种群起源以及东亚与北美植物区系，均有重要价值。

▶▶ 喜爱阴湿环境——黄山梅

　　黄山梅为虎耳草科黄山梅属植物，是单种属植物。近年来，因为生态环境不断遭到破坏，致使黄山梅植株日益减少，黄山梅已成为稀有物种。

🌳 形态特征

　　黄山梅为多年生草本植物。茎直立，无毛，稍带紫色。生于茎下部的叶最大，叶柄也长，为圆心形，掌状分裂，边缘具

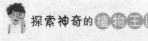

粗锯齿，叶片两面被糙伏毛；
随着往上生长，叶片逐渐变小，
叶柄也变短，最上部的叶为卵
形或披针形。聚伞花序生于上
部叶腋及顶端，花两性，黄色，
花梗略有些弯曲；萼筒为半球

科普进行时

　　黄山梅是单种属植物，
又只间断分布于中国和日本，
研究它们对于说明虎耳草科
的种系演化以及中国和日本
植物区系的关系有重要价值。

形，裂片为三角形，有 5 枚，花瓣也是 5 片，长圆状倒卵形。
蒴果宽椭圆形或近球形，顶端具宿存花柱。种子扁平，周围具
斜翅，黄色。

生长环境

黄山梅喜欢阴凉的环境，不耐强光照射，在湿润且富含有机质的酸性黄棕壤中长势最好。常在山区林下阴湿之地呈小片生长。黄山梅是稀有物种，为典型的中国至日本特有种。黄山梅在日本主要分布于中西部；在我国仅斑块状分布于安徽、浙江两省毗邻的山区。

设置自然保护区

黄山梅具有重要的观赏和科研价值，为了有力地保护这个濒危物种，也为了更好地保护生物多样性，我国已在安徽歙县清凉峰、黄山及浙江临安区西天目山设置自然保护区，此举可以有效保护黄山梅。

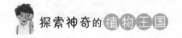

▶▶ 繁殖奇特——瓣鳞花

> 瓣鳞花是世界干旱区的物种，在我国主要分布于新疆、甘肃、内蒙古等省区，常见于盐碱化草甸中，数量稀少，是国家二级保护植物。

🌳 形态特征

瓣鳞花，属于一年生矮小草本植物。它们的植株平卧在地上，茎会从基部长出许多分枝，茎上带有稀疏的白色微柔毛。叶子很小，常4枚轮生，呈狭倒卵形或倒卵形，上面无毛，下面微被短柔毛。花多单生于叶腋或小枝顶端，花朵较小，花瓣5片，呈长圆状倒披针形或长圆状倒卵形。蒴果为长圆状卵形，3瓣裂。果实中包含数量众多的种子，种子为长圆状椭圆形，呈淡棕色。

繁殖方式

瓣鳞花的无性繁殖主要有两种方式：一种为劈裂式生长，是瓣鳞花自然更新的主要方式；另一种方式是由茎部向地表发生弯曲，被地表浮沙覆盖后由茎尖处长出不定根和不定芽，形成新的植株。一般在资源较贫乏、随机干扰程度高的条件下，瓣鳞花以劈裂生长形成的环状集群为主；反之，以枝条下垂形成新植株为主。

主要价值

瓣鳞花是一种古老孑遗的单种属植物，也是古地中海植物区系成分的典型代表，在科学研究方面有重要的价值。

科普进行时

瓣鳞花对雨水的依赖性和敏感性很强，常以"假死"的方式度过不良环境，并保持春、秋两次开花的习性。其种群的繁衍以营养繁殖类型为主，劈裂生长又占有较大的比重，这很可能是其远祖逐渐适应现代荒漠干旱气候条件的结果。

瓣鳞花还有一个特殊的本领——"出汗"。在它们的茎叶表面密布有专门排放盐水的盐腺，为了避免体内盐分过多而伤害自身，它们可以把从土壤中吸收到的过量的盐通过"出汗"的方式排出体外。当"汗滴"从叶片表面蒸发掉时，叶片上会留下一层洁白的盐霜。因此，瓣鳞花可用于改良盐碱地，或作为牧场饲草。

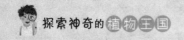

▶▶ 喜欢"群居"的植物——星叶草

星叶草为毛茛科星叶草属草本植物，由于它们对环境的适应能力较弱，所以数量不断减少。

🌳 形态特征

星叶草为一年生草本植物，茎细弱。宿存的2子叶和叶簇生；子叶线形或披针状线形，无毛；叶纸质，菱状倒卵形、匙形或楔形，边缘上部有小齿，无毛，背面粉绿色。花小，两性，单生于叶腋。瘦果近纺锤形或狭长圆形，通常具钩状毛，偶尔无毛。种子含丰富胚乳。

🌿 生活习性

从生活习性上看，星叶草喜欢阴湿的环境，凡阳光直接照射的地方，都看不见它们的身影，对环境的适应能力很弱，适宜的环境一旦被破坏就难以生长。星叶草常长在树荫下面，而人类的活动，常导致森林里的植被被破坏，这也间接影响了星叶草的生存，使得它们的数量不断减少。

排他性

星叶草像许多动物一样，喜欢"群居"，总是成片生长。之所以能做到这一点，是因为它们会分泌一种特殊气味，而这种气味会影响周围其他植物的生长，久而久之，在林下或局部小环境中就形成了只有星叶草的群落。只有一些湿生植物有时可与它们伴生，如细弱荨麻、橐吾等。

保护措施

由于星叶草的数量逐渐减少，可从以下几个方面入手保护星叶草：

 **科普进行时**

星叶草在我国零星散布于西北至西南，包括西藏东部、云南西北部、四川西部、陕西南部、青海东部等地区。在不丹、印度、尼泊尔等国家也有一定的分布。

保护星叶草最科学、最基本、最有效的方式就是保护其生长环境。所以应该在适合星叶草生长的地方设立保护区，以此来促进星叶草的自然繁殖，增加其数量。

通过观察星叶草的群落学特点、生物学特性、演绎规律等，评估星叶草分布地区的生态环境，并确定适合星叶草的生态环境。

在星叶草广泛分布的区域实施封山禁牧，以此来逐渐恢复星叶草的栖息环境。

开展宣传工作，提高林区群众保护星叶草的意识。

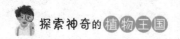

⸬ 不含叶绿素的植物
——天麻

> 天麻，原名赤箭，又叫定风草、鬼箭杆等，是一种靠蜜环菌生存的腐生草本植物，也是珍贵的药用植物。主要分布于我国东北、西南、华东等地。

🌳 与众不同的形态

天麻是兰科天麻属腐生草本植物，生长在林区山间。它们处于地下的块茎横生，为长椭圆形，肉质肥厚，表面有均匀的

环节。块茎上会生长出一株黄褐色的直立的肉质独苗，这是它们的茎，茎上有节，节上有膜质的鳞片。全株不长叶，也不产生叶绿素。夏季开花，花的数量较多，形成稠密的总状花序，花黄褐色或赤黄色。花谢后，会结上一串果子，呈倒卵状长圆形，每个果子里有大量如尘沙一样微小的种子，靠风来传播。

"吃菌"而生

没有根、不见叶，植株又不生产叶绿素，也就无法进行光合作用，那么天麻是怎样生长的呢？天麻的生长过程非常独特，它靠"吃菌"而生。

天麻生长所需要的养分主要来自一种叫蜜环菌的菌类。在阴湿的森林中，许多树干的基部、根部或倒木上都寄生着一丛丛的蜜环菌，它们的菌盖颜色类似于蜂蜜的颜色，在菌柄上有个环，故得此名。蜜环菌的菌丝体无孔不入，靠吸收其他植物的养料存活。当蜜环菌的菌丝体遇到天麻的地下块茎时，就会将天麻块茎包裹起来，并钻入其内部。然而天麻可不像其他植物那么好欺负，它们的组织细胞会分泌溶菌液，能把钻到块茎里面来的菌丝消化、吸

收掉，从而维持自身的生长，这样，"觅食"的蜜环菌反而被天麻"吃"了。依靠着蜜环菌的供养，无根无叶的天麻照样可以茁壮成长。

但是，当天麻老了的时候，就没有消化菌丝的能力了，这时它们又会反过来成为蜜环菌的食物。由此可见，天麻和蜜环菌是共生的关系，前期天麻以蜜环菌为食，后期则是蜜环菌以天麻为食。

人们根据天麻需要靠蜜环菌喂养的特性，在进行天麻栽培时，会先培养蜜环菌。只要满足了蜜环菌需要的环境，在平原地区也可以人工栽培天麻。

名贵药材

天麻自古以来就被列为名贵药材，其块茎在我国入药历史悠久，有平肝熄风、止痉之功效，主要用于治疗抽搐痉挛、小儿惊风、眩晕、肢体麻木、破伤风等症。

由于天麻能有效治疗肝风引起的头痛，所以，以天麻为主要原料制成的天麻片、天麻酒，也是广泛被人们使用的中成药。

科普进行时

到了天麻的生长季，由地下块茎顶部抽生出的直立的地上茎，就像一支出土的箭，所以汉代的《神农本草经》称呼它为"赤箭"。

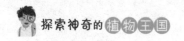

▶▶ 美丽而危险——乌头

> 乌头，又名乌喙、奚毒、土附子等，是一种多年生草本植物，开出的蓝紫色花朵美艳异常，但它却是一种有毒植物。

🌳 形态特征

乌头是毛茛科、乌头属草本植物。它的块根为倒圆锥形，通常是 2~3 个连生在一起，母根周围还会生出很多侧根。乌头块根的外表呈茶褐色，内部则呈乳白色，里面的肉质是粉状的。

块根上会生长出直立的茎，茎中部之上稀疏地分布着一些卷曲的短柔毛。叶片薄革质或纸质，五角形，急尖。乌头的花为蓝紫色，开在茎顶端的叶腋间。当乌头开花的时候，它的茎中部以下的叶片就会凋零，所以更显得它的花美艳动人、神秘莫测，一眼望去，令人震撼。种子呈三棱形，在其中两面密生横膜翅。

分布与习性

　　乌头一般生长在山地、丘陵地区的草坡或林缘。在中国，乌头主要分布在云南、四川、湖北、贵州、安徽、浙江、江西、广西、辽宁、河南、山东、江苏等省。在越南北部也有分布。乌头喜欢温暖湿润的气候，不过它的适应能力较强。

美丽而有毒

　　乌头的外表虽然极其美艳，但它却是一种有毒植物。乌头全株有毒，其中块根毒性最强，可以影响人的神经系统，人们误食后，会出现头晕眼花、四肢发麻、恶心呕吐、腹泻、血压下降、心律失常、心脏骤停等症状，摄入过量则会致死。因此，当遇到乌头这种植物时，一定要小心，千万不要误食。

主要价值

　　乌头的块根具有药用价值，母根入药后被称为"川乌"，子根入药后则被称为"附子"。在中医治疗中，川乌有祛风除湿、温经止痛之功效，主治中风、半身不遂、关节疼痛、寒湿头痛等症。附子有回阳救逆、补火助阳之功效，主治腰膝冷痛、泄泻久痢、精神不振、脘腹冷痛等症。

　　乌头的花非常美丽，每到秋季，乌头盛开着的蓝紫色的花朵，迎风飘荡，美不胜收，令人忍不住驻足观望，观赏价值很高。

科普进行时

　　根据明代医学家李时珍所著的《本草纲目》中记载的内容可知，在古代，人们在打猎时，会利用沾有乌头毒液的箭去射杀凶猛的猎物。

不断攀爬的
藤本植物

BUDUAN PANPA DE TENGBEN ZHIWU

▶▶ 枝缠花繁——绣球藤

> 绣球藤是毛茛科铁线莲属植物,在每年春季的时候,会开出很多小花,这些花朵和叶子簇生在一起,欣欣向荣,热闹极了。

🌳 形态特征

绣球藤是一种木质藤本植物。茎为圆柱形,有纵条纹;嫩枝初长被短柔毛,随着不断生长,变成无毛的状态;到了衰老期,外皮剥落。三出复叶,小叶卵形、宽卵形至椭圆形,边缘有缺刻状锯齿,顶端3裂或不明显,两面长有稀疏的短柔毛。数朵花与叶自老枝腋芽生出,萼片4枚,白色或略带粉红色,长圆状倒卵形或倒卵形,外面疏被短柔毛。瘦果呈卵形或卵圆形,无毛。

🌿 生长环境

绣球藤主要分布于喜马拉雅山区西部到尼泊尔、

印度北部的地区；在我国，主要分布在西南、华中等地。绣球藤喜欢温暖、湿润、凉爽、荫蔽的环境，畏强光、不耐酷热；多生长在四季分明、冬无严寒、夏无酷暑、气候温暖、无霜期长、降水充沛的山坡、山谷灌丛、林边或沟旁。最适宜绣球藤生长的土壤为山地棕色森林土，黄壤和山地褐色土也较为适宜。

主要价值

绣球藤的茎善于攀爬，枝叶缠绵，花朵繁密，花形优雅，每到花季，花朵会开满整个茎藤，宛如花海，蔚为壮观，极具观赏价值。绣球藤可盆栽置于阳台观赏，也可于庭院、墙边栽植做花篱、花架等。

绣球藤的茎藤可入药，有利水通淋、活血通经、通关顺气之功效。

科普进行时

药农会在春、秋二季采收绣球藤的茎藤，除去粗皮，趁新鲜之时切薄片，然后晒干。如此便制成了中医中常用的药材——川木通。

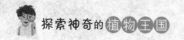

▶▶ 重要的药材——大血藤

> 大血藤，又名红藤、血藤、红皮藤、大活血，为木通科大血藤属植物，是一味重要的中药材，在中医临床上应用范围很广。

🌳 形态特征

大血藤为落叶木质藤本植物，通体无毛，小枝及茎内部均为血红色，故被称为"大血藤"，老树皮有时纵裂。叶互生，多为三出复叶，有时兼具单叶，个别植株全部为单叶。春季开黄色花朵，数量很多，雌雄同株，雄花和雌花同花序或不同花序，花梗较细。果实是多数小浆果聚在一起组成的聚合果，单颗浆果近球形，成熟时呈黑蓝色，被白粉。种子为卵球形，基部截形，黑色，平滑而有光泽。

🌿 分布与习性

大血藤在我国主要分布在长江以南各省，老挝、越南也有分布。常见于山坡灌丛、疏林和林缘等。它喜欢生长在温暖湿

润且阳光充足的环境中，对土壤的要求是：肥沃，排水性能良好，富含有机质，酸性。

🌱 主要价值

大血藤攀爬性能好，叶片茂盛，每到花季，一串串明黄色的花序，竞相绽放，观赏价值颇高，可种植于园林、庭院。

> **📖 科普进行时**
>
> 鸡血藤和大血藤这两种中药材都来源于植物的藤茎，外表也有些相似，但它们来自截然不同的两种植物。鸡血藤这种中药材来源于豆科植物鸡血藤，而大血藤却来源于木通科植物大血藤。

大血藤是我国传统中药，根及茎均可入药，具有清热解毒、通经活络、散瘀痛、理气行血、祛风杀虫等功效。

大血藤的茎皮含较多纤维，是制作绳索的材料。

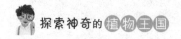

相思的使者——相思子

> "红豆生南国，春来发几枝。愿君多采撷，此物最相思。"王维的这首诗相信大多数人都不陌生，那你知道这首诗中的红豆是什么植物吗？

形态特征

相思子，又名相思豆、红豆、鸡母珠，为豆科、相思子属，是一种落叶缠绕性藤本植物。相思子的枝干比较细弱，多分枝。羽状复叶，膜质，对生，近长圆形，上面无毛，下面被稀疏的白色毛。

总状花序腋生，花小，密集成头状，花冠的颜色为淡紫色。荚果为菱状的长圆形，有的扁平，有的略有些膨胀。豆荚成熟后会自动开裂，里面便是种子。相思子的种子颜值颇高，呈椭圆形，平滑而具光泽，大部分为鲜红色，底部一

小部分为黑色。别看相思子的种子很漂亮，其内部含有的成分却具有剧毒，误食会导致中毒，甚至可夺人性命。不过相思子的种子外壳很坚硬，轻易不会被弄破。只要种子没有破损，就不会中毒。

生长环境

　　相思子喜光、耐热、耐旱，常生长在开阔向阳的河边、树林边缘或者荒地上。根系发达，抗风力强。对土壤要求不严，耐干旱，耐瘠薄，病虫害也较少。萌芽力强，生长迅速，如果生长在没有人管理的地方，它们就会占据其他植物的生存空间。

🌵 主要价值

　　因为相思子的种子明艳、华美，所以被人们制成首饰来佩戴。相思子的根、藤、叶都可以入药。根有清热解毒、解暑发表的功效，可用于治疗咽喉肿痛等症。而藤和叶有生精润肺、清热利尿的作用，在治疗乳痈、咳嗽多痰等方面可发挥作用。

🐭 科普进行时

　　相思子虽然也叫红豆，但它们和我们日常食用的红豆可不是一回事。我们常吃的红豆，学名叫赤小豆，为豆科豇豆属草本植物赤小豆的成熟种子。赤小豆营养价值非常高，常用来熬粥、煮汤或制作甜点。

▸▸ 传说中的断肠草—— 钩吻

说起钩吻，我们大多数人可能都不太熟悉，可是若说起它的另外一个名字断肠草，可能很多人就有所耳闻了。这种经常出现在影视剧中的植物，是一种全株都有剧毒的植物。

🌳 形态特征

钩吻是一种多年生常绿藤本植物，属马钱科。它的小枝非常光滑，呈圆柱形，幼时具纵棱。叶片为膜质，卵形、卵状长圆形或卵状披针形。花多繁密，三歧聚伞花序顶生和腋生，花梗纤细；花冠为漏斗状，花冠裂片为卵形，黄色，内里带有淡红色斑点；花冠管中部生出雄

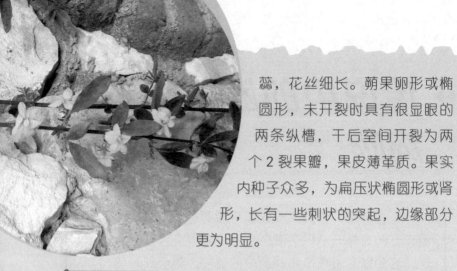

蕊，花丝细长。蒴果卵形或椭圆形，未开裂时具有很显眼的两条纵槽，干后室间开裂为两个 2 裂果瓣，果皮薄革质。果实内种子众多，为扁压状椭圆形或肾形，长有一些刺状的突起，边缘部分更为明显。

全株有毒

钩吻全株都是有毒的，其中根和叶子毒性最大，即使误食了一丁点儿，都会让人产生极大的不良反应，更有甚者会夺走人的性命。因此，若是在野外看到钩吻，一定要远离。

钩吻与金银花

当金银花开花的季节，有的人喜欢采一些来泡水喝，而有毒的钩吻也是同一时节开放，由于金银花和钩吻的外形有些相似，大家一定要注意辨别。

钩吻的枝叶更大一些，叶片多为卵状长圆形，且叶面光滑，有光泽；而金银花枝叶较细，较柔软，微带白色绒毛，叶片为纸质，没有光泽。钩吻的花冠呈漏斗状，属于合瓣花，呈黄色；金银花的花冠呈唇形，属离瓣花，花更小一些，并且金银花

的花色有个很大的特点，初开时为白色，很快变为金黄，黄白相间，因此得名金银花。钩吻的花或生长在枝条的关节处，或生长在枝条的顶端，且花呈簇状生长，一个关节处往往有多朵花；而金银花的花朵主要生长在枝条的关节处，花朵成对生长，一个关节处一般只有两朵小花。

主要价值

钩吻虽然有剧毒，但也不代表这种植物有百害而无

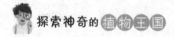

一益。钩吻可用于制作农药，喷在水稻上，可防治水稻螟虫。人吃了钩吻会中毒，动物少量食用钩吻却对它们有诸多好处。钩吻可作为兽药使用，能够帮助猪、牛、羊等牲畜驱虫；猪少量地食用钩吻之后，会食欲大增；在肉鸡饲料中添加小剂量的钩吻后，鸡的增重率会提高，死亡率会降低。

科普进行时

钩吻属于不耐寒又怕热的短日照植物，喜欢生长在阳光充足的地方，像山地、路旁、村边，在山坡疏林下也常可见到它们的身影。

EXPLORE 探索神奇的

植物王国

植物趣闻

科普实验室编委会 编

应急管理出版社
·北京·

图书在版编目（CIP）数据

植物趣闻／科普实验室编委会编．－－北京：应急
管理出版社，2022（2023.5 重印）

（探索神奇的植物王国）

ISBN 978－7－5020－6183－8

Ⅰ．①植…　Ⅱ．①科…　Ⅲ．①植物—儿童读物　Ⅳ.
①Q94－49

中国版本图书馆 CIP 数据核字（2022）第 038756 号

植物趣闻（探索神奇的植物王国）

编　　者	科普实验室编委会
责任编辑	高红勤
封面设计	陈玉军

出版发行	应急管理出版社（北京市朝阳区芍药居 35 号　100029）
电　　话	010－84657898（总编室）　010－84657880（读者服务部）
网　　址	www.cciph.com.cn
印　　刷	三河市南阳印刷有限公司
经　　销	全国新华书店

开　　本	880mm×1230mm$^1/_{32}$　印张　24　字数　560 千字
版　　次	2022 年 5 月第 1 版　2023 年 5 月第 2 次印刷
社内编号	20200872　　　　定价　120.00 元（共八册）

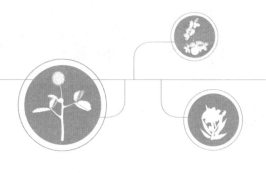

亲爱的小读者们，你们了解植物吗？比起能跑能跳的动物，安安静静的植物似乎总容易被人们忽略。殊不知，植物是比动物更早居住在地球上的居民，它们的足迹几乎遍布世界的所有角落，是地球生命的重要组成部分，无时无刻不在展现着生命的精彩与活力。

你可不要以为植物全都是默默无闻、娇娇弱弱的，它们的世界可比你想象的精彩多了。它们有的能活几千年，有的则是只能活几周的"短命鬼"；有的巨大无比、独木成林，有的小得像一粒沙；有的全身是宝，能治病救人，有的带有剧毒，能杀人于无形；有的芳香怡人，有的奇臭无比；有的娇艳美丽，有的奇形怪状……

为了让小读者们更清晰地了解植物家族，我们精心编排了这套《探索神奇的植物王国》图书。这是一套图文并茂，融趣味性、知识性、科学性于一体的青少年百科全书，囊括了走进植物、植物趣闻、裸子植物、蕨类植物、苔藓植物、珍稀植物等多个方面的内容，能全方位满足小读者探寻植物世界的好奇心和求知欲。本套丛书内容编排科学合理，板块设置丰富，文字生动有趣，图片饱满鲜活，是青少年成长过程中必不可少的精品读物。

让我们带领小读者们一起推开植物世界的大门，去探寻它们的踪迹，尽情感受它们带给我们的神奇与震撼吧！

目录
MU LU

长相奇特的

植物

ZHANGXIANG QITE DE ZHIWU

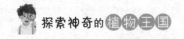
▸▸ 奇大无比的大王花

> 大王花是生活在热带地区的一种寄生植物，它既是世界上最臭的花，也是世界上最大的花。

🌳 奇臭无比

大王花生长在热带雨林中，每年的5-10月是它最主要的生长时段。当它刚冒出地面时，大约只有乒乓球那么大，经过几个月的缓慢生长，花蕾变成了卷心菜般的大小，接着5片肉质的花瓣缓缓张开，等花完全绽放，需要经过两天两夜的时间。大王花是世界上公认的最臭的花。大王花初开时有点儿淡淡的香气，不到几天就散发出一种令人恶心的臭味。也正是这股臭气引来了苍蝇为它传粉。

🌱 奇大无比

大王花又是世界上最大的花，

直径达 90 厘米，像一张大圆桌子。在 5 片花瓣之间有一个圆形的花槽，像个大脸盆。一朵花有 6~7 千克重。世界上再也没有比它更大的花了！

奇"懒"无比

大王花还非常"懒"，它是一种寄生植物，寄生在一种藤本植物上，依靠吸取这类植物的营养生存。吸取的营养均供应在花的生长上，整朵花便是它的全部了。

科普进行时

第一个发现大王花标本的植物学家是法国探险家路易·奥古斯特·德尚，他是一支法国科学考察团的成员。1797 年，他收集了一个现在被称为霍氏大王花的标本。

▶▶没有根的金鱼藻

金鱼藻是一种生活在水里的植物，虽然没有根，但它能在水中正常生长。那么它在没有根的情况下是怎么生长的呢？

🌳 细长如丝的叶

金鱼藻是金鱼藻科金鱼藻属沉水型植物。由于植物体不长根，吸收营养的重任就落到了叶片上。金鱼藻的叶片分裂成丝状，这样就能有效地吸收水里的二氧化碳和无机盐，还能最大

限度地接受阳光的照射。

特殊的芽

秋天，大部分植物会落尽叶子，把营养贮存在根部，进入"冬眠"状态。金鱼藻到了秋天的时候，侧枝末端会停止生长，叶片密集成叶簇，颜色变深，角质变厚，并积累淀粉等养分，成为一种特殊的顶芽。顶芽脱落后，就可沉于泥中休眠越冬，第二年春天又会萌发为新的植株。

根状枝

金鱼藻没有根，那么植株是如何固定在泥中的呢？原来金鱼藻会生长出一种根状枝，它不但可以固定植株，还可以吸收营养。

科普进行时

由于金鱼藻全株沉于水中，因此光照条件对植物的生长有很大影响。当水过于浑浊时，光线便不能很好地透入水中，金鱼藻便会生长不良。因此，在养金鱼藻的时候，要保持水的清透。

▶▶会变色的弄色木芙蓉

> 桃花红，梨花白，从花开到花落，色彩似乎没有什么变化。但是，在自然界里，有一些花卉的颜色变化多端。其中，颜色变化最多的花要数弄色木芙蓉了。

🌳 形态特征

弄色木芙蓉又名三弄芙蓉，是一种落叶灌木或小乔木，株高2~5米，枝条密被星状短柔毛，单叶互生，形如手掌，裂片呈三角形，前端尖，边缘有锯齿，叶柄呈圆筒形，长20厘米左右。花生于叶腋或枝顶，多为重瓣复心，花径15厘米左右，花期在9-11月。

🌿 生长环境

弄色木芙蓉喜温暖湿润、阳光充足的环境，稍耐半阴，且有一定的耐寒性。对土壤没有过高的要求，但在肥

沃、湿润、排水良好的砂质壤土中生长得
最好。

🌵 花色多变

　　弄色木芙蓉的花初开时为白
色，第二天呈鹅黄色，第三天呈浅
红色，第四天呈深红色，到花落
时则变成紫色。这些色彩的变化，
看起来非常玄妙，其实都是花内色
素随着温度、酸碱度的变化而引
起的。

🐭 科普进行时 ◀

　　木芙蓉的根、叶、花
均可入药。现代药理研究
表明，木芙蓉花的水煎剂
能够有效地抑制溶血性链
球菌，而叶的水煎剂则能
抑制金黄色葡萄球菌。

▸▸ 长刺不长叶的仙人掌

　　仙人掌我们都不陌生,是一种浑身长满了刺的植物。它为什么和大多数植物都不一样呢?为什么它不长叶子呢?

产于荒漠

　　仙人掌类的植物原产于热带干旱的荒漠地区,而荒漠里最缺的是水分,为了避免水分的快速蒸腾,仙人掌的叶子就慢慢地退化了,逐渐缩小变细,经过漫长的演变,成了现在这样一根根的刺。

自我保护

　　另外,如果仙人掌不长刺的话,在荒芜的沙漠地带,很容易被动物吃掉,所以它长刺也是为了保护自己。

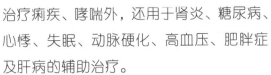

作用多多

仙人掌生长在热带，对强光有很强的吸收作用。强光中有可见光和不可见光，而电脑和手机的电磁辐射为不可见光，所以容易被仙人掌吸收。

仙人掌还有很高的药用价值。据资料记载，仙人掌除用于治疗痢疾、哮喘外，还用于肾炎、糖尿病、心悸、失眠、动脉硬化、高血压、肥胖症及肝病的辅助治疗。

科普进行时

别看仙人掌长得奇形怪状，又浑身是刺，让人望而生畏，它们开出的花朵却分外娇艳，花色丰富多彩，观赏价值颇高。

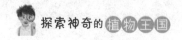
▶▶ 终生不落叶的千岁兰

> 即便是四季常青的松柏、翠竹以及形形色色的常绿阔叶树种，也会更换绿装。但生长于非洲西南部沙漠地区的千岁兰却终生不落叶。

🌳 形态奇特

　　千岁兰的茎既矮又粗，根又深又直，其茎的顶部由于岁月的流逝，已变得木质化了，并向下凹陷，好像一个破旧的大木盆。在"木盆"的两边各有一片厚厚的带状叶片。每片叶宽30厘米左右，却长达2~3米，且向地面弯曲。到达地面后，又向外伸长，其顶部在沙石上长期摩擦，并因干旱而干枯，往往裂成许多窄条，被狂风吹得散乱而扭曲，远远望去，整株千岁兰犹如一只被巨浪冲到沙滩上的大章鱼，因此人们又趣称这种植物为"沙漠章鱼"。

科普进行时

千岁兰的分布范围极其狭窄，只有在非洲西南的狭长近海沙漠才能找到。它也是远古时代留下来的一种植物"活化石"，非常珍贵。

寿命长

19 世纪植物学家刚发现千岁兰的时候，曾推测它的寿命可达百年。但随着岁月的流逝，那些被发现了百年的千岁兰，仍然健壮如初。于是科学家利用碳 14 对其干株进行了测定：被测植株中有些在纳米布沙漠中存活了 1000 多年，最老的年龄已超过 2000 年。于是"千岁兰"之名应运而生。

不落叶之谜

千岁兰的巨型叶一经长出就终生不换，而且叶片的基部始终在不断生长，以弥补顶端破损所失去的部分。之所以会这样，是因为千岁兰的根既直又深且粗壮有力，能充分吸收到地下水；地面上会有大量海雾形成露水重重落下，使叶片保持湿润，所以整株植物一年到头都能保持活跃的生存状态，那么它的巨型叶也就不会因缺乏水分而凋落了。

▶▶ 在叶子上开花的青荚叶

> 大多数植物的花朵都是高高立于枝条顶端或者生于叶腋。然而自然界无奇不有，有的花竟长在叶子上。

🌳 叶上开花

青荚叶属青荚叶科灌木，叶子碧绿，呈卵形，边缘还有一个个小细齿。每年 4–5 月，就会有白中带绿的小花从它的叶片正中央的大叶脉上冒出来，绿叶作衬，花朵显得更醒目、更

娇小可爱。秋天，小花结出黑色的小核果，好像碧绿的荷叶托着几颗黑珠子，格外惹人喜爱。它的果子和叶片还都具备医药价值。

传粉需要

这种植物的花为什么开在叶面上呢？

青荚叶很小，花开在叶面上就会更显眼，容易被昆虫察觉到，所以青荚叶的"叶上花"很有可能是为了吸引昆虫传粉，才进化成这个样子的。

科普进行时

除了青荚叶，还有一个有名的"叶上花"，它的名字很有趣，叫百部，属于百部科。每年5-6月，它的叶片上会长出淡绿色的花朵来，花瓣有4片，花蕊为紫色。百部也是很有名的药用植物。

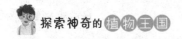
▸▸ 独木成林的榕树

> 独木怎能成林呢？人们也许会感到疑惑不解。有一种热带和亚热带地区生长的大树就能创造出这样的奇妙景观。它的名字叫榕树。

🌳 独木成林

榕树是一种寿命长、生长快、侧枝和侧根都非常发达的树种。它的主干和枝条上可以长出许多气生根，向下垂落，落地入土后不断增粗成为支柱根，支柱根不分枝、不长叶，具有吸

收水分和养料的作用，同时还支撑着不断向外扩展的树枝，使树冠不断扩大，这样，柱根相连、柱枝相托、枝叶扩展，形成遮天蔽日、独木成林的奇观。

鸟的天堂

我国广东新会有一棵大榕树，树冠遮天蔽日，犹如一片茂密的"森林"，这里距海不远，成为以鱼为食的鹤、鹳等鸟类早出晚宿的栖息场所，是有名的鸟的天堂。

榕树的果实小鸟很喜欢食用，坚硬不能消化的种子也就随着鸟类四处散播，除了在热带地区的那些古塔、墙头、屋顶上可以看到小鸟播种的小榕树外，甚至在大榕树上也生长着小鸟播种的小榕树，构成了树上有树的奇特景观。

科普进行时

孟加拉国的热带雨林中生长着世界上最大的榕树。这株榕树竟然有4000多条"支柱根"，曾容纳一支几千人的军队在树下躲避骄阳。

▶▶ 形似石头的生石花

在自然界中，生物的拟态现象是普遍存在的。说起拟态，人们都说昆虫是拟态的高手，其实在植物王国里，具有拟态避敌本领的也大有"人"在。

伪装高手

在非洲南部干旱而多砾石的荒漠上，生长着一类极为奇特的拟态植物——生石花。它们在没有开花时，简直就像一块块、一堆堆半埋在土里的卵形石。这些"小石块"有的呈灰绿色，有的呈灰棕色，有的呈棕黄色，顶部或平坦或圆滑，有些上面还镶嵌着一些深色的花纹，如同美丽的雨花石；有的周身布满了深色斑点，好像花岗岩碎块。生石花的伪装简直惟妙惟肖，甚至使一些不明底细的旅行者辨不清真假，直到想拾上几块"卵石"留作纪念时，才知道上当了。

自我保护

据植物学家调查，世界上这类貌似小石块的植物有很多种，都属于番杏科，生长在非洲大陆的南部，颇为珍贵。它们虽然十分弱小，但充满了汁液，吃起来味道不错。为了避免被吃掉，它们成功地模拟了无生命的石块，骗过了强大的天敌——食草动物，保护了自己。

形态特征

　　生石花的茎很短，常常看不见；叶变态，肉质肥厚，两片对生联结成倒圆锥体状。生石花品种较多，各具特色。生石花通常于秋季从对生叶的中间缝隙中开出黄、白、红、粉、紫等颜色的花朵，多在下午开放，傍晚闭合，次日午后又开放，单朵花可开 7 ~ 10 天。开花时花朵几乎将整个植株都盖住，非常娇美。花谢后结出果实，可收获非常细小的种子。

科普进行时

　　生石花喜欢阳光，但不可放在太阳下暴晒，适宜生长温度为 10~30℃，超过 35℃ 的高温和低于 5℃ 的低温都不利于生石花生长。生石花喜欢疏松透气的中性砂质壤土。

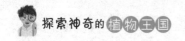

▶▶ 假装不开花的无花果

在古老的传说中，无花果被奉为"圣果"，是一种很稀有的水果。从名字来看，无花果好像没有花，那么它是真的不开花吗？事实究竟如何呢？

无花果也开花

实际上，无花果也是会开花的，只不过它的花与其他的花不太一样，有点儿特别。典型的花，是由花托、花被（就是花萼和花冠）、雌蕊和雄蕊四部分构成的。这四部分全部具备的花叫完全花，桃花就是一种完全花。而不完全具备四部分的花就叫不完全花，桑树的花就是一种不完全花。一般的植物，是花托把花被、雌蕊和雄蕊"抬"得高高的，因此鲜艳夺目，引来许多蝴蝶、蜜蜂来替它传播花粉。但无花果的花不是这样。它静悄悄地"隐居"在新枝的叶腋间，它的雌花、雄花全都"躲藏"在肥大的总花托里面。总花托顶端深凹进去，形成了一间宽大的"房子"。由于总花托把雌花、雄花从头到脚包裹起来了，根本看不见，所以，人们误以为无花果是不开花的。

一年开花两次

其实，无花果不仅开花，而且一年开两次花呢！当大地回春的时候，它就开始抽枝发芽，叶腋间生出花来，开花结出的果子在当年的秋天成熟；在秋高气爽的时候，它的枝条又向上延伸，叶腋间再次生出花来，因为天气渐渐冷下去，来不及生长，所以第二次花结的果子要等到第二年春暖花开的时候才能长大成熟。

美味又营养的果实

无花果味道鲜美，类似香蕉，营养丰富。鲜果中含有较多的果糖和葡萄糖，可以加工成蜜饯、果酱、果干等。在中医学上，干果还可以入药，能开胃止泻、治疗咽喉痛。

科普进行时

无花果的老家位于西亚的沙特阿拉伯、也门等地，到目前为止，全世界已经栽培了1000多个品种。无花果在我国长江以南的各省也都有栽培，在北方多作为盆栽观赏植物种植。

层林尽染的枫树

人们平时总是说绿叶红花，仿佛叶子总是绿色的。确实，在大自然中，树叶和其他植物的叶子在绝大多数时间里都是绿色的。但到了秋天它们多数会变黄，还有些树种会变红。枫树便是以红叶著称的。

色素决定颜色

叶子的红色是怎么染上去的呢？原来，叶子的颜色是由它所含的色素来决定的。一般的叶子含有大量的绿色色素，我们叫它叶绿素。另外还有黄色或橙色的胡萝卜素、红色的花青素等。叶子中的叶绿素和胡萝卜素是进行光合作用的色素。它们在阳光的作用下，吸收二氧化碳和水，放出氧气，产生淀粉，所以叶绿素是十分活跃的家伙，但它也很容易被破坏。

叶绿素易被破坏

夏天的叶子能保持绿色，是因为不断有新的叶绿素来代替那些褪

色的老叶绿素。到了秋天，天气逐渐转冷，大多数叶绿素的产生就会受到影响。叶绿素遭破坏的速度超过了它生成的速度，于是树叶的绿色逐渐褪掉，变成了黄色。那黄色就是因为胡萝卜素还留在叶子里。

花青素

　　枫树的叶子之所以会变为红色，是因为在它的叶子里除了含有大量的叶绿素、叶黄素、胡萝卜素以外，还有大量的花青素。夏季过后，树叶里新的叶绿素生产减少，原来的叶绿素还会随着天气变冷而被破坏。而到了秋天，枫树叶子中所含的花青素逐渐增多，叶绿素被破坏后，花青素就显露出来，使树叶变得红艳。特别是深秋以后，叶子经过霜打，叶绿素进一步被破坏，树叶就会越变越红。

科普进行时

　　加拿大人非常喜爱枫树，他们每年都要举行盛大的"枫树节"，以枫叶为标志的商品和印刷品比比皆是，就连加拿大的国旗上也印有一片红艳的枫叶，因此它享有"枫之国"的美誉。

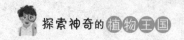

▶▶ 不需要吐籽的香蕉

我们平时吃的大多数水果都需要吐籽,如葡萄、西瓜、杏子、荔枝等,这些籽就是植物的种子。可是吃香蕉的时候就不需要吐籽,难道香蕉没有种子吗?

🌳 基本情况

我们在超市里和水果摊上都可以见到香蕉,香蕉吃起来软糯香甜,受到人们的喜爱。香蕉起源于亚洲马来西亚一带及中国西南地区,是世界上最古老的栽培果树之一。在非洲和东南亚一带的某些地区,香蕉还被人们当作主食,煮熟或晒干后食用。

无籽原因

许多人在吃香蕉时，不禁会觉得奇怪，为什么香蕉没有籽呢？

如今的香蕉栽培种起源于野生的长梗蕉和尖叶蕉。这两种野生香蕉均可产生种子，进行有性生殖，然后正常成长。尖叶蕉的果实比较小，风味较好，但抵抗恶劣环境的能力很差，不易种植；长梗蕉具有很强的适应性，味道却欠佳。因此，这两个品种均不适合栽培。现今栽培的香蕉品种大多是经过改造的尖叶蕉，它的籽已经退化了。严格说来，平时吃的香蕉里并非没有种子，香蕉果肉里可以看见的一排排褐色的小点，其实就是种子，只是它没有得到充分发育而退化成现在这个样子了。

科普进行时

一般认为香蕉具有润肠通便的作用，其实并非如此，只有熟透的香蕉才有上述作用，生香蕉并不具备这种作用，反而会加重便秘。这是因为未熟透的香蕉含较多鞣酸，对消化道有收敛作用，会抑制胃肠液分泌和胃肠蠕动。

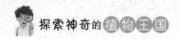

食用价值

　　香蕉果肉营养价值颇高，含有大量维生素，包括维生素 A、维生素 B 族和维生素 C。香蕉中还含有多种微量元素，其中镁元素有让肌肉松弛的效果，适合工作压力比较大的人食用。香蕉的吃法也很多，除了直接食用以外，也可以用来做布丁、馅饼，还可以用来酿酒。

身怀绝技的植物

SHENHUAI JUEJI DE ZHIWU

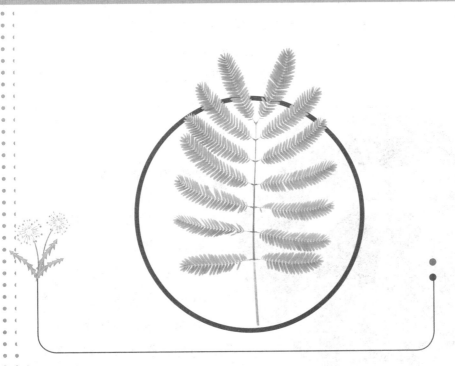

▸▸ 能"吃"虫子的猪笼草

在我们的印象中,植物大多是安安静静、与世无争的,可是神奇的自然界常常让我们出乎意料。原来植物中也有肉食者,真是令人啧啧称奇。

🌳 得名原因

猪笼草是食虫类的常绿藤本植物,原产于东南亚和澳大利亚的热带地区。猪笼草长有奇特的叶子,基部扁平,中部很细,中脉延伸成卷须,卷须的顶端挂着一个长圆形的"捕虫瓶",瓶口有盖,能开能关。这种草外形如运猪用的笼子,因此得名。

🌿 神奇的"捕虫瓶"

"捕虫瓶"的构造比较特殊,瓶子的内壁有很多蜡质,非常光滑;中部到底部的内壁上有大量消化腺,能分泌大量无色透明、稍带香味的酸性消化液,这种消化液中含有能使昆虫麻痹、中毒的胺和毒芹碱。

捕食过程

平时，"捕虫瓶"内总盛有半瓶左右的消化液。在"捕虫瓶"的瓶盖内侧和边缘部分有许多蜜腺，能分泌出又香又甜的蜜汁引诱昆虫前来。当"捕虫瓶"敞开"蜜罐"盖时，便会招来许多贪吃的昆虫，由于瓶口十分光滑，昆虫很容易滑落瓶内。一旦昆虫掉进"捕虫瓶"里，"蜜罐"盖马上自动关闭，昆虫很快中毒死亡。不久，昆虫所有的肢体都被消化，变成猪笼草所需的营养物质被吸收。接着"蜜罐"盖又会打开，等待捕捉下一个猎物。

科普进行时

猪笼草是猪笼草属全体物种的总称，其种类非常多。常见的有瓶状猪笼草、二距猪笼草、绯红猪笼草、奇异猪笼草、血红猪笼草等。

27

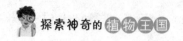

▶▶ 可以监测污染的唐菖蒲

世界之大，无奇不有。看似平平常常的植物，也有可能身怀绝技。本篇中所介绍的植物竟然可以对环境污染进行监测。

亭亭玉立

唐菖蒲是鸢尾科植物家族中的著名花卉，原生于非洲南部，亭亭玉立的穗状花序上，开着红黄色、白色或淡红色的花，或鲜艳夺目，或温馨可人。

会"报警"的植物

在环境生物学家的眼里，唐菖蒲的闻名并不只在于它的美丽。唐菖蒲对空气污染特别敏感，当空气中氟化物达到一定浓度时，叶片就会因吸收氟，从而表现出伤斑、坏死等现象，向人们发出污染"报警"信号。

本领惊人

科学家进一步研究发现，唐菖蒲的"报警"本领惊人，远远超过了人类本身的感觉能力。科学家将唐菖蒲置于浓度极低的氟化氢中，几小时至几天后唐菖蒲叶片就出现受害反

科普进行时

有人用唐菖蒲监测某磷肥厂的氟污染，不仅能进行"定性"，还能根据叶片的受害程度进行"定量"，结果相当准确。人们称它为"氟污染指示植物"，是环境监测工作中不下岗的"哨兵"。

应，而人类根本无法嗅出浓度极低的氟化氢。一时间，唐菖蒲由于监测污染的特殊本领受到科学家的青睐，名声大振。

▶▶能监测地震的含羞草

科学家们通过研究发现，在大的地震发生之前，植物会有异常反应。云南西双版纳、德宏等地区的含羞草就是一种对地震颇为敏感的植物。

得名原因

含羞草是一种豆科草本植物，原产于南美热带地区。含羞草叶子细小，呈羽状排列，用手触碰它的叶子，叶子接受刺激后，就会立即合拢。如果震动力大，可使刺激传至全叶，则总叶柄也会下垂，甚至能传递到相邻叶片使其叶柄下垂，好似姑娘怕羞而低垂粉面，所以得名含羞草。

"含羞"原因

在含羞草叶柄的基部，有一个名叫叶枕的东西，这是一种薄壁细胞组织，里面含有水分。当用手触动含羞草时，在叶子的震动作用下，叶枕下部细胞里的水分就会马上向两侧或向上流去。这样，叶枕下部由于水分流出而一下子变空了，上部由于水分注入而立刻鼓了起来，叶柄也就下垂、

合拢了。含羞草的叶子会将受到的刺激转为一种生物电，把刺激信息迅速传给其他叶子，接收到刺激信息的其他叶子也随之合拢起来。但用不了多长时间，这种刺激就会消失，叶枕下部又逐渐充满水分，叶子再次张开，恢复了原样。

地震"监测器"

含羞草的叶子平常在白天是横着呈水平张开，夜里呈闭合状态。在大的地震到来之前，含羞草的叶子会一反常态：白天不呈张开状态反而呈闭合状态，夜间不呈闭合状态反而呈半开或全开状态。科学家们发现，当叶片状态发生这种异常变化时，就预示着这一地带将会发生较大的地震。

科普进行时

宁夏西吉在 1970 年发生过一次地震。震前一个月，在离震中 66 千米的隆德，蒲公英在初冬季节开了花。1976 年，唐山大地震前，蓟州穿芳峪某处的柳树在枝条前部 20 厘米处出现了枝枯叶黄的现象。

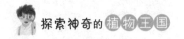
▸▸追着太阳转的向日葵

小葵花，金灿灿，花儿向着太阳转。早晨，旭日东升，它笑脸相迎；中午，太阳高悬头顶，它仰面相向；傍晚，夕阳西下，它转首凝望。它每天从东向西，始终追随着太阳，这是为什么呢？

植物生长素作怪

科学家在向日葵幼苗中发现了一种叫植物生长素的物质，这种物质十分有趣，阳光照到哪里，它就从哪里溜掉，好像有意和太阳捉迷藏似的。这种物质具有两个特点：一是背光，因此一遇到光线照射，背光部分的生长素会比向光部分多；二是能够刺激细胞的生长，加快分裂繁殖。清晨，当太阳从东方升起，向日葵茎秆里的植物生长素就集中到西边，背光面的细胞迅速繁殖，于是，背光面长得非常快，使整个花盘朝着太阳的方向弯曲。随着太阳由东向西移动，植物生长素在茎秆里也不断地背着阳光移动，所以，向日葵就总是跟着太阳转。

新的解释

后来的科学家对葵花做了多次测定，发现葵花向阳与植物生长素的含量多少是没有关系的。

通过许多实验，科学家们对葵花向阳做出了新的解释：在葵花的大花盘四周，有一圈金黄色的舌状小花，中间是管状小花。管状小花中含的纤维很丰富，受到阳光照射后，温度升高，基部的纤维会发生收缩。这一收缩就使花盘能主动转换方向来吸收阳光，特别是在阳光强烈的夏天，这种现象更加明显。

科普进行时

向日葵的花盘看起来像是一朵独立的花，实际上是由很多小花组成的，每一朵小花凋落之后，都会结出一个果实。经过炒制的果实，就是我们常吃的瓜子。

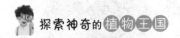

▶▶ 能改变味觉的神秘果

> 神秘果是神秘果树结的果实，这种植物原产于西非。由于其具有独特的变味功能，成了一种集趣味性、观赏性和食用性于一体的植物。

基本特征

神秘果树属于常绿灌木，叶片簇生于枝条末端；花为白色，带有淡淡的椰奶香味；果实为浆果，椭圆形，成熟时为鲜红色，里面的果肉为白色，吃起来酸甜可口。

变酸为甜

神秘果的神奇之处在于能暂时改变人的味觉系统。当你吃了神秘果之后，无论再吃其他什么酸涩的食物，都感觉是甜味的，它能把酸柠檬变为甜柠檬，且芳香无比。

变味原因

在神秘果的果肉中含有一种名叫糖朊的物质，虽然这种物质自身并没有什么甜味，可它附着在人的舌头上时，能嵌入人舌头的甜味感受器之中，使人的味觉发生改变。

作用多多

神秘果的果肉含有丰富的糖蛋白、维生素 C、柠檬酸、草酸等物质，熟果可生食、制果汁。叶子含有钠、钾、钙等矿物元素，是一种纯天然的植物味精。其叶不仅能用于制作各种风味的卤味，还能用于炖汤、火锅汤底、面汤，使汤味更加鲜美。

科普进行时

非洲有一种植物，名叫森林匙羹藤，其叶子能改变人的味觉。不过与神秘果不同，人吃了它的叶子之后，不管再吃什么甜的东西，都会觉得没有味道。

▶▶ 四海为家的蒲公英

> 在植物进化的过程中，很多植物会利用自然的力量来传播种子。例如，蒲公英便是借助风力繁衍后代的行家。

形态特征

蒲公英又叫"黄花地丁"，是亚热带常见的一种多年生草本植物。每当初春来临，蒲公英就抽出花茎。它的茎、叶都像莴苣，花茎是空心的，折断之后会有白色的汁。花呈亮黄色，由很多细花瓣组成，花瓣向上竖起，闭合时犹如一把黄色的鸡毛帚，

科普进行时

蒲公英具有很强的适应能力，在中、低海拔地区的山坡草地、路边、田野、河滩处都能生长。风把蒲公英的种子带到哪里，种子就在哪里生根发芽，苗壮、顽强地成长起来。

点缀在碧绿的草丛中，非常可爱。蒲公英分布广泛，华北、华中、华东、东北等地均有蒲公英。

四海为家

蒲公英成熟之后，它的花变成一朵圆圆的大毛球，这个毛球由若干个带着种子的白色茸毛组成，一阵风吹来，茸毛带着种子飞起来，就像一顶顶小小的"降落伞"，带着果实乘风飞扬，远离母株，飞到很远的地方；风一停，种子便会落下来，它们就在这里开始繁殖新的一代。

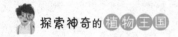
▶▶ 会喂奶的奶树

在自然界中，高级动物为下一代哺乳的情形十分常见。可是你知道吗？在植物当中有一种树，也会为"子女"喂奶，它就是生长在非洲摩洛哥的奶树。

自产"乳汁"

奶树原名"篷尹迪卡萨里尼特"，意为"善良的母亲"。奶树树身呈赤褐色，树高可达 3 米多，叶片狭长而肥厚，花球

呈白色。当奶树的花球凋零时，在花球的蒂托处会结出一个椭圆形的奶苞，苞尖上生有一条长奶管。当奶苞成熟后，奶管内会涌出一种黄色的"乳汁"。

喂养小树

奶树的繁殖并非利用种子，而是从树根处萌生出小奶树。因此，在成年奶树的树身周围会有许多小奶树，它们在生长的过程中，用狭长的叶面吸收从大树上滴下的"乳汁"，输送给树内的组织，以使自身发育生长。当小树长到一定的高度之后，大树就会从根部发生裂变，给小树"断奶"，与小树分离，使小树独立生活。

> **科普进行时**
>
> 摩洛哥奶树分泌的汁液不能食用，南美地区的另一种奶树流出的汁液，却是富含营养的饮料，可与牛奶媲美。当地居民通常把它栽在村庄附近，用小刀在树身上一划，就会流出清香可口的"牛奶"。

代代繁衍

与此同时，为了让小树接受到充足的阳光和雨露，更快地成长，大树的树冠会逐渐凋零。当小奶树长成大奶树之后，也会同样担负起哺育下一代的任务，使其自长、自育，一代代地繁衍。

珍稀树种

奶树自身的繁殖力较弱，因此面临灭绝的危机，是世界珍稀树种之一。现如今，科学家们正致力于研究保护奶树和育种繁殖奶树的方法。

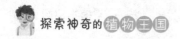

▶▶ 翩翩起舞的舞草

> 一般认为植物和动物不同，动物都是活蹦乱跳的，而植物是直立不动的。但在我国华南、西南广大地区的丘陵、山沟或灌木丛中，生长着一种会"跳舞"的植物。它叫作舞草。这种植物虽然被称为"舞草"，但它不是草，而是一种小灌木。

🌳 翩翩起舞

舞草对阳光非常敏感，在阳光的照射下，大叶旁边两片侧生的小叶会缓慢向上收拢，然后迅速下垂，像钟表的指针一样，

不停地做回旋运转。同一植株上的小叶在运动时有快有慢，很有节奏，此起彼落，堪称奇观，而且可以从太阳升起一直舞到太阳落山。

起舞原因

关于舞草跳舞的原因，科学家们还没有研究清楚。至于舞草跳舞的作用，有人认为舞草跳舞可以起到自卫的作用，当它跳舞时，一些动物和昆虫就不敢前来"进犯"了；也有人认为舞草一般生长在阳光照射强烈的地方，为了避免被强烈的阳光灼伤，两片侧生的小叶就不停地运动，从而起到躲避酷热阳光的作用。

科普进行时

关于舞草还有一个凄美的传说：古时候，有一位酷爱舞蹈的傣族少女，舞技超群，常为人们表演舞蹈。后来，少女被恶霸抢走，不甘屈辱，跳水而亡。在少女的坟上长出了一种漂亮小草，会随音乐起舞，人们便把这种草称为"舞草"。

▸▸ 不怕扒皮的栓皮栎树

> 　　俗话说："人怕打脸，树怕扒皮。"很少听说世界
> 上有不怕打脸的人，但不怕扒皮的树倒确确实实存在，
> 栓皮栎树就是一个例子。

🌳 不怕扒皮的原因

　　栓皮栎树一生中虽要经过几次扒皮，却不会"伤筋动骨"，而且仍然生命不息，健壮地成长。这其中的奥秘在于栓皮栎树的皮下长有一层栓皮的"形成层"，它可以向内分生出少量活细胞，称为"栓内层"；向外侧分生出大量的栓皮细胞，称为"软

木"。随着树木的生长，栓皮也逐年加厚，五六年就可以扒一次皮（"处女皮"要等 20 岁以后才能剥去）。但在扒皮时要注意留下有生命的栓皮"形成层"，只要它不受伤害，就仍然可以照常输送水分和营养，栓皮栎树也就能继续生长。

 树皮用途

栓皮栎树的树皮看上去很像鳄鱼皮，用途极广。生活中可做桶盖、瓶塞等，是物品冷藏中最佳的隔热材料；它还是物理、化学实验中良好的保温材料；也是汽车汽缸中优良的密封材料。在人们视"自然美"为高雅时尚的今天，软木又在建筑装饰上获得了一席之地。

科普进行时

树皮有表皮和韧皮。表皮保证着树体内韧皮部上下运输线的畅通无阻。如果树皮遭到破坏，就会使运输线受阻，造成根部得不到营养而"饿死"，树叶得不到水分而无法进行光合作用，树木就会慢慢枯萎。

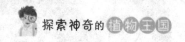
▶▶花不开放也能结籽的植物

植物传宗接代的一般规律是先开花后结籽，可在"植物王国"里，也有不"循规蹈矩"者——花不开就结籽，照样可以传宗接代。

🌳 闭花受精

董菜科的一些植物，它们的花朵从来也不开放，在花内偷偷地"喜结良缘"，所以，人们见不到它的花朵盛开，就见它

结出种子了。这种植物的特殊生理现象，在植物学里叫作"闭花受精"。为什么这些植物不开花就能结籽呢？

与水分有关

美国有两位植物学家，通过两个有趣的实验，揭开了植物闭花授粉的秘密：植物有花不开，闭花授粉，是它们的一种巧妙的节能办法。

植物学家们通过研究发现：当缺水时，植物体内的一种激素——脱落酸含量明显增加。由此他们推测：是不是脱落酸在控制着植物的闭花授粉呢？于是，他们将稀释的脱落酸激素喷洒在供水充足的植物上，结果，这些并不缺水的植物也像缺水时一样，产生大量闭花授粉的花朵。

设想得到了证实。他们进一步设想：脱落酸与植物体内的另一种激素——赤霉素是互相拮抗的激素。那么，赤霉素会不会控制植物开花授粉呢？他们用赤霉素水溶液喷洒缺水的植物，结果缺水的植物开出大量的花朵，闭花授粉明显减少。

实验解开了控制植物开花的谜，原来，在缺水时脱落酸大量增

科普进行时

植物能够采用闭花授粉这种高明的节能方式，是其长期进化、自然选择的结果。

加，使得植物闭花授粉；水分充足时，植物体内赤霉素增加，使得植物开花授粉。

巧妙节能

那么，为什么干旱时植物主要依靠闭花授粉呢？两位植物学家在研究中发现：这是因为植物开花授粉比闭花授粉消耗的能量多。植物开花后，要使花朵维持到完成授粉，这一过程要消耗相当多的能量。在缺水的情况下，植物体内发生"能源危机"，无法供给开花所需要的能量，这时通过闭花授粉，甚至在花芽时就完成了授粉，就可以缩短花期，节约能量，保证后代的繁殖。

▶▶ 出淤泥而不染的荷花

荷花又名莲花、水芙蓉等，是多年生水生植物。它的根茎长在池塘或河流底部的淤泥里，而荷叶、花梗挺出水面，风姿绰约、婀娜多姿，像仙女一样亭亭玉立，每到夏天，层层叠叠的花瓣和又圆又大的绿叶交相辉映，异常美丽。

历史悠久

荷花一般分布在中亚、西亚、北美，印度、中国、日本等亚热带和温带地区。中国早在3000多年前就栽培过荷花，秦汉时代，先民们就将荷花作为滋补药材，荷花药用在中国已有2000年以上的历史，现今在辽宁及浙江均发现过碳化的古莲子，可见其历史之悠久。

出淤泥而不染

荷花从污泥里长出来，却能够"出淤泥而

不染"，这是因为在它们的外表层
布满了蜡质，而且有许多乳头状突起，
突起之间充满着空气，阻挡污泥浊水的渗
入。当它们的叶芽和花芽从污泥中抽出时，由于表层蜡质的保

科普进行时

　　荷花浑身上下都是
宝，藕和莲子能食用,莲子、
根茎、藕节、荷叶、花等
都可入药。

护，污泥浊水很难沾附上去，即
使有少量的污泥沾附在叶芽或花
芽上，也被荡动的水波冲洗干净
了。所以，荷花能够一直保持着
清洁。

▶▶ 会走路的植物

在一般人的概念中，似乎只有动物能动，植物是不会运动的，更不可能离开原地到处走动。事实并非如此，植物除了会有向地性运动、向光性运动、向湿性运动等原地运动之外，还有一些草和树是可以整株离开原地运动的。

卷柏

南美洲生长着一种有趣又奇特的植物，名叫卷柏。每当气候干旱，严重缺水时，它就会把根从土壤里拔出来，腰身一塌，让整个身体蜷缩成圆球状，只要有一点儿风，它便能在地面上滚动起来。一旦滚到水分充足的地方，圆球就迅速打开，恢复"庐山真面目"。随后，它的根会重新钻到土里，暂时安居下来。当感到水分不足，住得不称心时，它就会又一次拔出根来，去过旅行生活了。事实上，卷柏的一生就是有水就住下，无水就滚走。正因为如此，人们称它为植物王国中的"旅行者"。

滚草

在美国西部还有一种滚草，当天气干燥、风大、没有水的时候，整株滚草能够连根拔起，

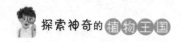

卷成一个球，随风滚动。滚动中遇到了障碍物，它就会停下来，把根扎进土里，重新开始生长。它也是靠风力滚动的。

野燕麦

有的植物则是靠自身力量走动的，如禾本科的野燕麦就是一种靠湿度变化走动的植物。

野燕麦的种子有爬行的本领，它的种子外壳上有一根长芒，长芒分为芒针（上部）和芒柱（下部）两个部分。芒柱平常如膝状弯曲，它有种特殊功能，即对空气干湿度极为敏感。空气相对湿度增加时，芒柱会不断吸水、膨胀，随后发生旋转。芒针在旋转的芒柱的带动下也朝同一方向旋转，这时膝状弯曲部分会逐渐伸直，种子便向前爬行。

如果空气变得干燥，芒柱就会由于不断地失水而干缩，随之产生反向的旋转运动，长芒中间部分又形成膝状弯曲。由于长芒的伸屈运动，种子便产生了向前的爬行动力，从而选择更适合自己扎根的地方。

科普进行时

向地性运动、向光性运动、向湿性运动均属于植物的向性运动，此外，植物还有向重力性运动、向触性运动、向化性运动和向水性运动等。

不劳而获的菟丝子

> 我们知道，寄生虫寄生在人体中，靠汲取人体的营养而生长。同样，植物界中也有这样的寄生者，其中典型的代表就是菟丝子。

基本特征

菟丝子，别名豆寄生、豆阎王、黄丝、黄丝藤、金丝藤等，是一年生寄生草本植物。它的茎为黄色，缠绕着生长，没有叶子，菟丝子喜欢高温湿润的气候，对土壤要求不严，有较强的适应能力。

缺少叶绿体

菟丝子是一种细藤状植物，由于体内的细胞中几乎没有叶绿体，没有办法自己制造足够的营养物质，所以只能靠汲取其他植物的营养生存。菟丝子身上有许多吸盘，最爱以荨麻、大豆和棉花等农作物为宿主植物。

不劳而获

当暖春到来，多年生的荨麻开始萌芽并快速生长。此时，附近地里也可能会钻出一株犹如小白蛇一样的幼苗，扭曲着向上攀爬，这就是菟丝子的幼苗。一旦它碰上荨麻的茎干，就立即紧紧缠绕，然后顺着茎干向上攀爬，并在接触的地方生长出名叫吸器的肿块，它会揳入荨麻的茎内，汲取荨麻茎内的养分。此时它的根就派不上用场了，就会逐渐消失。与根相反，它的茎会迅速生长，一个劲儿地抽出更多的新茎，密密麻麻地缠着荨麻，直到荨麻最后枯萎死去。这时菟丝子会绽放出许多粉红色的小花，结出种子，撒落在地上，待到次年春天又会繁殖出新的一代。

药用价值

干燥成熟的菟丝子的种子，还是一味中药。在临床上，主要应用于治疗肾虚腰痛、阳痿遗精、尿频、胎动不安等。

科普进行时

荨麻，别名咬人草、蝎子草，多年生草本植物，主要生长在山地林中或路边。其茎叶上的蜇毛有毒性（过敏反应），人及猪、羊等一旦碰上就会像被蜂蜇了一样，它的毒性会使皮肤产生瘙痒、红肿等症状。

习性怪异的

植物

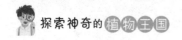

▶▶开在"世界屋脊"上的雪莲

　　位于我国西南地区的青藏高原被称作"世界屋脊"，那里的自然条件很不适宜植物生长：岩石风化，土质瘠薄，终年积雪，寒风凛冽，滴水成冰。在这样恶劣的自然条件下，很少有植物能生存下去，然而有一种叫雪莲的植物能顽强地生长在那里，所以人们称它为"傲冰斗雪的勇士"。

🌳 根系发达

　　雪莲为什么能在环境恶劣的"世界屋脊"上这样顽强地生长，开放出美丽的花朵呢？原来，雪莲的根系十分发达，又柔韧又长，而且粗壮结实、不易折断，能够深深地插入石块缝间的土壤之中，为雪莲尽可能地多吸收一些水分和养分。

身被茸毛

　　雪莲把自己的个子缩得矮矮的，紧贴在地面上，茎短粗而且坚韧，能够抵抗高山上凛冽的寒风。叶子贴着地面生长，上面长了一层厚厚的白色茸毛，那厚厚的茸毛从花茎到叶，从头到尾把雪莲包裹起来，这些茸毛看起来貌不惊人，却可以像一件棉大衣一样起到防寒、保暖、保持水分和防止紫外线照射的作用。

形似莲花

　　每年 7 月，雪莲就会开出大而艳丽的花朵，它的花冠外面长着几十层膜质的苞叶，好像在保护着中间紫红色的花朵，看起来就像水中的莲花，真是又奇特又美丽。

科普进行时

　　雪莲也是一种名贵的中草药。它可以帮助人们除痰、壮阳补血、治疗脾虚等，而新疆天山产的大雪莲的功效最好，使得人们争相采摘。所以以雪莲命名的植物虽有多种，但新疆天山产的大雪莲现已为数不多，已经被国家列为三级保护植物。

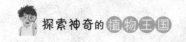

▸▸ 晨曦中开放的牵牛花

有一种花虽然也长得很美丽，很值得驻足观赏，却清晨花开，午时花谢，让人不禁感叹美好易逝，须倍加珍惜，它就是牵牛花。

色彩斑斓的小喇叭

牵牛花是一种爬藤植物，它的藤蔓可以绵延很长，开出的花就像一个个小喇叭，所以又叫"喇叭花"。牵牛花的颜色非常丰富，有蓝、绯红、桃红、紫等颜色，也有混色的，而且花瓣边缘的变化较多。

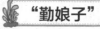 "勤娘子"

牵牛花还有个俗名叫"勤娘子"，顾名思义，它是一种很"勤劳"的花。每当清晨公鸡刚啼叫一遍，绕篱萦架的

牵牛花藤上就会开出一朵朵花来。晨曦中，
人们一边呼吸清新的空气，一边饱览点缀于绿叶丛中的鲜花，
真是别有一番情趣。

惧怕骄阳

　　牵牛花为什么要赶在清晨开花呢？原来，牵牛花的花瓣又
大又薄，含有丰富的水分，一
旦被太阳照射，花瓣的水分很
快就会蒸发掉了，所以牵牛花
要赶在阴凉的早晨开花。而一
旦阳光变得强烈了，牵牛花的
花朵就会很快闭合上。

科普进行时

　　除栽培供观赏外，牵牛花的
种子还是常用的中药，名为丑牛
子（云南）、黑丑、白丑、二丑（黑、
白种子混合），入药多用黑丑，
白丑比较少用。有泻水通便、消痰、
杀虫的功效。

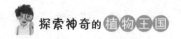
▶▶ 夜间一现的昙花

> 昙花极美，但是它盛开的时间非常短，只有3-4个小时，而且还是在晚上，所以常有"昙花一现"的说法。

夜中美人

昙花的开花季节一般在6-10月，它一般会在晚上八九点钟以后开放。昙花的花朵大而美丽。开花时，花筒慢慢翘起，绛紫色的"外衣"慢慢打开，然后由20多片花瓣组成的洁白如雪的大花朵就完全开放了，在夜色中分外艳丽动人。

沙漠夜间凉爽

昙花为什么要在晚上开放呢？原来，昙花原生长于美洲墨西哥至巴西的热带沙漠中。那里的气候又干又热，但到晚上就凉快多了。晚上开花，可以避开阳光的曝晒，缩短开花时间，又可以大大减少水

分的散失，有利于它的
生存，使它的生命得
以延续。

授粉之需

　　昙花属于虫媒花，
沙漠地区晚上八九点钟
正是昆虫活动频繁之时，此时
开花最有利于授粉。午夜以后，沙
漠地区气温又过低，不利于昆虫的活动，就不利于昙花的授粉。
天长日久，昙花在夜间短时间开花的特性就逐渐形成了。

水分限制

　　昙花开花后几个小时内就会凋谢，这是由于开花时全部花
瓣都张开，容易散失水分，而根从沙土中吸收的水分有限，不
能长期维持花瓣细胞膨压所需的水分，在水分不足的情况下，
花就闭合了，花瓣也很快凋谢了。

科普进行时

　　其实昙花并没有叶子，我们
看到的所谓的"叶子"，实际上
是它的叶状变态茎，呈绿色，含
有叶绿素，可以代替叶子来进行
光合作用。

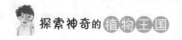
▶▶ 地下结果的花生

> 　　陆地上的植物，几乎都在地面上开花，地面上结果，而花生却是在地面上开花，地面下结果的植物，所以人们叫它"落花生"。

🌳 遍地都有

　　花生为一年生草本植物，起源于南美洲热带、亚热带地区，是重要的油料作物之一。花生大约于 16 世纪传入我国，19 世纪末有所发展。现在全国各地均有种植，主要分布于辽宁、山

东、河北、河南、江苏、福建、广东、广西、四川等地，其中山东种植面积最大、产量最多。

地下结果

花生要在黑暗的环境里果实才能长大，如果暴露在有光的空气中，它就不结果。有人曾经做过实验，如果把已经入土的果针弄出来，花生再入土的能力就减弱了。假如把已经形成的小果实挖出来，花生就不再钻进土壤，并且不能正常生长，形如橄榄的果壳变成淡绿色。要是在果针没有钻进土壤以前，我们用不透光的东西把结果的部分包扎起来，花生也能结成果实。以上实验证明，要使花生果实长得好，首先要给它一个黑暗的环境。

科普进行时

花生有滋养补益的功效，有助于延年益寿，所以民间又称之为"长生果"。花生的营养价值很高，可与鸡蛋、牛奶、肉类等一些动物性食物媲美。它含有大量的蛋白质和脂肪，适宜制成各种营养食品。

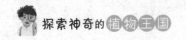

▸▸ 在水中成活的水仙

水仙又叫雅蒜、金盏银台、玉玲珑，是我国的十大名花之一。水仙高雅绝俗，婀娜多姿，清秀美丽，清香馥郁，亭亭玉立，因此有了"凌波仙子"的雅号。

🌳 历史悠久

水仙不是中国本土的植物，中国最早的水仙是唐朝时期从意大利引入的，是法国的多花水仙变异而来的品种，至今为止已经有一千多年的栽培历史了。

装点居室

水仙的花瓣多为 6 片，中间有鹅黄色的副冠，形如盏状，花味清香，所以有"金盏银台"的美称。又因为水仙只用清水供养而不需土壤来培植，所以每到过新年时，人们都喜欢把它当作"年花"，用于室内点缀。

水中生长

为什么水仙在清水里就可以长叶开花呢？这是因为水仙花有一个很大的球根，像个洋葱头，这个球根叫"鳞茎"，里面储藏着大量的养料。所以水仙不必种在土里，不需要施肥，只要把它插入钵盂中，加一碗清水和几粒小石子，放在向阳的窗台上，鳞茎里的养料就可以使它长叶开花了。有时候，为了避免水仙生长太快，人们甚至会将鳞茎切除一部分。

科普进行时

因为水仙鳞茎肥大，呈球状，外被棕褐色皮膜，和蒜很像，长出的叶片呈扁平带状，苍绿色，也很像蒜叶，所以又有"水仙不开花——装蒜"的有趣说法。

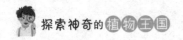

▶▶ 暗香浓郁的夜来香

俗话说"花不晒不香",花经太阳一晒,花瓣里的挥发油温度升高,就容易挥发出来,闻起来特别香,所以花在白天开放的居多。然而夜来香不是这样,只有到了夜间,它才会散发出浓郁的香气来。

夜间飘香

夜来香为什么在夜晚香味才更浓郁呢?一方面,它用夜间散发出来的强烈香气,引诱飞虫来为它传送花粉。另一方面,

夜来香花瓣的构造与其他的花不同，它的花瓣上
的气孔，可以随着空气湿度增大而张得更
大。夜间没有太阳，空气湿
度增大，于是夜来香花瓣上
的气孔就张大起来，花瓣
里面的挥发油能大量挥发，因此
放出的香味就特别浓。白天，阳光强
烈，空气很干，夜来香也就散发不出香气
了。如果是阴雨天，空气湿度比较大，夜来香
的香气在白天也是比较浓的。

适应环境的结果

夜来香原产自亚洲热带地区，那里白天气温很高，飞虫很
少出来活动，到了稍微凉爽一些的傍晚和夜间，才会有较多飞
虫出来觅食，这时夜来香便散发出浓烈的香味，引诱飞虫前来
传播花粉。经过世世代代的环境因素的影响，
夜来香形成了总是在晚上发出香味的习性。

科普进行时

夜间停止光合作用时，夜来香
会排出大量的废气，对人的健康极
为不利，因而晚上不应在夜来香花
丛前久留。另外，最好别把它放在
室内，因为长期将夜来香放在室内，
会使人出现头晕、失眠等症状。

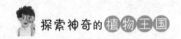
▶▶ 傲霜绽放的菊花

> 菊花是中国十大名花之一，在中国已有 3000 多年的栽培历史。中国人极爱菊花，从宋朝起民间就有一年一度的菊花盛会。中国历代诗人、画家，也喜欢以菊花为题材吟诗作画。

🌳 形态特征

菊花是多年生草本植物。茎直立，分枝或不分枝，表面长有细小茸毛。它的叶子互生，有短柄，卵形至披针形，边缘像锯齿或有缺刻。菊花的花朵因培育的品种不同，形色各异，变化极多。形状有单瓣、平瓣、匙瓣等多种类型，有黄、白、紫、绿、粉红、暗红等多种颜色。

🌿 菊花的历史

公元 8 世纪前后，用于观赏的菊花由中国传至日本。17 世纪末，荷兰商人将中国菊花引入欧洲，18 世纪传入法国，19 世纪中期引入北美。此后中国菊花遍及全球。

傲霜绽放

从古至今人们不仅崇尚菊花的美丽，而且敬仰它铁骨傲霜的精神。因为菊花的适应性很强，具有独特的抗寒本领，它体内含有许多糖分，所以即便在寒冷结冰的天气里也能顽强地生长、开放。为此，

科普进行时

菊花是中国北京、太原、德州、芜湖、中山、湘潭、开封、南通、潍坊、彰化等市的市花。也是日本皇室的纹章。

人们常把它比作"花中英雄"。它不怕寒冷的精神常鼓舞人们自强不息、奋斗不止，所以就有了"战地黄花分外香"的千古佳句。

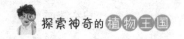

▶▶ 在冬天开放的梅花

梅花是中国的传统名花，象征着快乐、幸福、长寿、顺利、和平，被誉为"五福花"。有红、白、黄等不同颜色，绽放时清香四溢，与松、竹并称为"岁寒三友"，还位列梅、兰、竹、菊"四君子"之首呢！

🌳 梅花的历史

在我国，梅花的培植历史已有3000多年。梅是花中的"寿星"，我国不少地区还存有千年古梅。湖北黄梅县有一株

1600多岁的晋梅，至今还在岁岁开花。

🌿 不畏严寒

大多数植物都在春季开花，梅花却与众不同。梅花开春前，为百花之先，特别是虎蹄梅，农历十月就开始开花了，所以人们将它称为早梅。梅花开花的时候大多伴随着飞扬的瑞雪，想要观赏梅花，最好的时节就是大雪过后，所以梅花又被称为雪梅。又因梅花入冬初放，冬天结束的时候结果，伴着整个冬天，所以又被称为冬梅。在温暖的季节里，它们只是一个劲儿地长叶子，等到了寒冬腊月时节，光秃秃的枝头上才绽放出星星点点的小花，而且越是寒冷越是开得绚烂。这是因为梅花的花蕾被一层带有蜡质的叶片保护着，不容易被冻坏，另外梅花先开花后长叶，花与叶不相见，梅花开花的时候枝干枯瘦，树叶很少，不需要太多的水分，千百年来形成了不畏严寒的习性。

科普进行时

人们都喜欢栽种梅花之类的早春开放的花木，但要注意的是：在冬季里不宜修剪它们的枝条，因为它们的花芽早已在头年冬天就在枝条上形成了。一修剪就会损伤花芽，影响第二年的开放。

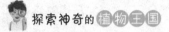
益处多多

梅花在寒冬腊月傲然开放，浓香扑鼻，清香四溢，最适合在庭院栽植了，它是冬季的主要观赏花木呢！蜡梅与南天竹搭配，黄花红果，是插花、盆景的好材料。另外，梅花的花经加工就成了名贵药材，有解毒生津的作用，它的叶、根皮也都可以入药。

精神可贵

"遥知不是雪，为有暗香来。"梅花斗雪吐艳、凌寒留香、铁骨冰心、高风亮节的形象，鼓励着人们自强不息、坚忍不拔。

植物王国里的吉尼斯

ZHIWU WANGGUO LI DE JINISI

▶▶叶子最大的植物——王莲

王莲与常见的藕莲同属睡莲科家族。一般的莲叶直径为 60 ～ 70 厘米，而王莲的莲叶直径可达到 200 ～ 300 厘米，堪称世界上最大的叶子。

🌳 硕大的叶子

王莲是多年生草本植物，它与普通的莲科植物不同的是：根系发达，却没有主根，且不长藕；能生长硕大无比的叶子，叶子向阳的一面是淡绿色的，十分光滑，背阴的一面是暗红色的，除了明显的叶脉外，长有长长的刺毛；花色有粉红、洁白和深紫；花开得大极了，暮开朝闭。

承重力惊人

王莲叶浮在水面上，边缘向上卷起，好像一个浅浅的大圆盆。常见的莲叶只能托住一只青蛙，而王莲叶能托住一个孩子。因王莲叶的面积很大，加上叶子从中央到四周，都有放射状的坚韧的粗大叶脉，叶脉支架中间有许多镰刀形的横隔，将其分成一个个气室，因此，它在水面上的浮力十分惊人。

科普进行时

王莲以巨大的叶和美丽而带有浓香的花朵著称，是现代园林水景中绝佳的观赏植物，也是城市花卉展览中必备的珍贵花卉，既具有很高的观赏价值，又能净化水质。

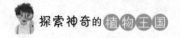

▶▶ 长得最快的植物——毛竹

毛竹是多年生常绿乔木状竹类植物，它从出笋到长成竹子只需 2 个月左右的时间。在生长高峰期，一昼夜就能长 1 米多，堪称木本植物生长冠军。

🌳 急速生长

毛竹是广泛生长于中亚热带地区的一种经济作物，属于禾本科竹子的一种。它有一个特别之处，就是在它被栽种后的最初几年中，你几乎看不到它生长，但一旦它开始生长，那便是急速生长，从冒出笋尖到长成竹子只需 2 个月左右的时间，在 6 个月时间里就能长到 30 多米高。毛竹之所以能够长得这么快，是因为它在被栽种后的最初几年里，做了充足的准备，它把所有的精力都用在了伸

展根系上。正是因为它的根系足够发达，才能有其后那么强大的爆发力。

生长条件

　　毛竹的生长需要温暖湿润的气候条件，对土壤的要求也高于一般树种，既需要充裕的水分供给，又不耐积水淹浸。在板岩、页岩、花岗岩、砂岩等母岩发育的中、厚层肥沃酸性的红壤、黄红壤、黄壤上分布多，生长良好；在土质黏重而干燥的网纹红壤及林地积水、地下水位过高的地方则生长不良。

科普进行时

　　毛竹是竹类植物中用途最为广泛的一种。如在现代建筑工程中，毛竹被广泛用来架设工棚和脚手架；毛竹还是造纸和人造丝的优良原料；竹材劈成的薄篾可以编成很多生产工具、生活用品和工艺品。

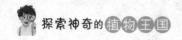

▸▸ 最甜的叶——甜叶菊

> 随着科学的发展，人们发现糖精对人体有着不良的影响。甜叶菊的发掘和利用给人类带来了福音。

🌳 最甜的叶子

　　甜叶菊的叶子是世界上最甜的叶子。它属于菊科，是多年生草本植物，这种植物原产南美洲巴拉圭东部，当地人称它为"巴拉圭甜茶"，又名"甜草"。

形态特征

甜叶菊株高90～150厘米，茎的基部木质化，上部柔嫩，表面长着细小茸毛。叶对生，呈椭圆形，纸质，叶面粗糙。9月中旬开花，花期1个月左右，花序多排列成稀疏房状，总苞筒状，花茎平坦，花冠白色。果为长纺锤形瘦果，顶端着生伞状冠毛。

健康甜品

实验表明，甜叶菊糖不但对人体没有任何不良影响。相反，它还有降血压、强壮身体、治疗糖尿病等药用价值。它不但夺得了"甜味世界"的冠军，还被称作"时髦的甜味品"。

科普进行时

从1千克甜叶菊叶片中可提取60～70克的菊糖贰结晶，其甜度为蔗糖的300倍，难怪人们赞美甜叶菊为"活糖精"。

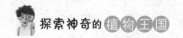

▶▶ 种子最大的植物——复椰子树

在非洲的塞舌尔，有一种身躯高大的复椰子树，它的种子大得出奇，直径可达50厘米，从远处望去，就好像悬挂在树上的大箩筐，这是世界上最大的植物种子。

🌳 生长缓慢

复椰子是棕榈科复椰子属植物，生长非常缓慢，长25年左右才能结果。复椰子的雌花从授粉到果实成熟需要10 ~ 13年，种子发芽期也需3年，而且需要烈日暴晒。全世界每年收获的成熟复椰子种子数量有限，十分珍稀。

🌿 形态特征

复椰子成年树高15 ~ 30米，树干通直，

胸径达 30 厘米，叶呈大扇形，雌雄异株。

复椰子树的果实也像椰子一样，果皮是由海绵状纤维组成的，去了这层纤维，就能见到有硬壳的内核，即所谓的种子。其种子非常大，质量可达 15 千克。因为它呈对称形，像是两个椰子合起来的模样，中间有条沟，所以人们才把它称为"复椰子"。

 科普进行时

　　复椰子树的雌树和雄树总是并排生长在一起，如果雌树和雄树中的一株被砍，另一株便会"殉情"枯死，因此塞舌尔居民称它们为"爱情之树"。

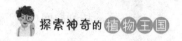

▸▸ 含油量最高的植物
——油棕

> 在我国南方宝岛——海南岛上，沿着公路两旁可以看到一排排高大的树，其外形很像椰子树但不结椰果，而是在其叶腺间结着由拇指般大的果实组成的果穗，这就是油棕树。

🌳 "世界油王"

油棕树原产自西部非洲，多年来，它一直默默无闻地生长在西非热带雨林中，无人了解。直至 20 世纪初，才被人们发现并重视，如今已经成为世界"绿色油库"中的一颗明星。油棕是一种木本油料植物，也是世界上单位面积内产油量最高的树木，因此有"世界油王"的美称。

优质食用油

油棕属棕榈科，常绿直立乔木，一年四季都开花，且花、果并存。油棕核果呈倒卵形或卵形，成熟时为橙红色。种子近球形或卵球形。其果肉和种仁中均能榨出油来，含油率为50%左右。油棕产的油为优质食用油，可以精制成高级奶油、巧克力糖等生活用品。

> **科普进行时**
>
> 棕油的主要生产国家有马来西亚、印度尼西亚、尼日利亚、刚果（金）等。其中马来西亚是棕油最大生产国。

炼油过程

油棕的果穗收获后必须尽快加工，首先要在杀酵罐内用蒸汽（压力为245~294千帕）处理1小时，然后入脱果机脱果，经捣碎罐捣碎果肉，再送入压榨机或离心机。由此提取的原棕油要在80~90℃下静置一段时间，使原棕油中所含水分、杂质同油分离，再经过滤和干燥就能得到橙色的粗棕油。从榨油残渣中分离出的果核经干燥破壳，取得核仁，再经粉碎、压榨，就能得到棕仁油。

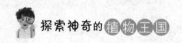

▶▶ 质量最轻的木材——巴沙木

> 巴沙木又称百色木、轻木，是生长在美洲热带森林里的木棉亚科乔木，它是世界上最轻的木材。

形态特征

巴沙木的树干挺直，树皮呈褐色。树叶呈心脏形，片片单叶在枝条上交互排列，叶的边缘具有棱状的深裂。花呈白色，长得很大，着生于树冠的上层。果实又作蒴果，呈圆形，里面有簇毛，由 5 个果瓣构成。种子为倒卵形，呈淡红色或咖啡色，外面密被茸毛，犹如棉花籽一样。

质量奇轻

巴沙木体内的细胞组织更新很快，不会木质化，所以不论是根、树干、树枝，都显得异常轻软而有弹性。巴沙木的木材，每立方厘米只有0.1克重，是同体积水的重量的1/10，比用来做软木塞的栓皮栎还要轻一半。一根长10米、直径很粗的巴沙木，即使一个柔弱的妇女也能轻易地把它扛起来。

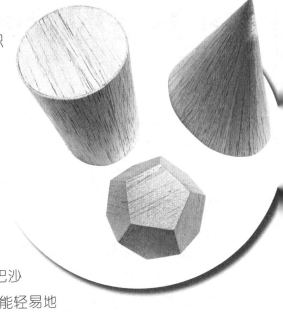

主要价值

巴沙木的导热系数低，物理性能好，既隔热又隔音，是绝缘材料、隔音设备、救生胸带、水上浮标以及制造飞机的良材。巴沙木的木材容量很小，不易变形，体积稳定性较好，材质均匀，容易加工，因此也可制作各种展览模型及塑料贴面。

科普进行时

巴沙木不仅是世界上最轻的木材，还是世界上生长得最快的树木之一，一年就可长高5~6米。

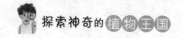
▶▶ 最长的植物——白藤

> 在热带和亚热带森林里，生长着参天巨树和奇花异草，也有绊你跌跤的"鬼索"，这就是白藤。它是世界上最长的植物，也是世界上最长的攀缘植物。

🌳 形态特征

白藤也叫省藤，它和庭院中经常种植的棕榈同是棕榈科家族的成员。它生长在热带雨林中，我国海南岛也有它的"芳影"。白藤的茎干一般很细，但是又长又结实，长满了又大又尖往下弯的硬刺；顶部长着一束羽毛状的叶，叶面长尖刺，无纤鞭。

白藤像一根带刺的长鞭，随风摇摆，一碰上大树，就紧紧地攀住树干不放，并很快长出一束又一束新叶。接着它就顺着树干继续往上爬，而下部的叶子则逐渐脱落。其肉穗花序鞭状，花单性，雌雄异株。

疯狂攀缘

　　白藤攀缘大树向上生长，当爬上大树顶后，还是一个劲儿地长，可是已经没有什么可以攀缘的了，于是它那越来越长的茎开始往下坠，把大树当作支柱，在大树周围缠绕成无数怪圈，因此人们给它取了个绰号叫"鬼索"。当它的茎稍向下坠到比树顶低时，又会向上爬，爬爬坠坠之间，它成了世界上最长的植物。

科普进行时

　　白藤的茎特别长，一般长达 300 米，最长的可达 500 米，比世界上最高的桉树还长 1 倍呢。

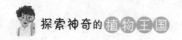
▶▶ 播种面积最大的农作物
——小麦

> 小麦是一种在世界各地广泛种植的谷类作物，小麦的颖果是人类的主食之一，磨成面粉后可制作馒头、面条、面饼、面包等食物。

🌲 种植范围广

小麦是一种温带长日照植物，适应范围较广，其世界产量和种植面积，居于栽培谷物的首位。其中以普通小麦种植

最广，占全世界小麦总种植面积的 90% 以上；硬粒小麦的播种面积约为总面积的 6%~7%。生产小麦最多的国家有中国、印度、俄罗斯、美国、加拿大等。

不同类别

小麦根据对温度的要求不同，分冬小麦和春小麦 2 种，不同地区适合种植不同的类型。春小麦是指春季播种，当年夏或秋两季收割的小麦；冬小麦是指秋、冬两季播种，第二年夏季收割的小麦。因品种和环境条件不同，小麦营养成分的差别较大。

小麦的价值

小麦富含淀粉、蛋白质、脂肪、钙、铁、维生素 B_1、维生素 B_2、烟酸及维生素 A 等营养物质。未成熟小麦还可入药治盗汗，小麦皮也可以治疗脚气病等症。

科普进行时

人类虽然是万物之灵，但人类不能离开生物圈而独立存在。植物学家发现，地球上约有 7000 种植物可供人类食用。如今，人类的粮食主要是生产谷粒的禾谷类植物，如水稻、小麦、玉米等。这些谷物已成为人类文明生活的支柱，不仅能作为粮食，还可作为饲料喂养家畜，再转变为肉类和蛋类食品供人类食用。

▶▶ 最短命的植物

> 在植物王国里，除了有银杏、红杉、巨杉、龙血树等能活四五千年的"老寿星"，还有一些只能活几个星期、几个月的"短命鬼"。

🌳 罗合带

有一种叫罗合带的植物，生长在严寒的帕米尔高原。那里的夏天很短，到 6 月刚刚有点暖意，罗合带就匆匆发芽生长。过一个月，它才长出两三根枝蔓，然后就赶忙开花结果，在严霜到来之前就完成了生命繁殖的过程。它的生命虽如此短暂，但是尚能以月计算。

🌿 瓦松

瓦松是一种生长在瓦房顶上的草。在干旱的季节里，瓦松的种子"躺"在瓦沟里，耐心地等待着雨季的到来。雨季来了，瓦松的种子吸足水分，迅速地生根发芽，长成植株，很快就开花结果，完成自己繁殖后代的使命。雨季刚刚过去，它便枯萎死去。

木贼

生长在非洲沙漠里的木贼，也是一种短命的植物。它的种子在降雨后10分钟就开始发芽，10个小时以后，就破土而出，迅速生长，仅仅两三个月就走完了自己的生命历程。瓦松、木贼的生命旅程虽然很短，但还不是世界上寿命最短的植物。

短命菊

在非洲的撒哈拉大沙漠里，有一种叫短命菊的菊科植物，它才是世界上最短命的植物。在干旱的沙漠里，雨水十分稀少，只要有一点点雨滴的滋润，短命菊的种子就会马上发芽生长，在短暂的几个星期里，就完成了生根、发芽、生长、开花、结果、死亡的全过程。真是"来也匆匆，去也匆匆"。

科普进行时

短命菊的花对湿度极其敏感，空气干燥时就赶快闭合起来；稍稍湿润时就迅速开放，快速结果。其果实熟了，便缩成球形，随风飘滚，传播他乡，繁衍后代。

▶▶ 最不怕火的植物

> 在我们的固有印象中，植物自然都是怕火的。在熊熊烈火中，娇嫩的植物往往落得个灰飞烟灭的下场。然而，世事无绝对，有一些植物，在大火之后还能存活，用另类的方式诠释着生命的神奇和顽强。

🌳 木荷树

在与火灾的长期斗争中，人们发现有不少绿色植物能有效阻止大火蔓延，是天然的"消防员"。分布于中国中部至南部

的广大山区的木荷树就是其中一位，它是防火树种中的佼佼者，素有"烧不死"之称。

　　木荷树之所以能防火，主要是因为有以下几个特点：一是木荷树的树叶含水量达 42％，也就是说，在它的树叶成分中，有将近一半是水分，这种含水量超群的特性，使得一般的山火奈何不了它；二是它树冠高大、叶子浓密，一条由木荷树组成的林带，就像一堵高大的防火墙，能将熊熊大火阻断；三是它的种子特别轻薄，扩散能力强，种子成熟后，能在自然条件下随风飘播 60 ~ 100 米，这就为它扩大繁殖范围奠定了基础；四是它有很强的适应性，既能单树种形成防火带，又能混生于松、杉、樟等林木之中，起到局部防火的作用；五是木质坚硬，再生能力强，坚硬的木质增强了它的拒火能力，更令人惊讶的是，即使头年着过火，被烧伤的木荷树第二年仍能萌发出新枝叶，恢复生机。

水瓶树

　　长在非洲南部的水瓶树，高大粗壮，主干高达几

科普进行时

　　火灾是破坏森林植被的主要元凶，是森林的大敌，人类曾为扑救森林火灾付出巨大的代价。森林火灾重在预防，因此我们一定要提高防火意识，禁止野外吸烟、上坟烧纸等。

十米，直径2米多，远看酷似一个巨大的啤酒瓶。此树除"瓶口"有稀少的枝条树叶外，别无分枝。其所有水分集中储存在树干里，藏水量巨大，所以水瓶树既不怕干旱，也不怕火烧，即使附近的灌木丛都被烧光了，它依然如故，最多只是被毁损一些枝条树叶，次年雨季一到，又会长枝长叶。

瓶子树

生长在澳大利亚西部特贝城的瓶子树，树根粗壮繁密，它们犹如一台台安装在地下的抽水泵，而粗壮的树干就成了"贮水罐"。一旦附近发生火情，消防人员只要在树干挖一个小洞，树干中的水就会像自来水一样自动喷出，供人们应急灭火。

EXPLORE 探索神奇的

植物王国

神奇植物

科普实验室编委会 编

应急管理出版社

·北京·

图书在版编目（CIP）数据

神奇植物 / 科普实验室编委会编． – – 北京：应急
管理出版社，2022（2023.5 重印）

（探索神奇的植物王国）

ISBN 978 – 7 – 5020 – 6183 – 8

Ⅰ．①神⋯　Ⅱ．①科⋯　Ⅲ．①植物—儿童读物　Ⅳ.
①Q94 – 49

中国版本图书馆 CIP 数据核字（2022）第 038757 号

神奇植物（探索神奇的植物王国）

编　　者	科普实验室编委会
责任编辑	高红勤
封面设计	陈玉军

出版发行	应急管理出版社（北京市朝阳区芍药居 35 号　100029）
电　　话	010 – 84657898（总编室）　010 – 84657880（读者服务部）
网　　址	www.cciph.com.cn
印　　刷	三河市南阳印刷有限公司
经　　销	全国新华书店

开　　本	880mm×1230mm$^1/_{32}$　印张　24　字数　560 千字
版　　次	2022 年 5 月第 1 版　2023 年 5 月第 2 次印刷
社内编号	20200872　　　　　定价　120.00 元（共八册）

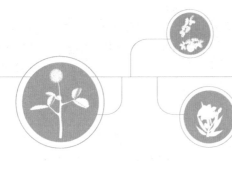

前言

QIAN YAN

亲爱的小读者们，你们了解植物吗？比起能跑能跳的动物，安安静静的植物似乎总容易被人们忽略。殊不知，植物是比动物更早居住在地球上的居民，它们的足迹几乎遍布世界的所有角落，是地球生命的重要组成部分，无时无刻不在展现着生命的精彩与活力。

你可不要以为植物全都是默默无闻、娇娇弱弱的，它们的世界可比你想象的精彩多了。它们有的能活几千年，有的则是只能活几周的"短命鬼"；有的巨大无比、独木成林，有的小得像一粒沙；有的全身是宝，能治病救人，有的带有剧毒，能杀人于无形；有的芳香怡人，有的奇臭无比；有的娇艳美丽，有的奇形怪状……

为了让小读者们更清晰地了解植物家族，我们精心编排了这套《探索神奇的植物王国》图书。这是一套图文并茂，融趣味性、知识性、科学性于一体的青少年百科全书，囊括了走进植物、植物趣闻、裸子植物、蕨类植物、苔藓植物、珍稀植物等多个方面的内容，能全方位满足小读者探寻植物世界的好奇心和求知欲。本套丛书内容编排科学合理，板块设置丰富，文字生动有趣，图片饱满鲜活，是青少年成长过程中必不可少的精品读物。

让我们带领小读者们一起推开植物世界的大门，去探寻它们的踪迹，尽情感受它们带给我们的神奇与震撼吧！

目录
MU LU

与人类息息相关的
食用植物

▶▶ 主要的粮食作物——水稻

水稻是最主要的粮食作物之一，全世界约一半人口以水稻的籽实——大米为主食。我国种植水稻的历史非常悠久，是世界上栽培稻的起源地之一。

🌳 稻谷、糙米与大米

水稻为一年生禾本植物，水稻所结的籽实即稻谷，当把稻谷的颖壳去除之后，就得到了糙米，把糙米的米糠层碾去后就

得到了我们日常生活中离不开的大米。由于谷粒外层蛋白质含量比里层要高，而精制的大米被过多地去除了外层，所以其蛋白质含量不如粗制的大米高。所以，我们日常食用的精制大米虽然香喷喷的，但是营养却不如粗制的大米丰富。

🌿 分布与习性

水稻的分布区域主要在中国、日本、朝鲜半岛、东南亚、南亚、美洲等地区，我国南方地区是主要的水稻种植区域。我国南方气候较温暖，大多种植双季稻，以种植杂交籼稻和常规稻为主，而北方稻区气温偏低，大多种植单季稻，以种植粳稻为主。水稻喜欢生长于高温、湿润、短日照的环境中，对土壤要求不严，但用水稻土种植最佳。抽穗结实期需要大量水分和营养，因此要注意灌溉和施肥。

🐭 科普进行时

稻谷具有完整的外壳，不易生虫，也不易霉变，所以稻谷可以储存较长时间。但稻谷容易长芽，不耐高温，这是在保存时必须注意的地方。大米不宜长期储藏，否则会影响品质。短期储藏的大米不宜与鱼、肉、蔬菜等水分高的食品放在一起，否则容易因吸水而霉变，应将其放在干燥通风的环境中。

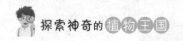
▶▶ 美味的粗粮——玉米

玉米原产于美洲大陆，现在在全世界的热带和温带地区广泛种植，是一种重要的粮食作物，为粗粮中的保健佳品，与人们的生活息息相关。

🌲 不同种类

玉米，又名苞谷、苞米、棒子，属禾本科，是一年生草本植物。按颜色来分，主要有黄玉米、白玉米、黑玉米、杂色玉米这几种，其中黄玉米的种植量最大。

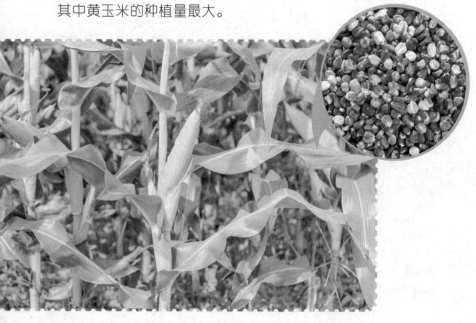

玉米的"胡须"

玉米的雄花和雌花生长区域不同，雄花生长在茎的顶端，雌花生长在茎间。雌花为了授粉，就长出长长的雌蕊。雄花花粉落在雌花上，受精后的小花会慢慢长成一颗玉米粒，而雌花的花蕊就变成了玉米的"胡须"。

科普进行时

玉米的食用方法复杂多样，通常用来做玉米饼、玉米粥等，未成熟的嫩玉米还可以直接煮食。除此以外，玉米还可以用来榨油、酿酒，或制成淀粉。

生长环境

总的来说，玉米对环境有极好的适应性，具有耐旱、耐寒、耐贫瘠的特性。玉米的生长期较短，

在生长的过程中需要充足的水量和温暖的环境。如果在玉米的生长期降水少，又没有及时灌溉，就会导致产量大大减少。另外，如果秋季的霜期来得太早，令玉米遭受冻害，产量也会减少。

食用价值

玉米作为一种粮食作物，营养价值非常高，含有人体所需的多种营养素，包括碳水化合物、蛋白质、脂肪、维生素、胡萝卜素、核黄素等。除此之外，吃玉米有利于加快血液凝固的速度，增加血液中凝血酶的含量和血小板的数量；玉米须能够降低胆汁黏度，减少胆色素含量，对胆有益处。

▶▶ 健脾补肾——山药

> 山药可算是很常见的一种食物了，不论是用它煮粥、炒菜还是做成点心，都很不错，是一种健康美味的滋补佳品，老少皆宜。

🌳 形态特征

　　山药又名薯蓣、怀山药、山药蛋、淮山等，属薯蓣科薯蓣属，是多年蔓生草本植物。我们食用的是它的垂直生长的地下块茎。山药新鲜时断面呈白色，带有黏性，干后为白色粉质。山药的茎通常带紫红色，右旋。单叶，在茎下部的互生，中部以上的对生。形状变化较大，三角卵形、宽卵形或耳状，叶腋间常有珠芽。珠芽俗称山药豆，它像地下的块茎一样可药食兼用。雄花序为穗状花序，近直立，着生于叶腋，雌雄异株。蒴果为三

棱状；种子着生于每个室的中轴中部。

脆山药与面山药

我们平时食用的山药主要分为两种，一种是脆山药，另一种是面山药。脆山药块茎细长笔直，像一根根棍子，表面毛须少，处理起来很方便。脆山药口感爽脆，汁水较多，适合烹炒食用。面山药块头更为粗大，没有特定的形状，毛须较多，表面比较粗糙，不如脆山药好处理。面山药口感绵软，香味浓郁，适合熬煮、清蒸，或用来制作甜点。

健脾补肾

山药的块茎除了可以食用外，还可入药，是药食同源的典范。味甘、平，归脾、肺、肾经，有健脾补肾、补中益气的功效，主治脾虚久泻、糖尿病、小便频繁及慢性肾炎等症。

科普进行时

山药性温，特别适合女性食用，尤其是那些到了秋冬容易手脚冰凉的体质偏寒的女性，更应该多吃山药，以补足肾气、养气造血。

▶▶嘴巴喷火——辣椒

辣椒，这种我们餐桌上常见的食材其实是一种舶来品，它原产于美洲。今天，辣椒早已凭借其独特的口感征服了我们的味蕾，成为中国饮食文化中不可分割的一部分。

🌳 形态特征与生长习性

辣椒属茄科辣椒属，是一年生或多年生草本植物。叶互生，为卵形或卵状披针形等。果实为圆锥形或长圆形，未成熟时是绿色的，成熟后变为红色。辣椒既不耐旱也不耐涝，需要将其栽植在疏松且排水良好的土壤中。辣椒适宜生长在较为温暖的环境中，幼苗不耐低温，要注意防寒。

火辣辣的口感

每次吃辣椒脑门儿都直冒汗，嘴巴就像要喷火一样，这是怎么回事？辣椒里存在一种物质，名叫辣椒素。这种物质会刺激人的皮肤和舌头上能够感受痛和热的区域，令大脑产生灼热、疼痛的辛辣感觉。

牛奶解辣

当你被辣椒辣到的时候，会非常痛苦，很多人自然而然地想通过喝水的方式来冲淡辣味，其实，这样做收效甚微。这是因为，辣椒素会紧紧地与味觉器官上的神经受体相结合，且它是非水溶性物质，因此喝水是起不到缓解作用的。此时喝些牛奶是个不错的选择，尤其是脱脂牛奶。

科普进行时

辣椒具有活血的作用，能够促进血液循环，这也是人们吃完辣椒会感觉发热的原因之一。在寒冷的冬季，适当食用辣椒，能够预防伤风感冒。另外，辣椒对冻伤、夜盲症等也有一定的预防作用。

▶▶ 蔬菜中的良药——大蒜

大蒜为百合科葱属植物，种植历史悠久。其整棵植株都具有强烈辛辣的蒜臭味。大蒜味道虽然刺鼻，但是食用价值很高，既可作调味料，又可入药，被誉为"蔬菜中的良药"。

🌳 蒜头、青蒜和蒜薹

我们平时食用的蒜头，是大蒜的地下鳞茎，常作为调味品食用。大蒜青绿色的幼苗也是可以食用的，我们称之为青蒜或蒜苗，可以炒食。我们餐桌上常出现的蒜薹，也是来自大蒜，它是从大蒜中抽出的花葶。

食用价值

　　大蒜可以生成一种叫作蒜素的含硫化合物，蒜素一旦与酶作用，就转化成其他活性成分。科学研究证明，大蒜能通过降低血液中胆固醇等的含量来预防动脉硬化症。它通过减少血小板粘连和溶解纤维蛋白（阻止结块的蛋白形成危害血细胞的网状）来防止血块生成。大蒜对细菌、病毒、真菌及肠道寄生虫引起的感染也有温和的预防作用。

科普进行时

　　大蒜虽好，但也不是食用得越多越好。一般人只需通过饮食，就可以满足人体对大蒜的需求量。大蒜食用过多会引起心痛和气胀。另外，因为大蒜会阻止血液凝固，所以将要进行手术的病人，在手术前千万不要吃大蒜。

　　另外，大蒜还富含锗和硒等微量元素，这些微量元素对心脑血管疾病和癌症有很好的预防作用。因为大蒜中的硒能保护心脏、减少胆固醇、治疗高血压，所以，经常食用大蒜的人不易患冠心病。

▸▸ 清脆可口——萝卜

萝卜由于种植普遍，冬季方便储存，所以是我们餐桌上常见的一种食材。不论是颜色鲜艳的红萝卜、清脆可口的白萝卜，还是通体碧绿的青萝卜，都是萝卜家族的成员。

🌳 形态特征

萝卜是一种十字花科草本植物。地上部分是它的茎和叶，茎有分枝，无毛；叶子较长，有锯齿状边缘。因品种不同，茎、叶形态有所差异。总状花序顶生及腋生，花为白色、淡紫色或粉红色。块根生长于土壤中，因为品种不同，形状、颜色有很大差异，是萝卜的主要食用部分，水分含量很高，口感清脆。

🌿 生长环境

萝卜适应性强，分布范围广，在世界各地都有

种植。在气候条件适宜的地区，四季均可种植，大部分地区以秋季栽培为主。萝卜较为耐寒，生长期间需要充足的水分和光照，土层深厚、土质疏松、保肥性能良好的沙壤土最适宜萝卜生长。不同种类的萝卜，生长习性稍有不同。

营养与养生

萝卜水分含量非常高，除此之外，所含的营养素主要有植

物蛋白、维生素C、叶酸、硫胺素、维生素A、核黄素、烟酸等，其中含量最高的是维生素C和叶酸。此外，萝卜还含有多种微量元素，包括钙、磷、钾、钠、镁、铁、锌等。从养生的角度来说，萝卜具有多

重功效，有益于人体健康。不同种类的萝卜，养生功效有所不同：白萝卜的功效主要是下气消食、利尿通便；红萝卜可以活血养血、止咳化痰、降血压；青萝卜可以滋阴润肺、促进胃肠蠕动。

科普进行时

很多人认为胡萝卜也是萝卜家族的一员，其实不然。胡萝卜和白萝卜、红萝卜等不是同一种类。胡萝卜为伞形科胡萝卜属，而萝卜家族的成员为十字花科萝卜属。另外，胡萝卜的外形、口感、营养价值同萝卜也有所不同。

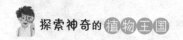

▶▶地下苹果——马铃薯

马铃薯又名土豆、洋芋、地蛋等，它不仅是一种蔬菜，因为含有大量的淀粉，还是一种重要的粮食。马铃薯营养丰富，被誉为"地下苹果"。

块茎可食用

马铃薯属茄科，是一年生草本植物。其地上植株低矮，叶子呈椭圆形。伞房花序顶生，后侧生，花为白色或蓝紫色。我们日常食用的马铃薯可不是这种植物的果实，而是其地下块茎。

马铃薯的地下茎长到一定程度，其顶端就会形成一个膨大起来的块茎，这就是马铃薯的薯块。它的样子发生了很大的变化，因此和我们印象中的茎很不相像。但如果你仔细观察马铃薯，就会发现它的表皮上有许多小孔，孔中有芽，这是它的芽眼。芽眼里的芽是能够抽出枝叶来的。

分布与习性

马铃薯原产于南美洲安第斯山区，现在广泛种植于全世界温带地区。马铃薯主要生产国有中国、俄罗斯、印度、乌克兰、美国等。中国是马铃薯生产大国，全国各地均有栽培。

马铃薯性喜凉爽，不耐高温，对光照有较大的需求，叶片光合作用强度高，块茎产量和淀粉含量才会高。它对土壤有较严格的要求，在疏松通气、凉爽湿润的土壤中生长良好。

 营养丰富

马铃薯营养丰富而齐全，结构合理，富含碳水化合物、蛋白质、维生素、矿物质和优质纤维素等。尤其是蛋白质分子，

结构与人体的基本一致，非常利于人体吸收和利用；维生素 C 的含量远远超过粮食作物。

科普进行时

食用新鲜的土豆是对人体无害的，但是土豆发芽、变绿后，会产生一种名叫龙葵碱的生物碱。龙葵碱毒性较强，人摄入后会引起中毒。所以，发了芽的土豆不能吃。

▶▶早春第一果——樱桃

　　樱桃果实成熟时颜色红润，玲珑剔透，味道甜美，汁水饱满，营养丰富，是一种颜值与内在兼具的水果，令许多人都对它欲罢不能。由于樱桃成熟期早，故被誉为"早春第一果"。

形态特征

　　樱桃属蔷薇科，为落叶乔木。树皮灰白色，小枝灰褐色，嫩枝绿色。叶为卵形或长圆状卵形，上面暗绿色，下面淡绿色。

花序伞房状或近伞形，在长叶前开放，花瓣白色，卵圆形。果实为小型核果，成熟时颜色鲜红。

生长环境

我国北方和南方都有人工栽培的樱桃，但品种不同。樱桃是一种喜光的果树，特别适合在山坡的阳面和沟边生长。樱桃对水量需求不是很高，但也不可长期干旱，否则果实的质量会有所下降。樱桃在土质疏松、通气良好和相对肥沃的土壤中会生长良好。

观赏价值

樱桃树姿优雅，初春时开花，花开满树之际，繁盛如雪，美不胜收。樱桃果实，红如玛瑙，挂满枝头，娇俏可爱。同时樱桃树还具有吸附粉尘、净化空气等功能，适宜栽植于园林、庭院中，起到绿化、环保的作用。

 科普进行时

樱桃色、香、味、形俱佳，除了直接鲜食以外，还可加工成各种食品、饮料，如樱桃酱、樱桃罐头、樱桃汁、樱桃酒、果脯等。有时还会在菜肴或甜点中，以樱桃为点缀。

🌱 营养与保健

　　樱桃鲜果营养丰富，富含蛋白质、胡萝卜素、维生素 C、糖、磷、铁等，特别是铁含量非常丰富，可促进血红蛋白再生，能预防缺铁性贫血，是一种很好的保健果品。从中医食疗的角度上来讲，樱桃能够益肾健脾，适当食用一些樱桃，对于脾虚泄泻、食欲不振、消化不良等有一定的疗效。

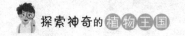

▶▶秋冬佳果——橘子

> 橘子树四季常青，枝叶茂密，树姿优美，结果时满树黄果与绿叶相映，极具观赏价值。橘子果实色彩明丽、酸甜可口，是秋冬季节最受人喜爱的水果之一。

🌳 形态特征

橘子属芸香科柑橘属，为常绿小乔木。橘子树枝繁叶茂、姿态优美，树枝扩展或略下垂。叶片为披针形、椭圆形或阔卵形，大小相差比较大。花单生或 2 ～ 3 朵簇生，花瓣为白色，清香扑鼻。果实通常为扁圆形至近圆球形，果皮因品种不同有的薄而光滑，有的厚而略粗糙，通常为淡黄色至橘红色，剥皮时较容易。果皮里面的果肉，是一瓣瓣围在一起的，表面附着网状的白色橘络，柔软多汁，味道酸甜。种子数量不定，通常呈卵形，顶部狭尖，基部浑圆。

营养价值

橘子营养十分丰富，含有丰富的维生素 C、碳水化合物、胡萝卜素、蛋白质、维生素 B、维生素 E、有机酸、钙、铁、锌、磷等。每天吃一个橘子，就能满足人体一天所需的维生素 C。橘子还具有降血脂、预防心血管疾病、延缓衰老、美容养颜、润肠通便的作用。

陈皮

橘子皮晒干或低温干燥之后可入药，称为陈皮，是中医中的常用药材。陈皮有理气健脾、燥湿化痰的功效，主要治疗脘腹胀满、消化不良、咳嗽痰多等疾病。

科普进行时

吃橘子前后 1 小时内最好不要喝牛奶，因为牛奶中的蛋白质遇到果酸会凝固，不利于消化吸收。另外，橘子一次也不宜吃太多，否则容易上火，出现咽喉干痛、大便不畅等不适症状。

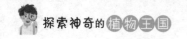
▶水果皇后 ——草莓

> 草莓又叫洋莓、红莓、地莓，原产于南美洲。草莓果实看起来红艳可人，闻起来果香四溢，吃起来柔软多汁、酸甜可口，深受人们喜爱，故而有"水果皇后"的美誉。

🌳 奇特的果实

草莓属蔷薇科，为多年生草本植物。我们常吃的草莓实际上是一种聚合果，不同于大多数水果是由子房发育而成，草莓是由草莓花托发育而成的，上面聚集着许多尖卵形的瘦果，草莓的种子就包含在这些瘦果中。所以每颗草莓实际上相当于一个"多胞胎"。

🌿 生长环境

草莓植株喜温又喜光，在光照充足的条件下，长势会更好，果实也更香甜。但草莓也较耐阴。在生长期间，要保证充足的

水量，但不可过多，草莓是一种不耐涝的植物。栽培土壤最好选用疏松透气的沙壤土。

营养价值

草莓含有丰富的维生素 C、胡萝卜素、铁和多种矿物元素，具有明目养肝、促进生长发育的功效，可适当缓解夜盲症。草莓富含膳食纤维，能够促进胃和肠道蠕动，对于改善便秘有一定的帮助。

科普进行时

中医认为草莓具有药用价值。草莓味甘、性凉，具有润肺生津、止咳清热、健脾和胃、消暑利尿的功效，主治风热咳嗽、口舌糜烂、咽喉肿痛、高血压等症。

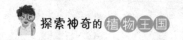

▸▸ 热带名果——菠萝

菠萝，还有一个非常好听的名字叫凤梨，是热带地区非常有名的一种水果。菠萝营养丰富、甜美多汁，而且能清热解暑、消食止泻，是美味的时令水果。

🌳 形态特征

菠萝是一种多年生草本植物，茎非常短，叶子呈剑状，密生，边缘常有利刺。花序在叶丛中抽出，状如松球，无柄，上部紫红色，下部白色，结果时增大。果实为聚花果，肉质，多由吸芽、冠芽无性繁殖而来。菠萝成熟之后，果肉是黄色的，汁水很多，

香甜可口。

用途多多

菠萝富含营养，除了含有丰富的糖分和维生素 C 以外，还含有大量苹果酸、

科普进行时

菠萝原产于巴西、巴拉圭的亚马孙河流域一带，大约 16 世纪时传入中国，是岭南的四大名果之一。菠萝的栽培范围十分广泛，现已流传到整个热带地区。

柠檬酸等有机酸，食用价值很高。菠萝最常见的食用方法是鲜食，由于它肉色金黄、果香浓郁、甜酸适口，深受人们喜爱。除此之外，菠萝还常被制成罐头、果汁等加工制品。还有些地区的人喜欢把菠萝当作食材，用来做菜，像菠萝咕老肉、菠萝炒饭、菠萝炒排骨等都是广受好评的菜肴。另外，菠萝叶片的纤维非常坚韧，可用来制绳，或作为纺织、造纸的原料。

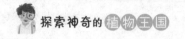

▶▶ 开胃醒脾——柠檬

柠檬又叫柠果、洋柠檬、益母果，原产于东南亚。果实营养丰富、功效独特，已成为我们生活中不可或缺的一种食材。

🌳 形态特征

柠檬属芸香科柑橘属，为常绿小乔木，枝上有少许刺或近于无刺。叶小，具短柄，叶片为厚纸质，卵形或椭圆形。花单生或簇生于叶腋内，花萼杯状，花瓣外面淡紫红色，里面白色。果实为黄色，椭圆形或卵形，两端略尖，果皮厚，难剥离，味道很酸。种子小，卵形。

🌿 生长环境

柠檬是一种非常不耐寒的植物，同时也怕热，所以最适宜生长在冬季较温暖、夏季不酷热、气温较平稳的亚热带地区。柠檬适宜栽植在土层深厚、排水良好的缓坡地。柠檬一年中可多次抽梢、开花、结果，植株生长较快，对肥料需求量较大，要注意为其施肥。

用途多多

柠檬全身是宝：柠檬果实富含维生素 C、维生素 B_1、维生素 B_2、柠檬酸、苹果酸、高量钠元素和低量钾元素等，对人体的益处很大，能延缓衰老和抑制色素沉着，防治坏血症和预防感冒，还有刺激造血和抗癌的作用。叶中可提取香料。鲜果皮可用于制作柠檬香精油。种子既可以榨油，又可以入药。

科普进行时

柠檬的味道特别酸，还略微有一微苦，所以人们不常像吃其他水果一样直接生吃。柠檬经常被切片后用来泡水喝，也常用来制作饮料。在西餐中，柠檬经常被用作调味品，可以有效去除海鲜、肉类中的腥味。在东南亚地区，人们的生活更是离不开柠檬，许多菜品都少不了要用柠檬调味。

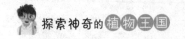
▶ 老少皆宜——苹果

苹果原产于欧洲及亚洲中部，栽培历史悠久，现全世界的温带地区均有种植。中国苹果种植面积和产量极大，是世界最大的苹果生产国。

🌳 形态特征

苹果属蔷薇科，是常见的一种落叶乔木。苹果树植株挺拔秀美，树干呈灰褐色，小枝短而粗。叶片互生，颜色青绿，为椭圆形或卵形。花娇艳美丽，白色带红晕。

果实未成熟时为青绿色，成熟后以红色居多，味道清甜，富含矿物质和维生素，是深受人们喜爱的水果之一。

生长环境

苹果多生长在温带气候区，适应性较强，喜光，能耐严寒。适宜生长在微酸性到中性土壤中，土层深厚、富含有机质、通气排水良好的沙质土壤是最适合栽培苹果树的。

营养丰富

苹果营养价值很高，富含蛋白质、纤维素和钙、磷、钾等多种物质，适量地食用苹果，能够增强人体免疫力，促进消化，有利于肠胃健康，非常适合老人和小孩食用。另外，苹果是一种低热量的食物，苹果酸可代谢热量，防止肥胖，因此适于在减肥期食用。

科普进行时

在果园里，核桃树总是对苹果树不宣而战，它的叶子分泌的胡桃醌会偷偷地随雨水流进土壤，这种化学物质能够破坏苹果树的根部，引起细胞质壁分离，使得苹果树的根难以成活。此外，苹果树还常常受到树荫下生长的苜蓿或燕麦的"袭击"，使苹果树的生长受到抑制。

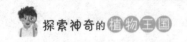

▶▶ 晶莹剔透——葡萄

> 葡萄又名蒲陶、草龙珠、赐紫樱桃、菩提子、山葫芦等。人类在很早以前就开始栽培这种果树，且种植广泛，如今，葡萄已经是全世界栽培面积最大、产量最多的水果之一。

🌳 形态特征

葡萄属葡萄科，是落叶藤本攀缘植物。小枝为圆柱形，有纵棱纹，长有卷须，靠其盘卷他物生长。叶子互生，呈掌状，基部心形。葡萄的花朵簇生，通常聚合成圆锥形。果实成串生长，单颗为球形或椭圆浆果，因品种不同，有紫、红紫、黄绿、蓝黑等色泽。葡萄果味酸甜可口，汁水丰富，营养价值高。

🌾 生长环境

葡萄喜欢阳光充足、气候温暖的环境，如果昼夜温差大，着色及糖度积累会更好。葡萄在生长初期需水量较多，生长后期和结果期对水量的需求减少，因此一定要注意控制好土壤中的水分。葡萄对土壤的适应性较强，在各种经过改良的土壤中均能成活，但以壤土及细沙质壤土为最佳。

用途广泛

葡萄除了生食以外，还可以加工成葡萄干、葡萄酒、葡萄汁、葡萄罐头和葡萄酱等。葡萄籽可以榨油，葡萄籽油是一种优质的食用油，长期食用可降低人体血清胆固醇，有效调节人的自主神经功能。葡萄皮中的白藜芦醇、葡萄籽中的原花青素含量较高，具有很高的药用价值。

科普进行时

为了彻底将葡萄洗干净，可以先把葡萄表面简单清洗一下，然后把脏水倒掉，再往盆中倒入清水，撒入适量食盐，把葡萄浸入盐水中泡20分钟。然后再轻轻搓洗一遍，尤其注意不要遗漏果蒂部，再冲洗一遍，葡萄就洗干净了。

▸▸风味绝佳——荔枝

唐玄宗宠爱的杨贵妃喜欢吃荔枝,可荔枝生长在距离都城数千里的岭南地区,为了让贵妃享用鲜荔枝,唐玄宗不惜动用官差采运荔枝。因路程长,荔枝又不易保存,路上必须快马加鞭,才能按时到达。为此杜牧写下了"一骑红尘妃子笑,无人知是荔枝来"的千古名句,让荔枝声名鹊起。

🌳 形态特征

荔枝属无患子科荔枝属,为常绿乔木,原产于我国南部地区,种植历史悠久。

荡枝树一般不太高，树皮灰黑色，小枝圆柱形，褐红色，密生白色皮孔。羽状复叶，互生，叶片薄革质或革质，具光泽，披针形或卵状披针形，有时呈长椭圆状披针形。花序顶生，阔大，多分枝。果实卵圆形至近球形。果皮表面有鳞斑状突起，成熟时为鲜红色或暗红色；可食用部分是它的假种皮，为白色，半透明，肉质，汁水丰富，味道甜美；果肉里面包裹着种子，为椭圆形，褐色，表面光滑而有光泽。

价值丰富

荔枝果实营养丰富，含有丰富的蛋白质、葡萄糖、蔗糖、维生素C等，还含有叶酸、精氨酸、色氨酸等营养素，适量食用荔枝，有增强人体抗病能力，令皮肤光滑的功效。另外，荔枝树枝繁叶茂，可在防风方面发挥作用。荔枝树木质坚实，又是制作家具的优质材料。

不可多吃

　　荔枝虽然甜美多汁，又对人体健康十分有益，但一次最好不要吃太多，尤其不可以空腹进食过量荔枝，否则会引发低血糖，让人产生头晕心悸、面色苍白、疲乏无力等一系列不适症状。很多人就不理解了，荔枝这么甜，应该含糖量很高，怎么还会引发低血糖呢？

　　原来，荔枝虽然含糖量很高，但大部分都是不能直接为机体所吸收利用的果糖，一次进食过量荔枝后，高浓度的果糖会刺激人体分泌大量胰岛素，导致血糖变低。

科普进行时

　　同属于无患子科的红毛丹和荔枝长相有些相似，剥皮后更为相似，味道也差不多，所以有些人不知道如何区别二者。它们的外壳是比较好区分的，红毛丹外表毛茸茸的，而荔枝外壳上是一个个小突起；壳的硬度不同，红毛丹的外壳要更硬一些，所以不如荔枝好剥；吃法有些不同，红毛丹的果核外面有一层较硬的保护膜，吃的时候要将其吐出来，所以比吃荔枝要稍微麻烦一些。

治病救人的
药用植物

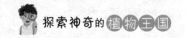

▶▶ 金不换——三七

三七别名血当归、天青地红、见肿消、土三七、菊叶三七等，是多年生草本植物。其茎、叶、花和根部均可入药，被明代著名药学家李时珍称为"金不换"。

🌳 形态特征

三七的根肉质肥大，呈块状；茎幼时紫褐色，成长后多分枝，具纵沟；叶互生，膜质，羽状深裂，裂片卵形或披针形，顶端渐尖，基部楔形，边缘具不规则锯齿，托叶有或无；头状花序顶生，排成疏伞房状，花序梗细；总苞圆柱形，苞片2层，内层条状披针形，外层短、丝状，花两性，管状，金黄色；花柱基部球形，分枝顶端钻状，有短毛；瘦果狭圆柱形，冠毛多数白色。

药用价值

《本草纲目》记载，三七有止血、散血、镇痛等功效。清代《本草纲目拾遗》也有记载："人参补气第一，三七补血第一。"近代科学研究表明，三七含多种皂苷，和人参所含皂苷类似。除此之外，它还含有多种人体必需的氨基酸。在医学上，三七对冠心病、心肌梗死、高血脂、高血压、脑血管疾病、风湿病等有良好的治疗作用。誉满中外的云南白药，其主要成分就是三七。

科普进行时

云南白药是一种著名的中成药，具有化瘀止血、活血止痛、抗炎消肿的功效，为云南省特产。云南白药是由云南民间医生曲焕章于清朝时期研制出来的。自问世以来，便以独特、神奇的功效而闻名，被誉为中华瑰宝，伤科圣药。

▶▶ 百草之王——人参

人参是珍贵的中药材，以"东北三宝"之首驰名中外，药用历史悠久。长期以来，由于过度采挖，资源濒临枯竭，人参赖以生存的森林生态环境遭到严重破坏。

形态特征

人参是多年生草本植物，喜欢阴凉、湿润的气候，适宜生长在昼夜温差小的山地缓坡或斜坡地的针阔混交林或杂木林

中。人参长有伞形花序，呈淡黄绿色；果实扁球形，成熟时呈鲜红色。由于根部肥大，呈纺锤形，且有分叉，全貌有时能够呈现出人形来，因此被称为人参。

药用价值

人参之所以名贵，主要在于它的药用价值。人参在我国药用历史悠久，早在《神农本草经》里就将它列为上品。我国自唐朝起就已开始人工种植人参，并从朝鲜购入野生人参。根据传统药典记载，人参具有"滋阴补生，扶正固本"的功效。中药材行业在经营中按人参的品质、产地和生长环境不同，把人参分为野生人参、园参和高丽参3个品种。人参按照加工方法还可以细分为生晒参、红参和糖参等。

科普进行时

虽然人参拥有提神、解除压力、增强体力、降低血糖、抗炎、抑制肿瘤以及提高免疫系统功能等许多好处，但过量食用人参会损害身体健康，使人痛眩头晕、呕吐、出血，甚至可能致死。

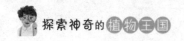

▸▸药食同源——金樱子

> 金樱子属于常绿攀缘灌木,在中国多省区都有分布。它的果实可以直接食用,但果肉较少,因此常用来熬糖及酿酒,根、叶、果均可入药。

🌳 形态特征与分布

金樱子别名山石榴、糖罐子、刺榆子等,属蔷薇科。金樱子干燥成熟的果实,是一种由花托发育而成的假果,呈倒卵形,略似花瓶,外皮红黄色或红棕色,上端宿萼为盘状,下端渐尖,果皮外面有突起的棕色小点,系毛刺脱落的残痕,触之刺手。金樱子分布范围广泛,在我国江苏、浙江、安徽、江西、湖南、四川、福建、广东、广西等地均有分布。

药用价值

金樱子入药的历史悠久，中国历代本草书上均有记载。其味酸、甘、涩、平，无毒，具有固肾缩尿、涩肠止泻的功能，可治小便频数、肺虚咳喘等症。

食用价值

科普进行时

金樱子是一种喜阳植物，适宜生长在温暖湿润的环境中，适应能力较强，对土壤要求不严，在较干旱和瘠薄的土壤中也可存活，在土层深厚、排水良好且呈中性或微酸性土壤中生长情况最好。

金樱子营养价值丰富，含有丰富的糖类和维生素 C，并含有苹果酸、枸橼酸及氨基酸，还含有皂苷、鞣质等物质，除药用外，古代还有食用记载。早在乾隆年间的饥荒时，人们就曾用其充饥以活命。金樱酒是以金樱子果实为原料酿制而成的一种野生果酒，风味独特，有止泻、防暑等功效。人们还喜欢用金樱子果片泡水，加适量糖，酸甜适口，有消食补益的功效。

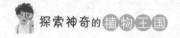

▶▶ 清热润肺——贝母

贝母又名平贝母、平贝，属百合科，为多年生草本植物，药用部分是它的鳞茎。

🌳 形态特征

贝母的鳞茎圆而扁平，由 2 ~ 3 瓣鳞片组成。其茎直立，不分枝；中部叶轮生，上部叶常成对或全为互生，叶呈条形，顶端卷曲成卷须状；花单生于叶脉，花梗细，下垂，花朵窄钟形，外深紫色，内淡紫色，散有黄色方格状的斑纹，花柱有乳突，雄蕊 6 枚；蒴果倒卵形，上有 6 棱。

分类

贝母按产地和品种的不同，可分为川贝母、浙贝母、土贝母和伊贝母四大类。贝母生于林下湿润之处，现在大量人工栽培，初夏采挖、去杂质、晒干。

科普进行时

新疆贝母属伊贝母，是一种与川贝母、浙贝母齐名的贵重中药材。早在清代，新疆贝母便已被开发利用。当时以北疆地区的昌吉、齐台为集散市场，通过古丝绸之路的北线，用骆驼和马驮，远销天津等口岸，通称"古贝"。由于数量极少，导致其价格昂贵。

药用价值

常见的贝母味苦，性微寒，有化痰止咳、清热散结的功效，主治热痰咳嗽、外感咳嗽、肺痈、痈疮肿毒、瘰疬等症。除此之外，贝母也有降血压、升高血糖等功效。

▶ 具有毒性——半夏

半夏是我国中药宝库中的重要药材，别名地文、三步跳、蝎子草等。半夏为草本植物，属天南星科，药用部分是它的块茎。

形态特征

块茎圆球形，具须根。叶从块茎顶端抽出，叶柄较长，基部常着生珠芽；幼苗叶片卵状心形，为全缘单叶；老株叶片3全裂，椭圆形至披针形，中裂片较大。单性花同株，肉穗花序，花序梗比叶柄长；雌花生于花序基部，贴生于佛焰苞，雄花生于花序上端。浆果卵形，绿色。

主要产地

我国除了在内蒙古、新疆、青海、西藏没有发现野生的半夏外，其他省区基本

都有分布。朝鲜和日本也有分布。主要生于山坡、草地、田中、路边、林下及石缝中。夏秋采挖、除皮、晒干后为生半夏。

药用价值

半夏的块茎中含天门冬氨酸、高龙胆酸及葡萄糖苷等。生半夏和制半夏有明显的镇咳、镇吐、祛痰作用，能抑制腺体分泌，主治喘咳痰多、呕吐、反胃等症。

科普进行时

半夏是中国植物图谱数据库收录的有毒植物，其全株有毒，块茎毒性较大，少量生食即可引起中毒。因此，半夏应在医生指导下服用。

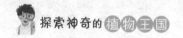

▸ 中医使用最频繁——甘草

甘草别名国老、甜草、乌拉尔甘草、甜根子，是一种补益中草药。"十药九甘"，人们这样形容甘草，它是中医使用频率最高的药材之一。

分布区域

甘草是一种豆科植物，喜阳，多生长在干燥以及沙质的土地上。甘草适应能力强，在亚洲、欧洲等地均有分布。在我国，

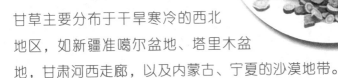

甘草主要分布于干旱寒冷的西北
地区，如新疆准噶尔盆地、塔里木盆
地，甘肃河西走廊，以及内蒙古、宁夏的沙漠地带。

🌿 药用价值

　　甘草入药历史极其悠久，李时珍将其列为药中元老，并认
为它是一味没有副作用的中药。甘草的根及枝条都可入药，性
平，味甘，有补脾益气、清热解毒、祛痰止咳、缓急止痛、调
和诸药等作用。甘草还常配合其他药物使用，可以缓解某些药
物的毒性、烈性，还使苦药不苦，便于患者服用。

科普进行时

　　在我们的固有印象中，中药多是非常苦涩的，可是甘草却不苦。因
为甘草中含有甘草酸、甘草醇等多种成分，尤其是甘草酸，它可比蔗糖
甜得多，所以甘草是名副其实的"甜草"，它的名字也是由此而来。

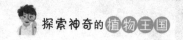

▸▸ 充满传奇色彩——何首乌

何首乌是一种珍贵的药材，然而由于它根部特殊的形状引发了人们无数的遐想，于是人们把它看作一种带有神秘色彩的植物，它时常出现在古代神话故事与小说中。

🌳 形态特征

何首乌属蓼科何首乌属，多年生缠绕藤本植物。其肉质块根外表黑褐色，内里紫红色，上面长着一些根须，相互缠绕在一起。何首乌块根的形状千奇百怪，个别形状似男女胴体，这在植物根系中极其罕见，所以引起世人的惊叹和兴趣，并由此引出了许多传奇故事。

🌿 药用价值

何首乌与灵芝、人参、冬虫夏草并称

"中药四大仙草"。它的根、茎、叶均可入药。中国古今药典有明确记述，何首乌有补肝肾、益精血、

科普进行时

随着人们对何首乌的了解不断深入，人们又将其用于饮食之中，令其不断发挥食疗作用。最常见的就是将何首乌与其他名贵中药材一起浸泡，制成药酒。如此一来，既能满足人们的口腹之欲，又能起到一定的滋补作用，可以说是两全其美。

乌须发、强筋骨、抗衰老、止心痛、增强机体免疫力、降低血脂、防治动脉粥样硬化、防治脂肪肝、促进肾上腺皮质功能、滋补强身等功效。

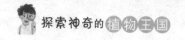

▸▸ 外貌平凡——车前草

你是否以为草药都生长在远离人烟的莽莽山林，或是神秘莫测的雪域高原？其实在无人注意的田间、路边，也有可能长着能治病救人的草药，而车前草就是其中一种。它的外表平凡无奇，常被人当成野菜。

🌳 形态特征

车前草又名车轮菜，属车前科，多年生草本。这种草生长在山野、路旁、花圃、菜园以及池塘、河边等地。其根茎短缩肥厚，密生须状根；叶全部根生，叶片平滑，广卵形，边缘波状，间有不明显钝齿，主脉5条，向叶背凸起，呈肋状伸入叶柄，叶片常与叶柄等长；春夏秋株身中央抽生穗状花序，花小，花冠不显著；结椭圆形蒴果，顶端宿存花柱，熟时盖裂，撒出种子。

🌿 药用价值

据现代科学分析，车前草嫩叶含水分、碳水化合物、蛋白质、脂肪、钙、磷、铁、胡萝卜素、维生素C，还含有胆碱、钾盐、柠檬酸、草酸、桃叶珊瑚甙等营养成分。其性寒、味甘，具有利水通淋、清热明目、清肺化痰的功效，主治小便不利、暑热泄泻、目赤肿痛等症。

科普进行时

车前草在不同地区有不同的名称：广西人称猪肚菜、灰盆草，云南人称蛤蟆草，福建人称饭匙草，青海人称猪耳草，上海人称牛甜菜，江苏人称打官司草，东北人称车轱辘菜。

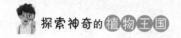

▶▶ 美容养颜——芦荟

　　大自然孕育人类的同时，也给人类的健康和美容提供了一种神奇的药用植物，它就是芦荟。芦荟被誉为"守护健康的万能药草"。

🌳 形态特征

　　芦荟又叫油葱，是一种多年生、肉质多浆的植物。它的故乡在非洲南部，因此芦荟喜欢生长在沙漠、旱地、荒坡上。它的叶子肥厚，形状像剑一样，边缘有锯齿或硬刺，叶子表面常有斑点或条纹，夏秋之际会开出嵌着红色斑点的黄花。

🌿 药用价值

　　据现代科学分析，芦荟中含有大量营养物质，如天然蛋白质、有机酸、人体必需的微量元素等。芦荟有着显著的药理作用，能够催泻、健胃、通便、解毒、镇痛、

抗炎、杀菌、抗肿瘤等。另外，芦荟对治疗肠胃病、心脏病、肝病、糖尿病、高血压等均有辅助作用，尤其对治疗各种灼伤、烫伤和晒伤效果显著。

美容价值

芦荟在美容方面具有神奇的功效，它的许多成分对人体皮肤具有良好的滋润营养作用。它还能解除硬化、角化，改善伤痕，防止皱纹生成，增强皮肤弹性，使皮肤保持光滑水润。同时，还能治疗皮肤炎症，对粉刺、痤疮、烫伤等有很好的疗效。芦荟对头发也有养护作用，能够使头发保持润滑，且可以预防脱发。

科普进行时

芦荟分很多种类，变异多样，人工栽培中较为多见的有细茎芦荟、木立芦荟、开普芦荟、不夜城芦荟等。

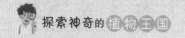

▶▶ 全身是宝——枸杞

我们日常所提到的枸杞，是人们对宁夏枸杞、中华枸杞等枸杞属物种的统称，宁夏枸杞是唯一载入 2010 年版《中国药典》的枸杞品种。枸杞是人们非常喜爱的滋补食品之一，它对人们的身体有诸多好处。

🌳 形态特征

枸杞，别名枸杞红实、甜菜子、血杞子等，属茄科枸杞属，为落叶小灌木。宁夏枸杞树形婀娜，枝条细长，先端一般弯曲

下垂；叶翠绿，卵形或披针形；夏秋季开淡紫色花；果实鲜红色，为卵形或椭圆形，味甜；种子为扁肾脏形。

 生长环境

枸杞有较强的耐寒能力，喜欢生长在气候偏冷凉的地区。由于其根系发达，抗旱能力也很强，即便荒漠地区也能适应。枸杞的生长需要充足的日照，在花果期必须保证充足的水分。但

科普进行时

枸杞的嫩叶也是可以食用的，春季至初夏时节采摘，洗净焯水后，可以用来做汤、凉拌，或是烹炒。有的人还用枸杞叶来泡茶。

注意不可将其栽植于长期积水的低洼地，这对枸杞的生长极为不利。

药用价值

　　枸杞全身都是宝，叶、花、果、根均可入药。平日里我们用来泡水喝的枸杞子是枸杞的果实，为经干燥等工序处理后的炮制品，是名贵的药材和滋补品，有降低血糖、滋补肝肾、益精明目的作用，还能够抗动脉粥样硬化，提高人体免疫力。中医典籍里很早就有关于枸杞可以养生的记载。《本草纲目》记载："枸杞，补肾生精，养肝……明目安神，令人长寿。"

神秘莫测的

沙漠植物

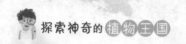

▸▸不怕风吹沙打——梭梭

> 梭梭古称琐琐或锁锁，是我国西北地区一种久负盛名的沙漠植物。

🌳 特殊的枝叶

梭梭是一种小乔木，在沙漠中可算是苍劲挺拔的了。为了适应沙漠生活，梭梭的叶子已经退化，不仔细观察，你根本就找不到。在梭梭那些绿色的枝条上，只有一些对生的宽三角形的鳞片状叶子，因此，梭梭叶子的光合作用的功能，都

由绿色的枝条取代了。每年春天，梭梭枝干上就萌生大量的绿色嫩枝，这些枝条在夏天烈日下蒸腾的水分比其他植物的大型叶片可少多了。为了躲避冬天的严寒，一些当年萌生的枝条又会脱落。

🌿 独特的花果

梭梭不仅枝、叶特殊，其花、果更有特色。梭梭的花单生叶腋，排在一根枝条上，像一个穗状花序。梭梭的花呈黄色，每朵花有 5 个花被片。梭梭真正的花期不长，但奇特的是，梭梭的花被片在结果时不但不脱落，反而长得更大，背部还长有翅状附属物。它们能帮助梭梭随风把果实传到很远的地方。

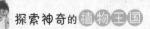

梭梭的果实属于胞果，半圆球形。胞果剥掉果皮和种皮，就会露出螺旋状的胚来。胚就是植物的"胎儿"，梭梭的胚呈螺旋形，像个陀螺，很有意思。果期到来之时，梭梭那些生

科普进行时

梭梭分布在我国西北沙漠地区，如内蒙古西部、甘肃和新疆等地区，在轻度盐碱化的松软沙地上最为常见，在砾质戈壁、低湿的黏土地上也有分布。

长在花被上的果实，在枝条上排成串，犹如沙漠中盛开了株株梅花。而且梭梭也确实像梅花傲雪一样坚强地面对风沙，所以人们都称赞梭梭是"沙漠中的梅花"。

沙漠里的宝树

梭梭可是沙漠里的宝树，它分枝多、根粗壮，耐旱耐寒、耐沙埋土压，不怕风吹沙打，是优良的防风固沙植物。

▸▸ 沙漠中的"蔬菜"——沙葱

沙葱又名野葱、山葱、蒙古韭,是生长在内蒙古、甘肃、新疆等地的沙漠或干旱山坡上的一种野生蔬菜。

形态特征

沙葱在降雨时生长迅速,其植株呈直立簇状;根为白色(新根)或黄白色(老根);茎为缩短鳞茎,根茎部略膨大;叶片呈细长圆柱状,叶色浓绿,含纤维素极少,叶表覆一层灰白色薄膜;叶鞘白色,呈圆桶状;伞形花序半球状至球状,具多而密集的花,花色多为淡紫色或紫红色;种子呈半椭圆形。

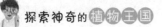
 **生长环境**

　　沙葱耐旱能力极强，即使半年不降雨，遇雨后仍可快速生长。沙葱既耐高温也耐低温。沙葱属长日照、强光照植物，根系生长温度高于地上部分生长温度。弱光条件下，沙葱长得细弱，呈淡绿色。

味道鲜美

　　沙葱是一种纯天然的绿色保健食品，不仅营养丰富，而且风味独特，无论凉拌、炒食还是调味、腌渍，均为不可多得的美味。

科普进行时

　　沙葱富含植物蛋白、膳食纤维和人体所需的矿物质、维生素等多种营养成分，具有降血压、降血脂、开胃消食、健肾壮阳、治便秘等功效。

▸▸ 保持水土的功臣——沙棘

> 　　沙棘是一种耐旱、耐盐碱、抗风沙的树种，因此被广泛用于水土保持。中国西北部种植了大量沙棘，它在绿化荒山、保持水土、调节生态平衡方面发挥了重要作用。

🌳 形态特征

　　沙棘，俗称酸柳、酸刺、黑刺，属胡颓子科，有落叶乔木和灌木两种。它浑身具有棘刺，叶子呈条形至条状披针形，两

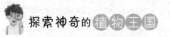

端趋尖，背面密被淡白色鳞片，叶柄极短。沙棘花先于枝叶开放，雌雄异株，花小，淡黄色。果实为肉质，近球形，直径5～10毫米。

生长环境

　　沙棘喜阳，粗壮的枝干可以抗风沙。在冰天雪地里，沙棘忍受着严冬的侵袭；在酷暑天，沙棘依然挺立在向阳的山坡。它速生速长，3年后即能结

科普进行时

　　沙棘的嫩枝、嫩叶是牛、羊的精饲料，被人们誉为"铁秆牧草"，不仅能使牲畜增膘健体、毛色明亮，还能增强牲畜的免疫力。

果。它不择沃土、不弃贫瘠，悬崖陡壁，沟渠河边，都是它的栖身之地。

🧍 药用价值

　　沙棘的叶、皮、果实及种子在医药上有着特殊功效。沙棘果能够活血散淤、化痰舒胸、补脾健胃，还能治疗跌打损伤、淤肿、咳嗽、呼吸困难、消化不良等；沙棘种子可治疗肺结核、胃溃疡、月经不调等症；沙棘油是良好的外伤药，可用于治疗烧伤、冻伤和各种皮炎；经常食用沙棘制成品，可增进人的心肌功能，治愈胸闷和气短等症状，与降压药合用有协调作用，可降低胆固醇。

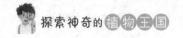
▶▶根系庞大——骆驼刺

骆驼刺是豆科骆驼刺属植物，它的茎上长着很坚硬的刺状的小绿叶，所以叫作骆驼刺。由于骆驼刺能够在恶劣的生态环境中存活，所以被誉为"沙漠勇士"。

🌳 形态特征

在生存环境非常恶劣的茫茫戈壁滩上，大多数植物难以存活，但有一种叫骆驼刺的植物却是个例外，无论生态系统多么脆弱，它都能顽强地存活下来。骆驼刺的植株通常为半球形，大小不一，一簇一簇地分布于沙漠中。为了适应沙漠中干旱的气候，骆驼刺进化得特别矮小，紧贴地面，但是它的根系却特别发达，比它的地上部分要庞大得多。庞大的地下根系深深扎

入地下，能在很大的范围内寻找水源，吸收水分，而矮小的地上部分所需水分不多，还能有效地减少水分蒸腾，所以骆驼刺才能适应沙漠地带干旱的环境。

 科普进行时

骆驼刺能分泌出黄白色的糖类物质，干燥后会凝成透明的小颗粒，名叫刺糖。刺糖味甘、酸，性温无毒，可用于治疗腹痛、腹胀、痢疾等病症，在唐玄宗时期，刺糖还曾作为贡品，被进献宫中，称"刺蜜"。

 防沙卫士

骆驼刺具有耐寒、耐旱、耐盐碱和抗风沙的特性，适应性特别强，一旦生存下来，就能霸占整个沙漠，因此在防止土地遭受风沙侵蚀方面发挥着重要的作用，可以有效维护其生长地脆弱的生态系统。

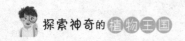
▶▶沙漠英雄树 ——胡杨

胡杨是生活在沙漠中的唯一的乔木树种，以强大的生命力闻名，有"沙漠英雄树"的美称。它对稳定荒漠河流地带的生态平衡、防风固沙、调节绿洲气候以及形成肥沃的森林土壤，有着极其重要的作用，是荒漠地区农牧业发展的天然屏障。

🌳 适者生存

胡杨为适应干旱环境，在进化过程中做出了许多改变，例如，叶革质化、枝上长毛，甚至幼树树叶细如柳叶，以减少水分的蒸发等。然而，作为一棵大树，还是需要相应的水分维持生存。那么，它需要的水从哪里来呢？原来，胡杨是一类跟着水走的植物，沙漠河流流向哪里，它就跟到哪里。沙漠河流的变迁相当频繁，于是胡杨就在沙漠中处处留下了"驻足"的痕迹。

异叶杨

　　胡杨属杨柳科，是一种杨树。它的奇特之处在于它有3种叶子，一种像杨树叶，一种像柳树叶，还有一种既像杨树叶又像柳树叶。胡杨叶子的这种异形现象在植物界是非常罕见的，所以胡杨又叫异叶杨。

种群现状

　　根据统计，世界上的胡杨绝大多数分布在我国。而在我国，

除了柴达木盆地、河西走廊、内蒙古阿拉善一些流入沙漠的河流两岸能够看见少数胡杨外，全国90%以上的胡杨分布在新疆，而其中的90%又主要分布于新疆南部的塔里木盆地。目前世界上最古老、面积最大、保存最完整、最原始的胡杨林保护区位于轮台县境内。

科普进行时

胡杨曾经广泛分布于我国西部的温带及暖温带地区，新疆库车千佛洞、甘肃敦煌铁匠沟、山西平隆等地都曾发现胡杨化石，证明它是第三纪孑遗植物，距今已有约6 500万年的历史。

美丽又危险的

有毒植物

MEILI YOUWEIXIAN DE YOUDU ZHIWU

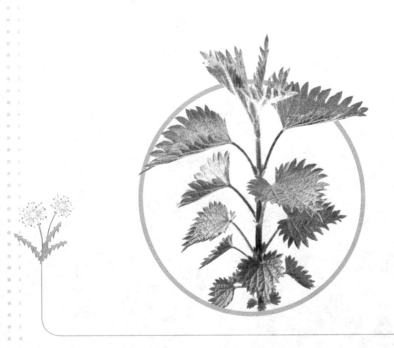

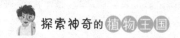
▶▶ 最毒的植物——箭毒木

两个世纪前，爪哇有个酋长用针刺扎"犯人"的胸部做实验，针上涂有一种树的乳汁，不一会儿，"犯人"就窒息而死，从此这种树便闻名于全世界。这种树就是箭毒木，我国称为"见血封喉"。

🌳 形态特征

箭毒木的傣语叫"戈贡"，属桑科，是一种落叶乔木，树干粗壮高大，树皮很厚，既能开花，也会结果；果子是肉质的，成熟时呈紫红色；花期为春、夏季，果期为秋季。

分布地区

　　箭毒木多分布于赤道热带地区，国内则散见于广东、广西、海南、云南等省区，印度、越南、老挝、柬埔寨等国家也有分布。它多生于丘陵或平地树林中，村庄附近常见。

毒性强烈

　　箭毒木的干、枝、叶子等都具乳白色汁液，汁液中含有剧毒。用这种毒浆（特别是以几种毒药掺和）涂在箭头上，箭头一旦射中野兽，野兽很快就会因鲜血凝固而倒毙。如果不小心将此汁液溅入眼里，会使眼睛顿时失明。甚至这种树在燃烧时，烟气飘入眼里，也会引起失明。箭毒木的毒性远远超过有毒的苦杏仁等，因此，被人们认为是世界上最毒的树木。

作用多多

虽然箭毒木有剧毒，但因其树皮厚、纤维多，且纤维柔软而富弹性，是做褥垫的上等材料。如果将纤维撕开后进一步加工，还能织成布。另外，箭毒木的毒液成分具有强心、加速心律、增加心血输出量的作用，在医药学上具有研究和开发价值。

植株特点

箭毒木多生长于热量丰富、空气湿度较大的环境中，其除了具有特殊的生长环境外，还能组成季节性雨林上层巨树，常挺拔于主林冠之上。箭毒木具有非常发达的根系，因此抗风力强，即使是在风灾频繁的海滨台地，其生长也不会受到影响。

科普进行时

除了箭毒木外，还有一些树的毒性也很大。美洲巴拿马运河两岸有一种叫"希波马耶·曼西奈拉"的树，它的毒性也不低，连从它枝叶上落下来的雨滴落在人的皮肤上，都会引起皮肤发炎。

▶▶ 像动物一样蜇人——荨麻

当你在野外游玩或劳作时，有时会突然感到皮肤一阵刺痛，好像被马蜂蜇了一下似的，并且疼痛的地方还会变得又红又肿，这可能是被一种叫荨麻的植物蜇了。

🌳 蜇人缘故

荨麻，别名咬人草、蝎子草，是多年生草本植物。其茎叶上的蜇毛有毒，会导致过敏反应，人及猪、羊等动物一旦碰上就会像被蜂蜇一样疼痛，其毒素会刺激皮肤，使之产生瘙痒、红肿等症状。

荨麻能像动物一样蜇人，是植株上的一种表皮毛造成的。这种毛的尖端像刺一样尖锐，基部是由许多细胞构成的腺体，基部

之上是空腔，空腔被腺体占据。人或动物一旦碰到荨麻，其毛的尖端便会断裂，进而释放出蚁酸，刺激皮肤，使被刺者产生痛痒的感觉。荨麻之所以演化出这个本领，是为了自我保护。尝过这种滋味的食草动物自然会对其避而远之。

生长环境

荨麻生命力旺盛，生长迅速，对土壤环境没有太高的要求，喜欢生长在温暖潮湿的环境中，在林下沟旁、山坡上或住宅旁的半阴湿处经常可以见到它们的身影。

价值多样

　　荨麻是具有可观的经济价值的野生植物和农作物。荨麻的茎皮纤维韧性好、拉力强、光泽好、易染色，可作为纺织原料。荨麻还具有极大的药用价值，许多国家都把荨麻入药，用以治疗关节炎、皮肤病等。一些国家的人们还以荨麻的茎叶作为食材，用来烹制菜肴。荨麻种子的蛋白质和脂肪含量较高，与向日葵和亚麻等油料作物近似，因此，荨麻籽还能用来榨油。

科普进行时

　　荨麻经常会被一种叫菟丝子的寄生植物选为寄主植物。生长在荨麻周围的菟丝子会顺着荨麻的茎不断攀爬，并汲取荨麻茎内的养分。随着菟丝子越长越茂密，荨麻却会因为营养耗尽而枯萎。

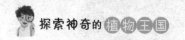

▶▶ 难闻且有毒——毒芹

大自然中娇嫩的植物为了保护自己，进化出了各种各样的本领，可谓煞费苦心。毒芹是一种很厉害的植物，它同时拥有两种自卫"武器"——异味和毒素。难闻的气味已经让许多食草动物"敬而远之"了，如果来犯者不怕，非要食用它，就只有中毒这一个结局了。

形态特征

毒芹属伞形科，为多年生草本植物。主根短缩，支根多数。茎单生，中空，有分枝。叶片为羽状复叶，边缘呈锯齿状，茎

下部的叶有长柄。复伞形花序顶生或腋生，花瓣白色，呈倒卵形或近圆形。

美丽而致命

锯齿状的绿叶，搭配着白色的小花，使得毒芹看起来美丽而优雅，然而它美丽的外表下却藏着致命的危险。毒芹的植株内会产生一种毒芹素，毒芹素有剧毒且很容易被吸收，误食后很快就会中毒。误食者首先会感觉口腔和咽喉部有烧灼刺痛的感觉，随即出现胸闷、头痛、恶心、呕吐、痉挛等症状，接着会四肢麻痹，瞳孔散大，无法发声，严重时会因呼吸肌麻痹窒息而死亡。毒芹素能够影响中枢神经系统，有非常显著的致痉挛作用。

科普进行时

毒芹的叶形与芹菜、胡萝卜和茴香等食用植物的叶形都有些相似，尤其与华北地区常见的水芹更为相似，因为它们都是伞形科的植物。因此，在采食水芹时千万要小心，不要将毒芹与水芹混淆，以免造成中毒。

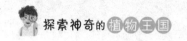

▶▶ 种子有毒——蓖麻

> 蓖麻又名大麻子、草麻，原产于非洲，现被广泛栽植于全世界的热带和温带地区。由于蓖麻油被广泛应用于工业生产，所以许多国家种植的蓖麻已经达到了工业化规模。

🌳 形态特征

蓖麻属大戟科，是一年生或多年生粗壮草本或草质灌木。单叶互生，叶片为盾状圆形，掌状分裂至叶片的一半以下。花序为圆锥状，与叶对生及顶生，雄花长在下部，雌花长在上部，无花瓣。蒴果球形，带有软刺，成熟时会开裂，里面的蓖麻子为椭圆形，表面非常光滑，带有花纹。

🌿 价值丰富

蓖麻的叶和根可以入药，叶可消肿拔毒，还具有止痒的功效；根能够祛风活血、止痛镇静。茎中富含纤维，可制绳索，并可用于造纸行业。蓖麻子含油量很高，达50%，从

中提炼而来的蓖麻油黏度很高，流动性好，凝固点低，既耐寒又耐热，为重要的工业用油。除此之外，蓖麻油还可应用于医药方面。

 有毒的蓖麻子

蓖麻子虽然作用多，但它是有毒的，其中含有剧毒物质——蓖麻毒蛋白。如果不小心食用了蓖麻子，会出现头痛、体温上升、冒冷汗、痉挛等中毒症状，严重时会致人死亡。在一些地区，蓖麻就长在路边，蒴果成熟后，蓖麻子会落在地上，所以千万要看好儿童和宠物，避免误食。

科普进行时

蓖麻种植在全世界几十个国家已经达到了工业化规模，其中印度产量最大，是主要的生产国和出口国。蓖麻油及其衍生产品在法国、德国、英国、美国、日本、中国、印度等国得到了广泛应用。

▶▶ 宛如马蹄——马蹄莲

马蹄莲的家乡在非洲东北部及南部，它们常常生长在河流旁或沼泽地中，一年中可以多次开花。它们叶片翠绿，花的苞片洁白硕大，形状奇特，酷似马蹄，因此得名。

🌳 形态特征

马蹄莲是多年生草本植物，具块茎；叶片较厚，为心状箭形或箭形；肉穗花序呈圆柱形，为淡黄色；花序外面包裹的佛焰苞，管部短，为黄色，檐部略微后仰，锐尖或渐尖，以白色为多，有时带绿色。

🌿 美丽而危险

马蹄莲虽然长得漂亮，但是浑身上下都有毒，含大量的草本钙结晶和生物碱，误食一点儿就会引起呕吐，严重的还会引起昏迷。

🌱 生长环境

马蹄莲喜欢温暖的环境，不耐严寒和干旱。当生长的环境达不到温度要求的时候，为了应对寒冷的冬天和炎热的夏天，它们会选择以休眠的方式来度过难挨的时段。在生长发育期间，马蹄莲需要充足的水分，如果浇水过少，叶柄就会因失去水分而折断；但水量也不能过大，否则会烂根。在此期间，还要为它们提供充足的肥料。关于马蹄莲，有"浇不死的马蹄莲"之说，因为在生长期及开花期，它们要补充大量的水分。但是在开花后就要减少浇水量，这样有利于马蹄莲休眠。

📖 科普进行时 ◀

马蹄莲的花朵很漂亮，是装饰客厅、书房的盆栽花卉，也是制作花束、花篮的理想材料。在欧美国家，人们喜欢用马蹄莲做新娘捧花，它还是埃塞俄比亚的国花。

▶▶花中西施 —— 杜鹃

杜鹃是我国南方一种非常常见的植物，花朵鲜艳，能够开遍山野，因此也被称作映山红。当春季杜鹃花开放时，满山鲜艳，像彩霞绕林，被人们誉为"花中西施"。

🌳 美丽娇艳

杜鹃花十分美丽，花瓣通常为 5 瓣，中间花瓣上有一些比花瓣略红的点。杜鹃花颜色丰富，有深红色、淡红色、玫瑰色、

紫色、白色等。因此，杜鹃是深受人们喜爱的盆栽花卉，与山茶花、仙客来、石蜡红、吊钟海棠合称"盆花五姐妹"。

净化空气

杜鹃有个非常厉害的地方，就是它不怕都市污浊的空气，因为长满了茸毛的叶片既能调节水分又能吸附灰尘，最适合种在人多、车多、空气污浊的大都市，这样能发挥其净化空气的功能。

小心误食

杜鹃虽然长得美丽，但是它的叶子有毒，有的品种甚至连花朵也有毒。比如黄色杜鹃全株均含有毒素，误食后会中毒。所以，若家中栽培了杜鹃，一定要注意不要让小朋友误食！

科普进行时

装点山野和园林的杜鹃，自古以来就深受世人青睐。著名的文人骚客白居易、杜牧、苏轼、辛弃疾、杨升庵等都曾写下赞誉杜鹃的佳作。

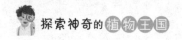

▸▸ 具有麻醉功效——曼陀罗

> 曼陀罗别名洋金花、风茄花、醉心花、狗核桃，在我国各省区都有分布。它的花朵大而美丽，端庄优雅，观赏价值较高，可种植于花园、庭院中。

🌳 形态特征

曼陀罗属茄科曼陀罗属，多野生在田间、沟旁、道边、河岸、山坡等地。曼陀罗植株姿态洒脱，茎粗壮，淡绿色或带紫

色，下部木质化，阔叶浓绿、繁茂。它的花生于枝杈间或叶腋，花冠较长，为漏斗状，像一个个小唢呐，皎白妩媚，端庄高雅，惹人怜爱。

🌿 全株有毒

我国栽种曼陀罗主要是供药用，它的花序、种子和叶均可入药。曼陀罗花朵具有平喘、止咳、镇痛的效用，还可用于外科手术的麻醉。叶和种子有镇咳、镇痛的功效。需要注意的是，曼陀罗全株有毒，其中种子的毒性最为强烈，因此必须在医生指导下服用。

🐭 科普进行时

曼陀罗的主要有毒成分为一些生物碱，包括莨菪碱、阿托品及东莨菪碱等，它们都有刺激或抑制中枢神经系统的作用，可以让人的交感神经高度兴奋，刺激大脑细胞，令其强烈骚动，进而产生抽搐、痉挛、精神错乱、昏迷等中毒反应。

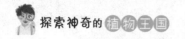

▶▶ 环保能手——夹竹桃

夹竹桃是一种比较常见的植物。它四季常青，叶若竹叶，花似桃花，故名夹竹桃。夹竹桃开花时明媚艳丽，簇拥成团，会给人强烈的美感冲击，观赏性很高。

🌳 形态特征

夹竹桃属夹竹桃科夹竹桃属，为常绿直立大灌木，树形优雅，在公园中、道路两旁较为常见。夹竹桃的枝条为灰绿色，

上面长有绒毛，老时绒毛会脱落。叶子常常 3 ～ 4 枚一组轮生在小枝上。花在枝顶开放，一般由五片花瓣组成，有红色、白色、粉色、黄色等，绚丽夺目；夹竹桃花期长，于夏天开放，可一直开到秋天。

生长环境

夹竹桃能耐高温，喜欢生长在温暖湿润的环境中，耐寒能力比较弱，若是培植环境温度太低，植株有可能无法存活。夹竹桃喜阳，但是在阴暗光少的环境中也能生长。对土壤的要求不严，耐贫瘠也耐干旱。

毒性剧烈

夹竹桃是一种毒性很强的植物，全株含有多种毒素，人或

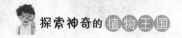
者牲畜误食几克就会中毒。因此种
植夹竹桃时须十分小心，严防家
中儿童或宠物误食。

 抗污"能手"

　　夹竹桃除了具有观赏价值外，
还是出色的"抗污能手"。空气中的
有害物质汞、硫、铅、锌等微粒以及大量
的尘埃，都能被夹竹桃叶子吸收，对二氧化碳、氟化氢、氯气
等有害气体也有较强的抵抗作用。相关研究发现，在空气污染
严重的地区，许多树木都无法存活，唯独夹竹桃依然昂首挺立，
枝繁叶茂。因此，夹竹桃在环保工作中可以发挥重要作用。

科普进行时

　　夹竹桃原产于印度、伊朗和尼泊尔等地，现在广泛分布于世界热带
地区。我国各省区均有栽培，其中南方省份居多，常栽植于公园、湖边、
道路旁。